全栈工程师
Web开发指南

Modern Web Development: Understanding
domains, technologies, and user experience

[意] 迪诺·埃斯波西托（Dino Esposito）著

李永伦 译

人民邮电出版社
北京

图书在版编目（CIP）数据

全栈工程师Web开发指南 /（意）迪诺·埃斯波西托
著；李永伦译. -- 北京：人民邮电出版社，2019.3
ISBN 978-7-115-49745-1

Ⅰ. ①全… Ⅱ. ①迪… ②李… Ⅲ. ①网页制作工具
—指南 Ⅳ. ①TP393.092.2-62

中国版本图书馆CIP数据核字(2019)第024950号

版 权 声 明

◆ 著　　　　[意] 迪诺·埃斯波西托 (Dino Esposito）
　　译　　　　李永伦
　　责任编辑　吴晋瑜
　　责任印制　焦志炜
◆ 人民邮电出版社出版发行　　北京市丰台区成寿寺路 11 号
　　邮编　100164　电子邮件　315@ptpress.com.cn
　　网址　http://www.ptpress.com.cn
　　北京鑫正大印刷有限公司印刷
◆ 开本：800×1000　1/16
　　印张：21.25
　　字数：506 千字　　　　　　　　2019 年 3 月第 1 版
　　印数：1 – 2 400 册　　　　　　 2019 年 3 月北京第 1 次印刷
　　著作权合同登记号　图字：01-2017-3666 号

定价：79.00 元

读者服务热线：**(010)81055410**　印装质量热线：**(010)81055316**
反盗版热线：**(010)81055315**
广告经营许可证：京东工商广登字 20170147 号

内 容 提 要

　　本书通过一种实用的、问题驱动的、关注用户的方法，介绍规划、设计和构建动态 Web 的强有力的方法，并给出目前进行 Web 开发的有效解决方案。本书引导读者选择和实现特定的技术，阐释了重要的用户体验主题，并探讨了对移动友好的技术和反应式设计技术等最新的内容。除此之外，本书还介绍了 ASP.NET MVC、ASP.NET SignalR、Bootstrap、Ajax、JSON 和 JQuery 等技术的相关内容。

　　通过阅读本书，读者将学会如何从 DDD 方法以及现代的 UX 设计方法中获益，进而能够快速构建出能够解决当前问题并且有出色用户体验的 Web 解决方案。

前　言

2008 年夏天，我在几个公开讲座上做了关于"Web 的未来"的演讲。当时我的客户从专家那里听说 Web 在（不久的）将来会发生天翻地覆的变化。那时，Web 的光明未来似乎掌握在运行于浏览器中的编译代码手上。

JavaScript？它死了，最终会的！ASP.NET？它走了，太好了哦！

当时我看到的未来（和很多其他专家一样）是只有数百万人拥有的富客户端技术。Microsoft Silverlight 站在新的 Web 世界的中心。

如果你在 2008 年休眠，在过去三、四年醒来，你会发现一个和你我想象得不同的世界。那是牢不可破的基于服务器端的，和预期的不同。今天，你将看到一个 JavaScript 统治的 Web 世界，其中充斥着大量专门的工具和框架。

2008 年，客户花了很多钱来听取我的意见，我告诉他们投资 Silverlight，现在他们要花很多钱转回和 2008 年差不多的地方。

嗯，不完全是。

这本书诞生于一个奇怪的时间，但它不是一本奇怪的书。20 年的 Web 经验告诉我们，真正的革命之所以发生，主要是由于一群人碰巧有着相同的编程需求（罕见的星体排列）。那时是 Ajax，如今是反应式和交互式前端。JavaScript 卷土重来，因为它是程序员实现目标最简单的方式，而且它还足够有效，让解决方案很容易销售。

今天，规划一个 Web 解决方案意味着要有一个可靠的服务器端环境来提供丰富的交互式 HTML 页面，使用 CSS 设置样式，并使用 JavaScript 执行操作。即使大量新的专门技术已经开发出来，现代应用程序（对于大部分 Web 应用程序来说）的真正困难却是领域分析和支持架构。其他一切都围绕着几个常见任务的实现来完成，其中一些是相对较新的需求，比如从服务器推送通知。

在本书中，你将会找到一些实践和技术的经验总结，它们可以保证为客户提供有效解决方案。今天的关键不再是使用最新平台或框架的最新版本，而是"给客户他们真正想要的"。构建软件的工具总是有的，但想法和规划才真正有助于构建出客户想要的软件。

读者对象

本书旨在帮助 Web 开发者提升技能。本书的启发原则是，现在我们写软件大多是为了反映现实世界的一部分，而不是把现实世界变成一种技术。

如果你想做好每天的工作，从别人犯的错中吸取教训，从更深思熟虑的角度来看待自己所犯的同样错误，那么你应该仔细阅读本书。

本书假设你熟悉 Microsoft Web 栈——从有多年 Web Forms 开发经验的开发者到 JavaScript 圣手。这里的重点是 ASP.NET MVC，因为这将会成为 ASP.NET Core 的标准，而且对于 ASP.NET 平台的未来也是如此。通过学习本书，读者应学会一种通用的方法，以便可以在对问题的域有深入了解的基础上开发项目，进而可以选择正确的方法，并持续使用可靠的编码实践。

本书不适合哪一类读者阅读

如果你要找 ASP.NET MVC 或者 Bootstrap 的初级教程，那么本书可能不是你的优选读物。虽然本书的确涵盖了两个技术的基本方面，但很难做到像初学者的书那样慢的节奏。

内容架构

本书分成三个部分：理解业务领域、实现常见功能和分析用户体验。

第一部分总结现代软件架构，概览领域驱动设计概念和架构模式。读者应重点关注"领域模型"这个说法的真实含义以及它和你可能使用的其他模型的区别。目前有效设计的关键（一种结合领域分析和用户体验的方案）是把命令和查询分离到不同的栈。这个简单的策略对持久化模型、伸缩性和实际的实现会有一些影响。

第二部分首先总结 ASP.NET MVC 编程模型——Web 开发者的使用方式，尤其是在新的 ASP.NET Core 平台上；接着讲述使用 Bootstrap 来筹划客户端视图的样式和结构，并了解用于提交和展示数据的技术。

第三部分都是关于 Web 应用程序的环境中用户体验的。Web 内容通过各种设备应用于多种情况，这就需要有自适应的前端能够智能地"响应"请求设备。本书将会从两个角度看待客户端响应式：通用的反应式 Web 设计的角度和服务器端设备的角度。

那么，本书实际上是讲什么的呢？

为了在 ASP.NET 平台上以最好的方式服务于客户，你需要知道和做到什么——这就是本书涉及的内容。同时，本书讨论的实践和技术也为你在 ASP.NET Core 中有个美好的未来奠定基础。

找到这本书的最佳切入点

总的来说，我认为这本书主要有两种使用方式。一种方式是逐页阅读，读者首先要特别注意软件设计和架构，其次应注意这些原则是如何在常用但独立的编程任务中得到应用的；另一种方式是把第一部分（关于软件设计和架构的那部分）看作独立的书，在你认为有必要时阅读。

如果你是	按照这些步骤来做
对 ASP.NET 开发比较陌生，但对 Web 开发不陌生	理论上，你应该逐页地阅读本书，注意不要漏掉第 4 章
熟悉 ASP.NET MVC 或 Bootstrap	略过第 8 章和第 9 章。另外，根据个人感受，你可能也想略过第 6 章和第 10 章。注意，本书第 4 章讲到了 ASP.NET Core，但只是帮你了解一下
对实际解决方案感兴趣	阅读第二部分和第三部分

本书大多数章节都有实践示例，可供读者实践刚学到的概念。不管你选择关注哪些部分，均须在系统中下载和安装示例应用程序。

系统要求

要打开和运行本书提供的代码，你只需 Microsoft Visual Studio 的一个可以工作的版本。

致谢

感谢 Devon Musgrave、 Roger LeBlanc、 Steve Sagman 和 Marc Young。本书的出版离不开他们的鼎力相助。他们经验丰富、工作高效，把草稿变成了流畅的可读文字，但愿能让你享受其中。

在开始编写本书时，我们期望涵盖一个名为 ASP.NET vNext 的新产品，但这个新产品（现在叫作 ASP.NET Core）几乎还没看到。有鉴于此，我们不断修正着目标。Devon 很聪明很灵活，他采纳了我对原始计划进行修改的建议。

尽管你可以在本书中找到一些 ASP.NET Core 的内容，但是一本新的 ASP.NET Core 的书正在编写。理想情况下，它会出自同一个团队！

资源与支持

本书由异步社区出品，社区（https://www.epubit.com/）为您提供相关资源和后续服务。

提交勘误

作者和编辑尽最大努力来确保书中内容的准确性，但难免会存在疏漏。欢迎您将发现的问题反馈给我们，帮助我们提升图书的质量。

读者若发现错误，请登录异步社区，按书名搜索，进入本书页面，单击"提交勘误"，输入勘误信息，单击"提交"按钮即可。本书的作者和编辑会对您提交的勘误进行审核，确认并接受后，我们将赠予您异步社区的 100 积分（积分可用于在异步社区兑换优惠券、样书或奖品）。

扫码关注本书

扫描下方二维码，您将会在异步社区微信服务号中看到本书信息及相关的服务提示。

与我们联系

我们的联系邮箱是 contact@epubit.com.cn。

如果您对本书有任何疑问或建议，请您发邮件给我们，并请在邮件标题中注明本书书名，以便我们更高效地做出反馈。

如果您有兴趣出版图书、录制教学视频，或者参与图书翻译、技术审校等工作，可以发邮件给我们；有意出版图书的作者也可以到异步社区在线提交投稿（直接访问 www.epubit.com/selfpublish/submission 即可）。

如果您是学校、培训机构或企业，想批量购买本书或异步社区出版的其他图书，也可以发邮件给我们。

如果您在网上发现有针对异步社区出品图书的各种形式的盗版行为，包括对图书全部或部分内容的非授权传播，请您将怀疑有侵权行为的链接发邮件给我们。您的这一举动是对作者权益的保护，也是我们持续为您提供有价值的内容的动力之源。

关于异步社区和异步图书

"异步社区"是人民邮电出版社旗下 IT 专业图书社区，致力于出版精品 IT 技术图书和相关学习产品，为作译者提供优质出版服务。异步社区创办于 2015 年 8 月，提供大量精品 IT 技术图书和电子书，以及高品质技术文章和视频课程。更多详情请访问异步社区官网https://www.epubit.com。

"异步图书"是由异步社区编辑团队策划出版的精品 IT 专业图书的品牌，依托于人民邮电出版社近 30 年的计算机图书出版积累和专业编辑团队，相关图书在封面上印有异步图书的LOGO。异步图书的出版领域包括软件开发、大数据、AI、测试、前端、网络技术等。

异步社区

微信服务号

目　录

第二部分 实现常见功能

第三部分　分析用户体验

第一部分

■■■

理解业务领域

第 1 章

■■■■

实施全面的领域分析

> 开发者必须提高自己在领域中的能力，以积累业务知识。
>
> ——埃里克·伊文斯

越来越多的开发者和经理都感到编写软件很难，而且越来越难。我曾亲睹软件项目的失败、超出预算或者在事情没有变得太糟糕时迟了几周进入生产阶段。我想知道为什么开发项目经常会这么令人失望，于是到处寻找答案。我发现了一些可能的答案，但还没有十足的信心分享出来。

当发现很难理解事物的机制时，我会试着回顾一下自己所经历的步骤，因为它们很可能导致了目前的结果。很早以前，我还是一个少年，学习驾驶和停车时，有一天，我的爸爸让我把他停在狭小空间里的车开出来。

"这不可能做到！"试了 20 分钟还没成功，我对他说。

"你错了！"他说道，然后耐心地给我讲解他停车的步骤。他的意思很清楚，如果有办法把它放进去，那么也有办法把它拿出来。

因此，本章尝试回答的问题是：我们怎样做才能可靠、成功地写出应用程序相信我们需要改变对软件的看法，也就是我们用来设计它的方案。

软件在我们的社会和商业生活中日渐普及。因此，软件应该更多地反映社会和业务流程而不是模拟个别模型。然而，建模的过程却伴随着这一代架构师成长。

综上所述，如果你停止建模，并开始规划让它反映你在真实世界里看到的一切，那么编写软件就不难了。

1.1 领域驱动设计前来解困

目前，仅当软件满足真实需求并有助于简化业务流程时，软件才能带来价值。软件不一定关乎设计新的业务流程——这里有个专门的方法学，即业务流程管理（BPM）。相反，软件关乎忠实地建模真实世界的某些部分。这些部分通常叫作业务领域。

1.1.1 领域驱动设计

听起来很简单，如果这些我们写了几十年的以数据库为中心的客户端/服务器应用程序仍然是反映真实世界的最佳方式，或许就没人会花那么多年时间来思考和谈论域驱动设计（Domain-Driven

Design, DDD）了。

DDD 是埃里克 • 埃文斯（Eric Evans）在 10 年前提出的软件设计和开发方案，其目的非常明确，就是找到一种更有效的方法来处理软件开发的内在复杂性。DDD 的主要优势在于其提供的系统方法，可以精确定位并"咀嚼"业务领域的各个方面。DDD 的革命性在于它不依赖日益强大的技术或服务去通过软件实现业务目标。DDD 关乎理解业务领域的核心，因此，作为软件架构师的你可以找到构建应用程序的良好工具。而这些具体的工具可能是特定数据库的最新版本或者特定云平台最新添加的服务，也可能不是。

最后，顾名思义，DDD 就是通过对业务领域的深入分析来驱动设计。为了使你对业务领域进行彻底的分析，DDD 提供了以下 3 种分析模式。

- 通用语言
- 限界上下文
- 上下文映射

我将在本章后续部分中讲解上述模式。但是，此时我不能忽视对 DDD 的一些误解。因此，在深入了解 DDD 之前，我先说说 DDD 不是什么。

1.1.2　消除 DDD 的常见误解

埃里克 • 埃文斯在他的《领域驱动设计：解决软件中的复杂性问题》一书中提到，DDD 作为一套全面的最佳实践和原则，能够更有效地设计和开发软件项目，特别是复杂业务领域的大型项目。DDD 没有提出新的革命性的实践，只是以业务领域为核心把现有的实践系统地组织起来。

DDD 需要对需求进行分析，然后遍历能够满足识别业务需求的软件模型，最后实现这个模型。在这本书中，埃文斯使用面向对象范式来描述如何构建业务领域的软件模型。他把这个软件模型称为领域模型。

差不多在同一时间，Martin Fowler（他给埃文斯的书作序）用相同的术语（领域模型）来命名一个用于组织系统的业务逻辑的设计模式。领域模型设计模式的理念是把业务规则和流程整合到对象之中。最终效果是相互连接的对象图，完整地呈现了问题领域。模型中的一切都是对象，都会包含数据和提供行为。

我认为，DDD 的基本理念是业务领域的软件模型，而 Martin Fowler 定义的领域模型模式只是实现这样一个软件模型的一种可能方法。

这里出现了一些误解，干扰了 DDD 原本的理念。下面的章节将会探讨其中的一些。

1．领域都有对象模型

今天，很多人倾向于认为 DDD 就是业务层中的对象模型，有书上描述的一些特殊特征：聚合、值类型、工厂、行为，私有 setter 等。

DDD 有两个不同的部分：战略设计和战术设计。**战略设计**至关重要，它围绕分析领域和设计顶层系统架构的模式和实践展开。**战术设计**是关于实现战略设计的结果。从这个角度来看，通过对象建模域只是一个可能的选择，比如，使用函数式方案既没被明令禁止，也没有明显不合适。即使最终写了一组函数或者构建一个贫血病对象模型并通过存储过程来完成繁重的工作，你也可以从 DDD 中获益。

2．数据库对模型没有影响

尽管我遇到过把持久层隐藏在 HTTP 外观背后的系统，但从未遇到过不需要持久化的应用程序。从 DDD 角度来看，业务层和持久层是系统的不同部分——相互关联又相互独立，仅此而已。除此之外，DDD 专家和数据库管理员之间井水不犯河水。

在设计时，如果要构建面向对象的软件模型来表示业务领域，持久性肯定不是主要关注点。与此同时，你设计的对象模型很有可能需要在某一时刻持久化。在涉及持久化时，数据库以及用来访问数据库的 API（如 Entity Framework）是有明确约束的，并不总能忽略。

如果真的希望领域模型和数据库完全无关，那么你应该采用不同模型（领域模型和持久化模型），然后通过适配器在两者之间切换。

3．通用语言是关于命名规范的

在 DDD 中，类、属性和方法的名称被视为关键因素。所有名称都要反映业务的语言以及真实业务流程中的真实步骤。你很快就会看到更多细节，**通用语言**这个术语就是用来指代共享的术语表，反映在用来命名类和成员的规范中。

通过使用 DDD 和探索领域的通用语言，你可以了解业务的语言，更详细地了解业务的机制。说通用语言决定命名规范是对的，但构建统一词汇表的要点是了解业务并用代码来反映业务流程。这比只是制定一个有效的命名规范更为重要。

1.2　通用语言

如果你是医生或土木工程师，那么每天所做的一切都与自己过往在职业生涯中学习和做过的工作完全相关。如果你是律师或软件工程师，那么就不一样了。

在这两种情况下，你经常需要运用自己知之甚少甚至一无所知的专业知识。作为律师，你可能需要为破产案件的结案陈词学习高级金融；作为软件工程师，你可能需要为实现在线商店应用程序的业务逻辑去了解国际税务规则。

这就是通用语言派上用场的地方。

1.2.1　创建领域特定术语的词汇表

如果信息是领域专家给你的并且受访用户也总是准确无误的，那么所有软件都会按时按预算发布，这个世界将会变得更好。然而，通常情况下，需求包含模棱两可的定义、重复内容、外来术语、缩略词和行业用语。有时候，同一个组织内不同的人用不同的单词表示相同的概念，或者用相同的单词表示不同的东西。

当领域专家和软件专家使用不同的语言时，找出共同点对于确保可靠沟通和避免信息丢失来说至关重要。

1．了解通用语言的构成元素

虽然名字有点怪，通用语言只是特定业务领域的专家所用的所有术语的词汇表。词汇表中的每个术语都不能模棱两可，要有明确的定义。大部分术语都是名词和动词，词汇表也包括了名词和动词之间的关联，以便清楚哪些动词（即动作）适用于哪个名词（即实体）。在构建词汇表时，你可能还要研究在需求和用户故事中发现的副词。副词可能会细化你的理解，指出要在设计里考虑的这个领域的相关方面，如事件、流程以及流程触发。

词汇表中的术语应该符合领域专家和开发人员的期望。当词汇表中的名词和动词真正反映了业务领域的真实语义时，你就得到一个精雕细琢的通用语言了。

一旦定义好，通用语言就会在参与项目的所有人中共享，不管是利益相关者、分析师、开发者、项目经理还是测试者。换句话说，这个语言将成为这个项目的通用语言并在任何形式的口头和书面沟通中使用，包括文档、电子邮件、会议和项目工作项。

开发团队通常负责开发和维护词汇表。实际上，这个词汇表是活的，它会随着团队越来越了解这个领域而收到更新和获得新的内容。

2．为词汇表选择术语

通用语言不是在实验室中创建的人工语言。相反，它来自于会议和访谈中的日常讨论。在大多数分享项目理念和目的的会议中，你通常会发现两类人：领域专家和软件专家。软件专家倾向于使用"删除订单"等技术概念。领域专家倾向于对同一个概念使用不同的措辞，他们通常会把删除订单称为"取消订单"。

使用通用语言的另一个目的是移除灰色区域。比如，考虑以下这个可能会在用户故事或会议中听到的表述："额外费用应该在用户账号中强调。"

专家及其同事可能熟知要表达的业务目的，但这对专家圈外的其他人来说可能就不是那么明显了。那么要表达的目的是什么？ 在这种情况下，它可以是以下任何一种。

* 在用户登录时显示费用。
* 在明细页面上列出费用。
* 在账单里标出额外费用。

构建一个明确的词汇表的努力是值得的，因为它有助于澄清一些可能的模糊点。此外，它也有助于确保不同的概念和动作以统一的方式命名，同时确保相似的概念有相似的命名。

通用语言既不是业务的原始语言也不是开发的语言。两者都是行话，如果直接采用，两者都可能欠缺必要的概念，产生误会并造成沟通瓶颈。因此，通用语言是业务和技术行话的组合。它主要包含业务术语，但也包含一些技术概念，使最终语言忠实地描述系统行为。像缓存、日志记录和角色这样的术语可能不是业务特定的，但它们在系统的构建中是必需的，而且可能以某种方式在通用语言中出现。

3．共享词汇表

语言的价值来自于使用而不是留存。这好比说，拥有英文字典对翻译和解释词汇可能会有帮助，但项目中的利益相关者可能会发现有一个实际的地方查询领域特定术语很有用。

通常，你应该将词汇表保存到共享文档，它可以是放在 Microsoft OneDrive 文件夹中的 Microsoft Office Excel 文件，或者是通过 Microsoft Excel Online 协作编辑的文件，甚至可以是维基。例如，通过内部托管的维基，你可以创建和完善词汇表，还可以轻松设置内部论坛来公开讨论语言的特性和更新。此外，你可以使用维基轻松设置权限并控制编辑方式以及指定谁可以编辑什么。

应该指出的是，对语言的任何改变都应该是业务层面的决定。因此，这个决定始终应该得到利益相关者和有关各方的完全认可。

1.2.2　使业务和代码保持同步

如果误解了一个概念或曲解了一个词语呢？最起码，你最终会根据一些错误的假设来构建软件。在 DDD 场景中，错失一个词语或一个概念相当于在代码中创建一个缺陷。

通用语言的最终目标既不是创建全面的项目文档，也不是设定类和方法等代码构件的命名规则。创建这个语言的真正目标是使其成为实际代码的支柱。

1.　在代码里反映通用语言

在把通用语言变成代码的过程中，命名规范至关重要：类、方法和命名空间的名称应该反映词汇表中的术语。例如，让启动流程的方法和用户在业务中调用相同流程拥有不同命名是不推荐的。

然而，通用语言对代码的影响并不局限于领域层。它也有助于应用程序逻辑的设计。比如，考虑在线商店的结账流程。在进行常规结账流程之前，你可能需要验证订单，比如，看看订购的货物是否有库存并检查客户过去的付款历史记录。

如何组织这些代码？有以下两个很好的方案可以考虑。

- 在结账流程中使用单个验证步骤。这个验证步骤会整合所有必需的检查。这些验证步骤在流程层面是不可见的。
- 在流程中使用一系列不同的验证步骤。

单从功能的角度来看，这两个选项都是可行的，但在给定的业务场景中可能有一个更适合，至于使用哪一个可以在通用语言中找到。如果这个语言提到在"结账"过程中对"订单"执行的"验证"操作，则应该使用第一个选项，即使用单个验证步骤。如果词汇表中存在"付款历史记录"或"检查现有库存"等行为，那就应该在流程中为这些行为使用不同的步骤。

如果当前语言版本无法澄清编码点，这可能意味着这个语言还要继续完善，你应该安排新一轮的讨论，对相关概念进行分解。

■ **注意：** 在支持的语言（C # 或 Kotlin）中使用扩展方法可以极大地保持代码流畅和领域相关。这些工具强制执行编码规则和规范。从 DDD 的角度来看，代码辅助工具是很有价值的，比如 ReSharper、其他重构工具以及可以简化闸道式签入（gated check-ins）的工具，你可以在 Team Foundation Server 中找到它们。

2.　应对国际团队

既然通用语言是一个词汇表，你会使用哪种语言来构建它呢？英语，还是客户的语言？ 如果客户说德语，那么通用语言是否仍是英语？这不是次要问题，特别是多个国际团队工作在同一个项目的情况下。通用语言需要使用这个项目的官方自然语言来写，在这里可以是英语或德语。如果出于开发目的需要翻译，应该创建一个词语映射表。这张表绝对有用，但会有引入歧义的风险。

3. 处理缩略词

在一些业务场景中，缩略词是很受欢迎且广泛使用的，在国防工业中尤其突出。然而，缩略词难以记忆和理解。一般来说，缩略词不应该是通用语言的一部分。你应该引入可以保留缩略词原意的新词。

如果缩略词在当前的业务中很常见，不使用它们是否会违反通用语言模式？ 是，也不是。严格来说，我也觉得不使用缩略词违反了通用语言模式。然而，通用语言主要的目的是让业务语言以及随后的代码更易于使用和理解。在这种情况下，缩略词很难记住并妨碍团队之间的沟通。

■ **注意**：聘请具有特定业务领域专业知识的程序员可以减少创建通用语言所遇到的问题。但这治标不治本，因为你无法再次找到完全相同的领域。

1.3 限界上下文

与领域模型和代码同步的通用语言会不断变化，以便表示不断变化的业务和架构师对领域的日益增长的理解。然而，通用语言不可能一直改变，纳入越来越多的新概念和现有概念的调整版本。如果你一直这样做，可能会让语言变得重复，让创建出来的语言不够严谨。

DDD 在这里引入了一个新的概念：限界上下文。 限界上下文是业务领域里的一个区域，它给予通用语言的任何元素明确无误的含义。

1.3.1 发现限界上下文

特别是在一个大型组织中，你经常会发现，同一个术语对于不同的人来说具有不同的含义，或者不同的术语用来表示同样的东西。当你遇到这种情况时，你可能已经跨越了子领域的无形边界。这可能意味着你认为不可分割的业务领域实际上是不同子领域的联合。

1. 使用子领域和限界上下文

在 DDD 中，问题空间是业务领域。对于这个领域，你可以在解决方案空间中设计软件领域模型。然而，原来的领域有时候可能太大而无法有效地处理，所以将它分成多个子领域。当问题空间有子领域时，解决方案空间就会有限界上下文（见图 1-1）。

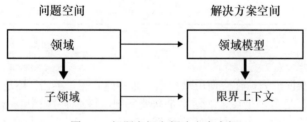

图 1-1　问题空间和解决方案空间

2．探讨限界上下文的各个方面

限界上下文是业务子领域在解决方案空间中的模型。限界上下文由它自己的通用语言唯一标识。结果，在限界上下文的边界之外，通用语言将会发生变化。一旦通用语言一样，上下文就一样。

DDD 中的限界上下文有 3 个主要目的。首先，它们防止产生歧义和重复的概念；其次，限界上下文将领域分成较小的部分，从而简化了软件模块的设计；最后，限界上下文是整合到系统遗留代码或外部组件的理想工具。

3．发现限界上下文

在 DDD 的愿景中，限界上下文是应用程序的一个区域，拥有自己的通用语言和独立实现（例如，领域模型），拥有与软件中其他限界上下文互通的接口。在某些情况下，特别是在大型组织中，限界上下文的数量和关系往往反映了实体组织和部门。在其他情况下，限界上下文是在处理需求和发现原来的通用语言的差异的过程中逐步发现的。

一般来说，在线商店应用程序的上下文会有以下几个候选限界上下文。

- 商店
- 结算
- 配送
- 后台

但是，这只是一个参考。实际的划分结果来自分析并依赖于特定的上下文。一般而言，可能会说任何 Web 应用程序至少应该分成两个上下文：商店和后台。后台是管理员提供数据和设置规则的地方。

重要：*每个限界上下文都有自己独立的实现。独立实现意味着拥有框架、技术、方法论和架构。换句话说，在大型系统的 DDD 上下文中，一个限界上下文根据领域模型模式实现，另一个根据普通两层 CRUD（创建、读取、更新和删除）架构实现，是完全可以接受的。*

1.3.2　实现限界上下文

在需求分析期间，你可能会发现某些概念与业务流程的边界重叠。例如，相同的术语可能用于表示不同的事物并引用不同的过程。

图 1-2 阐明了这个场景。

在这个例子中，整个领域分为两个受影响的区域，它们可能引用来自不同部门的利益相关者的输入。也有可能是不同的开发团队正在处理不同的需求集，而且都在尝试定义领域逻辑的公共部分。这两个区域有一些共同的概念。你有几种选择可以解决这个问题并避免得到一个脆弱的模型：全包上下文、共享内核和不同的限界上下文。

1．使用全包上下文

虽然限界上下文的概念是 DDD 的支柱之一，但在我看来，大多数架构师和开发者有时会害怕将模型分成几部分。好像为了简化而分解模型会让人觉得架构师构建精良独特模型的能力不足。

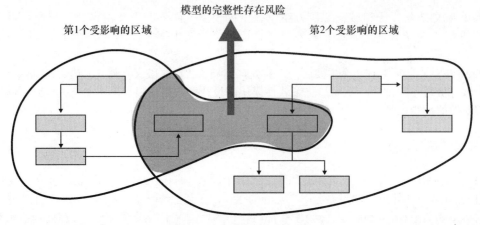

图 1-2 重叠的业务上下文

当一个常见术语或概念存在多个定义时，你仍然可以将它们视为同一个全包上下文的一部分，但这种做法有风险。对实体使用单一定义的副作用是，这个定义可能会包含对其他上下文不必要的细节。

最终的效果是，你为领域提供的 API 可能会负担过多并把正确使用的职责压在开发者的肩上。每当此时，我会引用墨菲定律的一个修改版本：如果开发者能以错误的方式使用 API，他最终会这样做。

2．使用共享内核

当业务概念在两个或多个受影响的区域共享时，经常修改的可能性会很大。因此，在不同的模块中实现共享概念（一种共享内核）从可维护性的角度来看是一个更好的选择，即使它不能解决实体可能承担太多责任的核心问题。

3．选择不同的限界上下文

总的来说，每当发现概念在领域中具有不同定义时，最好的选择就是采用不同的限界上下文。图 1-3 显示了最终的样子。

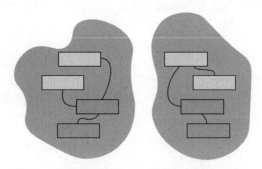

图 1-3 不同的限界上下文处理共享的业务概念

重叠概念在业务中很常见，因为你无法找到两个完全相同的领域。一般来说，处理重叠概念的最佳方式是借助不同的限界上下文。通过这种方案，你能保证每个概念都有最准确的实现，没有任何妥协，没有歧义，拥有适当的职责。

其他选择可能都会让你陷入真正的混乱。

4．给每个上下文自己的架构

因为限界上下文是最终系统的一个独立区域，所以它应该采用最合适的架构，不管其他限界上下文如何。因此，整个软件解决方案可以由两个或多个上下文组成，每个上下文都使用不同的技术、编程模式和语言。

比如，电子商务应用程序的在线商店可以是 ASP.NET MVC 应用程序，带有基于命令/查询责任分离（CQRS）和领域模型模式来组织业务逻辑的分层后端（我将在第 2 章中介绍 CQRS 和领域模型模式）。同时，站点的后台部分可以更有效地编码为带有 ASP NET Web Forms 表现层和 ADO.NET 数据访问层的双层架构。在单个系统中混合多个支撑架构是完全没问题的。

1.4　上下文映射

DDD 的目的是确定最终系统的顶级架构。DDD 通过相互关联的多个限界上下文的组合来描述顶级架构。描述架构的设计构件叫作上下文映射。换句话说，上下文映射是一幅可以让你全面了解正在设计的系统的图。

图 1-4 给出了上下文映射示例。

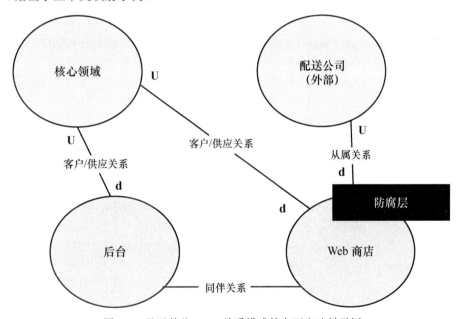

图 1-4　显示某些 DDD 关系模式的上下文映射示例

研究限界上下文之间的关系

两个限界上下文之间的 DDD 关系就像连接图中两个节点的连线。更准确地说，这条连线具有以字母 U 或 D 表示的有向边，如图 1-4 所示。U 表示上游上下文，而 D 表示下游上下文。

上游上下文影响下游上下文，但反过来就不是了。影响可以表现为不同形式。当然，这意味着上游上下文中的代码可用作下游上下文的引用。这也意味着，上游上下文工作计划不能随着管理下游上下文的团队需求而改变。此外，上游团队对变更请求的响应可能不如下游团队所期望的那样迅速。

对于上游和下游上下文，你可以找出以下一些特定的关系。

- 从属关系
- 客户/供应关系
- 同伴关系

1．从属关系和防腐层

从属关系表示下游上下文完全依赖于上游上下文，双方不存在协商。这种关系通常发生在上游上下文基于一些遗留代码或外部服务时。当同一个团队处理所有限界上下文，或者不同团队相互联系时，从属关系可能只会在真正关键的代码上找到。

与从属关系密切相关的是防腐层。防腐层是额外的代码层，给下游上下文一个固定的接口来处理，不管上游上下文发生什么变化。

防腐层就像门面（façade），在不同的接口数据模型之间提供自动转换。当你有了从属关系时，防腐层有助于隔离更多可能会更改的代码区域。

2．客户/供应商关系

客户/供应商关系类似于从属关系。两个接口上下文的上游上下文会识别为供应商，而下游上下文是客户。这和从属关系一样。

但在这种情况下，管理两个上下文的团队之间存在协商。比如，客户团队可以提出问题并期望供应商团队解决它们。

3．同伴关系

同伴关系是指两个相关的限界上下文相互依赖。换句话说，两个上下文彼此依赖于实际交付的代码。这意味着没有团队可以在不与其他团队协商的情况下对上下文的公共接口进行更改。

当限界上下文由多个上下文和多个团队共享时，就会产生更严格的关系。这种情况可以说是具有共享内核。

1.5　事件风暴

有效探索业务领域了解其工作原理，识别关键事件、命令和限界上下文的新兴实践是事件风暴。这项技术最初由 Alberto Brandolini 提出，它将开发者和领域专家聚集到一个房间里，然后提出问题并寻找答案。

经典的双比萨规则给出了正确的参会人数。双比萨规则认为，一个会议不应该包含超过两块比萨刚好分完的人数。一般来说，这将限制参会人数少于 8 人。

1.5.1 拥有无尽的建模空间

事件风暴的会议应该在有足够建模空间的地点举行，可以在一条很长的时间线上展示事件和命令，绘制草图和记录笔记。如果是一间会议室，你应该预先安置一块很大的白板，至少也要有一条很长的纸卷，即使一面空的墙壁也行。

事件风暴的一个特点是使用彩色胶带和便利贴来添加业务事实、实体、数据、规则以及其他需要的东西。事件风暴的会议讨论业务领域观察到的事件并将其列在墙壁或白板上。在事件识别出来时，特定颜色的便利贴将会贴在建模表面。你还可以在找出其他领域特定信息（如聚合命令和事件的关键实体）时这样做。

1.5.2 找出领域中的事件

事件风暴的主要目标是找出相关的领域事件。一旦找到业务事件，就把相应的便利贴贴到墙上。比如，在电子商务场景下，你会在墙上贴上一张写着"订单创建"事件的便利贴。

接下来要弄清每个事件的起因。比如，领域事件可能由某个用户请求的命令引起。因此，"订单创建"事件可能是由结账命令引起的。在其他情况下，事件可能由某种异步因素引起，包括超时或者到了特定时间。在这两种情况下，你都可以在墙上贴上表明起因的便利贴。事件也可以是之前触发事件的后续事件。在这种情况下，你也可以在靠近始发事件的地方添加事件便利贴。

最后，建模表面作为时间轴需要很多空间来保存代表找到的事件、触发事件的命令、后续事件、用户界面草图和注释等的便利贴。

1.5.3 引导讨论

这个讨论需要一位领导来促进业务建模。领导只是管理会议，叫停时间过长的讨论，确保主旨没有偏离。他还会通过不同阶段推进会议。这个领导可能是领域专家或软件专家，也可能不是。他的目标是帮助其他人了解和确立领域的本质。整个过程中，这位领导要确保出来的模型对每个人都是适当和准确的。

事件风暴是一种全面了解业务愿景的快速简单的方式。事件风暴的有效输出是一组限界上下文和每个上下文里的一组聚合。看看最后的便利贴时间轴，聚合本质上是处理相关命令和事件并控制其持久化的软件组件。

1.6 小结

这个世界正在使用代码重构，这听起来很震撼。转述古天文学家伽利略的话："软件是世界的字母表。"从这句话可以看出，通过模仿真实业务流程来编写现代应用程序比以往更重要。相比设计精确的数据模型和代码组件来表达业务逻辑并最终为流程定义工作流，这个方案更可取。

　　模仿优于建模意味着你相信专注于流程是编写有效软件更直接的方式。它的有效在于所创建的模型接近于真实业务并且易于管理，因为它更简单、更切中要害。

　　DDD 是于 10 年前提出的，用来应对软件核心的复杂性。虽然原则是对的，但 DDD 实际上并未如理论上那般有效。我相信这更多是因为我们忽略了 DDD 有两个部分的事实：战略设计和战术设计。在二者中，战略设计是最关键的，但我们中的很多人都过于关注 DDD 的战术部分了。

　　本章探讨 DDD 的战略设计，并以技术和框架无关的方式进行。DDD 的战略部分通过一些分析模式和常见实践来发现系统的顶层架构。在第 2 章中，我将会探讨具体的支持架构，给出架构构件的形式和本质。

选择支撑架构

你的模型是以名为"universe"的根对象开始的吗？

——格雷格·杨

第 1 章着重介绍领域驱动设计（DDD）提供的用于探索业务领域的技术和它产生的输出。你已经看到 DDD 分析的理想输出是上下文映射，并且映射上的节点表示领域的限界上下文。你可以认为上下文以某种方式连接起来，不管是从属关系，还是一起发布、协同部署解决方案的同伴关系。

DDD 分析产生的上下文映射不像一堆服务及其连接的详细草图，而是比那些更通用。你可以把每个识别出来的限界上下文实现为微服务、Web 服务、SOA 服务或者其他你能想到的东西。接着，你可以为它们的通信设置协议（如 HTTP）。一般来说，一个限界上下文标识出领域的一个部分及其与其他部分的关系。

接下来要面对的问题是给每个部分一个软件模型。不同的、独立的服务是一种选择，但限界上下文也能在同一个软件系统里作为不同的实体存在。

这里的问题稍微不同：应该采用哪种方式来为限界上下文标识软件模型呢？

2.1 关于业务逻辑的一切

显然，客户需要架构师设计软件的主要原因是业务。业务逻辑是业务的一部分，它浓缩了最终产品需要暴露的规则和功能。业务逻辑可以分成两部分：应用程序逻辑和领域逻辑。

2.1.1 研究应用程序逻辑

应用程序逻辑是业务逻辑的一部分，它负责应用程序视觉部分背后的工作流实现。用户从表现层调用的任何东西都会触发某种流程，应用程序逻辑就是这些步骤编排的地方。

比如，经典的电子商务应用程序场景中，用户提交了一个订单。接下来会发生什么事？在很多讲解 Microsoft ASP.NET 的教程中，事情都很简单，新的订单记录会添加到某些数据库表中。然而，在现实世界中，通常还会经过几个步骤，如验证、结算和配送。这个工作流更复杂，恰恰是这里创造了可能的灰色地带。

1．处理应用程序逻辑的灰色地带

软件系统有时候会令人感到困惑的一个常见方面是，为表现层准备数据的逻辑应该放在哪里。这是一个灰色地带，在多数真实系统里，用来读取和保存数据的模型通常有别于用来处理和显示数据的模型。这个逻辑应该放在哪里？在业务层，还是表现层？

应用程序逻辑层（或者应用程序层）就在表现层和系统其余部分之间，协调系统后端往返的数据流。按设计，应用程序逻辑负责从表现层收集数据并把它作为输入发往后端，同时接收数据并按照用户界面的需求转换数据（见图 2-1）。

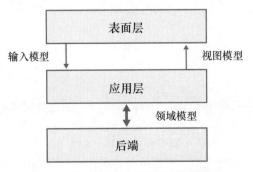

图 2-1　从表现层到系统后端的数据流

图 2-1 展示了一个多层架构，其中，表现层使用输入数据模型的类把数据发往应用程序层，同时，表现层通过视图数据模型的类接收用于显示的数据；最后，应用程序层和后端之间的数据交换通过另一个数据模型的类进行——领域模型。

把业务逻辑分成两部分，最上面的是应用程序逻辑，可以让代码尽量简洁，很容易看出谁做什么以及怎么做。

2．探索应用程序逻辑的模式

应用程序逻辑包含一堆公共端点出发的工作流。这个端点可以通过 HTTP 或者在进程里触发，触发方式取决于采用的技术栈。

怎么编写工作流？

基本上有两个可用模式。一个是在单个地方编写整个操作的全部代码的经典方案，在需要的时候硬编码条件和循环。你可以通过普通 C#代码做到，或者使用商用工作流框架支持的脚本。最终效果没有太大差别，但在修改和扩展方面的灵活性就有很大差别了。

另一个方案是使用基于消息组织的工作流。在这种情况下，代码里没有条件和循环，每个操作都会作为命令推送到中央协调器。这个协调器可以是总线或者队列。消息流和处理器的顺序可以保证工作流的正确性，也为编码这部分业务逻辑提供易于处理和解耦的环境。

2.1.2　研究领域逻辑

领域逻辑是业务逻辑的一部分，它处理领域的业务规则和各个方面，它们并不知道和业务关系不大的事情。也可以说，领域逻辑是业务逻辑中不会随用例而变的部分。

1．确定什么是领域和什么不是领域

图 2-2 试着给出领域逻辑和应用程序逻辑之间的区别。

对于特定的业务领域，应用程序逻辑是每个用来解决问题或满足领域的应用程序的用例的实现。如果有多个前端，比如一个 Web 前端和一个移动前端，你可能需要有多个应用程序逻辑，通常来说，每个前端的用例有一个应用程序逻辑。但是，就业务规则而言，所有应用程序逻辑层都会引用同一个领域逻辑的实现。

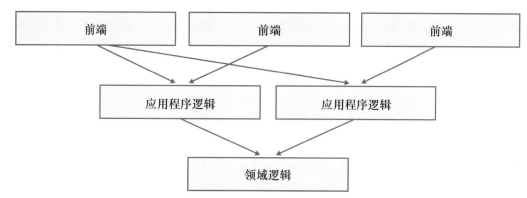

图 2-2 初探领域逻辑和应用程序逻辑之间的区别

例如，在银行场景里，多个前端（如柜员机和网银）都可能有它们自己的用例，都可能需要它们自己的应用程序逻辑层。但是，就核心业务实体而言，二者都会引用同一个领域逻辑 API，如账户和电汇。

2．解决持久化问题

领域逻辑主要关注用户和利益相关者在受访时描述的各个业务方面。它不知道持久化，也不知道 Web 服务等外部服务的依赖。

举个例子，领域逻辑可能需要知道特定货币的当前汇率，但从外部服务获取那个值的任务并不属于领域逻辑。这是因为领域逻辑只知道如何使用货币信息，不知道如何获取这个信息。

用来表示业务领域中实体的数据类型可能需要在某一时刻持久化它们的内容。这不是领域逻辑所关心的。同理，构建领域对象的实例也不是领域逻辑所关心的。所有的这些都属于周边的层。

2.1.3 探究业务逻辑的模式

有一些常见的模式可以组织分层系统的业务逻辑。它们是事务脚本、表模块和领域模型模式。

1．事务脚本模式

事务脚本模式可能是用于业务逻辑的最简单模式，它完全是过程化的。名字中的"脚本"这个词意味着要把一组系统执行的操作（也就是脚本）关联到每个用户操作。另一方面，"事务"这个词在这里和数据库的事务没有关系。它更多意味着在同一个调用的边界内从开始到结束执行一个业务事务。

这个模式不可避免地存在代码重复。但是，这个问题可以通过找出公共子任务并实现为可重用子例程这种编码规则来缓解。

就架构设计而言，在基于事务脚本模式的设计中，表现层中的可操作用户界面元素会调用应用程序层的端点，这些端点会触发每个任务的事务。

2. 表模块模式

顾名思义，表模块模式预示着一种以数据库为中心来组织业务逻辑的方式。其核心理念是系统的逻辑与用于持久化的模型密切相关。因此，表模块模式建议你为每个主要的数据库表创建一个业务组件。应用程序层可以通过这种组件公开的端点对特定的表执行命令和查询。

就架构设计而言，在基于表模块模式的设计中，表现层会调用应用程序层。然后，在应用程序层中，工作流的每一步都会找出相关的表，找到合适的表模块组件，然后使用它。

3. 领域模型模式

领域模型模式认为在关心持久化之前应该关注系统的预期行为和使之工作的数据流。在实现这个模式时，基本上要构建一个对象模型。但是，领域模型模式并不只是让你编写一堆 C#或 Java 类。领域模型模式的要点是构建一个完全体现业务领域的行为和流程的面向对象模型。

在实现这个模型时，会有一些类表示领域中的实体。这些类的公共接口表示实际预期的行为。继而，业务规则整合到这些类的体内，而接口则反映了专门的数据类型和操作。

领域模型中的类应该和持久化无关。对于要持久化的内容，你需要为领域模型构建额外的服务类，里面包含逻辑创建业务类的实例，用于往返持久层。领域模型模式的架构图包含两个元素：聚合对象的模型以及执行跨越多个对象的特定工作流或直接处理持久化的领域服务（见图 2-3）。

领域模型

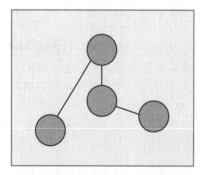

图 2-3 领域模型模式的架构图

■ **注意**："领域模型"这个术语通常也用于 DDD。但是，在 DDD 里，"领域模型"是个通用术语，用来表示领域有一个软件模型。

2.2 使用单个模型

DDD 战略分析的结果是为特定业务领域构建软件模型的信息。用于构建这种领域驱动软件模型的设计方案叫作支撑架构。

首个支撑架构在伊凡·埃文斯的重要著作《领域驱动设计：软件核心复杂性应对之道》（Addison-Wesley，2003）中提出。这个支撑架构是一个涵盖领域所有方面和用例的单个面向对象模型。这种单个全包模型叫作领域模型，它与我前面提到的用来组织业务逻辑的领域模型模式是一致的。

后来出现了其他支撑架构，尝试解决人们在把 DDD 应用到越来越大的业务领域时面临的问题。在本章里，我也将介绍命令查询职责分离（CQRS）和事件溯源（ES），顾名思义，这是基于消息组织业务逻辑的基础。

2.2.1 探究面向对象领域模型的元素

面向对象领域模型是业务领域的软件模型，它反映了所有复杂真实的业务流程，包括用户执行的任务、角色和命名规范。为了有效达到这个目的，面向对象模型需要满足一些严格的需求。

从编译器的角度来看，领域模型只是一组类，而类只是一组属性和方法。从开发者的角度来看，类主要有两种：实体和值类型。这两种类共同表达业务逻辑，但持久化不是它们的关注点。

注意：在 DDD 刚提出、领域模型的理念刚生根时，把模型构建成一组相互联系的对象似乎非常合适。但是，软件行业最近在重新审视函数式编程方案。现代函数式语言日益流行（如 F#），函数式特征也逐渐加入现有语言，包括 C#和 Java。在这种情况下，虽然使用函数式方案构建领域模型还不是主流方案，但肯定是个可行方案，而且正在接收评估和考察。

---

1. 实体

实体是一个表示业务领域中的自然元素的类，如发票、交易、电汇或者体育比赛。这个类有公共和内部属性以及一些方法。属性是保存和暴露实体当前状态的方式。方法是用来修改状态的公共工具。

在实体的属性之中，存在某个给予一组数据唯一属性的东西——标识（identity）。标识是值的组合，唯一描述了实体封装的信息。总之，它和在关系型数据库里使用的主键是相同概念。

举个例子，你怎么看待在同一天发生且牵涉相同金额和银行账户的两笔转账？只是相同操作出现重复？还是说这些交易是相互独立的不同操作？可能是后者，但是不取决于领域。

实体通常由数据和行为组成。但说到行为，我要澄清一下，行为表示领域逻辑和业务规则。

重要：我不止一次强调，持久化不是实体所关心的。如果实体有方法，这些方法不会是 Load 或 Save 这种，它们也不会用于 CRUD 操作。DDD 愿景中的全部持久化问题都委托给领域服务，尤其是仓库。本章稍后将会讨论仓库，第 13 章也会讨论。

---

2. 值类型

在 DDD 中，值类型的实例完全由保存在公共属性的值定义。但是，值类型的属性在实例创建之后不会改变。如果要改变，值对象会变成另一个值对象的实例，由新的属性集合标识。

DDD 值对象也叫作不可变类型。Int32 和 String 类型是 Microsoft .NET Framework 中最常用的不可变类型。以下是一个典型的值类型的示例实现。

```
public class Score
{
        public Score(int goal1, int goal2)
        {
            Goal1 = goal1;
            Goal2 = goal2;
        }
        public int Goal1 { get; private set; }
        public int Goal2 { get; private set; }

        public override bool Equals(object obj)
    {
        if (this == obj)
            return true;
        if (obj == null || GetType() != obj.GetType())
            return false;
        var other = (Score) obj;
        return Goals1 == other.Goals1 &&
                Goals2 == other.Goals2;
    }

        // In .NET, you also need to override GetHashCode
        // if you override Equals
        ...
}
```

行为在值对象中是无关重要的，虽然值对象也可能有方法，但这些方法只是辅助方法。和实体不同，值对象不需要标识，因为它们没有可变状态，完全由它们的数据标识。

对于领域模型而言，值类型的角色比很多人想象的重要得多。值类型是更精确地建模真实世界的工具。足球比赛的分数可以用两个不同的整数属性表示，但最终它是一个专门的类型，它的实例完全由两个整数标识。一般来说，基元类型往往是它们试图建模的真实世界方面的近似，需要一些逻辑来验证它们的使用。为此目的使用值类型符合 DDD 原则。

2.2.2　把业务规则放进去

放入实体的行为本质上是业务规则。在使用其他模式来组织业务逻辑时，把业务规则放入单独的组件，使用起来就像一个无状态的计算器。在领域模型中，业务规则可以在实体中找到它们的位置。

例如，考虑体育比赛，如何为评分应用程序设计软件模型，以便裁判和助理用来跟踪体育比赛的相关方面（分数、犯规、超时、开始和结束）？如何定义 Match 类的行为？

1．使用贫血实体类

下面这个类是一个不错的开始。显然，它不错是因为它保存和管理与体育比赛相关的常见内容。

```
public class Match
{
    public int MatchId { get; set; }
    public Score Score { get; set; }
    public int Period { get; set; }
    public string Team1 { get; set; }
    public string Team2 { get; set; }
    public MatchState MatchState { get; set; }
    ...
}
```

这个类包含有效表达比赛状态和进展的所有东西。你可以知道和修改比赛的分数、团队或选手、比赛的状态（已排期、进行中、已结束），甚至比赛细节，如当前赛节。如果继续改进的话，这个类可以变成不错的代码，尤其是如果你添加工厂以及一些读取状态的查询方法，如 IsInProgress、IsTeamLeading 等。

这个实体有一些相关的行为。比如，比赛开始、结束以及包含一个团队的计分进球。在哪儿编写这种行为呢？你可以把这些方法添加到这个类，或者让这个类保持现状，另外创建一个引擎，在收到操作请求时以一致的方式修改这个类的状态。就功能而言，两个选择都可以，但如果要使用领域模型模式，只有前者是有效的。

2. 使用私有设置器

如果你把方法添加到实体类，那么要先修改公共属性的修饰符。所有设置器都应该改为私有，因为要确保任何状态的改变都只能通过业务规则引擎，这才能确保一致性。

举个例子，考虑 MatchState 属性。如果定义使用公共设置器，那么任何代码都可以通过获取 Match 类的实例来随意修改比赛的状态了。当你定义一个领域模型时，实际上为业务逻辑创建了公共 API，应该尽量避免 API 遭到误用。使用私有设置器避免随意修改，同时提供额外的方法让开发者修改比赛的状态。

在这种情况下，SetMatchState 方法是否更合适？

3. 使用行为丰富的实体类

单从功能角度来看，SetMatchState 方法是合适的。但是，它缺少业务角度的操作。为什么会修改比赛的状态？业务层面发生什么事情需要这样做？比如，可能是比赛已经开始。如果是这样，Start 方法更合适，理由如下。

- 它是一个行为丰富的设计。
- 它符合业务要求。
- 它反映通用语言。
- 它以一致的方式修改实体的状态。

下面重写 Match 类。

```
public class Match
{
    public Match( ... ) { ... }
```

```
public Score Score { get; internal set; }
public int Period { get; internal set; }
...
public Match Start() { ... }
public Match Finish() { ... }
public Match NewPeriod() { ... }
public Match Goal( ... ) { ... }
}
```

现在，这个类提供了一个构造函数，你可以通过它一开始就让这个类处于有效状态。还有 3 个只读属性可以了解状态。

```
public Match Start()
{
    if (MatchState != MatchState.Scheduled)
      throw new ArgumentException( "Cannot start a match that is not currently
scheduled" );

    MatchState = MatchState.InProgress;
    return this;
}
```

如你所见，这些方法的实现可能一点都不复杂。更重要的是，这些方法是面向业务的，很容易让开发者实现用例。

2.2.3　发现聚合

在确认需求并把它们转换成正式的软件模型时，你经常会发现一些实体一直在使用并且互相引用。你可以把它们想象成包含图像、表格和图标的富文档中的引用。细看之下，你可能找到几组相关的对象，它们总是一起使用。用领域模型行话来说，这叫聚合。

1．构建聚合模型

找出聚合的方式有两种，这取决于所用来分析的方案。你可以先隔离一些实体，看看它们怎样一起使用，通过这种方式找出聚合。但是，比较常见的做法是先把领域模型分解成聚合，然后在聚合里面找出领域实体。

找出聚合的另一种方式来自关系型数据库设计的基本任务。构建聚合模型的流程和你在关系型数据库中定义表的逻辑流程一样。不是所有表都在统一逻辑层次，有一些表只和其他表一起使用。经典的例子是 Orders 和 OrderDetails。

当你有一个聚合时，怎样访问这些对象并对它们操作？如果所有对象都以相同的方式公开访问，那么聚合的存在意义是什么？与聚合模型相关的概念是聚合根——每个聚合的主对象。

2．创建聚合根

聚合根是一组相关实体和值类型中的一个实体，它是执行相关业务任务的入口点。聚合根在领域模型中的任何地方都是可见的，可以直接引用。聚合中的实体仍然有它们的标识和生命周期，但它们不可以从聚合外面直接引用。

更抽象地说，聚合定义了上下文，一堆操作和事件会在这里产生和处理。聚合根是定义了这些操作和事件的事务边界的实体。它也为这些操作提供公共接口，在确保业务一致性的前提下调用和执行。

聚合根不需要编写专门的代码。识别聚合和根主要是帮助你设计。图 2-4 显示了聚合模型。其中 4 个方框表示聚合，其中 3 个折叠起来，隐藏它们的内部实体。Customer 和 Order 方框可能交互，但只能通过根对象的公共接口。Order 聚合包含 OrderItem 实体。Product 聚合不能直接引用 OrderItem。它只能通过 Order 根作为中介来引用。另外，OrderItem 仍然可以引用外部聚合根。

聚合根类对调用方隐藏相关类，对于任何交互都要求调用方引用它们。换句话说，实体只能引用同一个聚合中的实体或者另一个聚合根。同时，子实体（图 2-4 的 OrderItem）可以引用另一个聚合根。

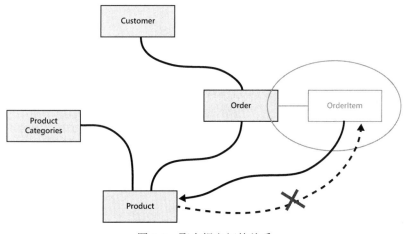

图 2-4 聚合根之间的关系

为何要有聚合？

聚合根对象有如下一些重要职责。

- 聚合根保证其包含的对象对于适用的业务规则总是处于有效状态。比如，如果业务规则认为订单明细在发货之后不能更新，这个根必须保证这种更新在代码里不可能做到。
- 聚合根负责持久化其封装的所有对象，包括级联更新和删除。
- 任何查询操作都只能获取聚合根。对内部对象的访问必须通过聚合根的接口导航过去。

使用聚合有益于代码，因为它提供了一些开发者需要处理的粗粒度对象。这些对象中的每一个都能保证一致性。

2.2.4 探究领域服务的角色

业务规则整合到聚合中并通过聚合根的公共接口暴露出来，在这种情况下，整个需求会在这些标识出来的实体和聚合中分割。大多数时候，分割结果会覆盖百分之百的需求。如果没有覆盖呢？如果要执行业务规则就要经过保存的数据和持久层呢？这就是领域服务派上用场的地方了。

根据领域模型的支持架构，解决方案有一个领域层，位于表现层和基础设施层之间。领域层负责部分业务逻辑，它们不随用例和表现层前端改变（见图 2-2）。

领域层由两部分组成：一个领域模型和一组领域服务。领域服务是一些类，处理任何不能放入领域模型的任务。这些任务包括处理外部系统、遗留代码、数据库以及跨实体逻辑的实现。领域服务属于领域层，但不同于领域模型类。但是，它们使用和操作领域模型类。它们也可能需要访问领域模型类的特权——比如，在公共行为方法之外设置属性。这个行为属于程序集内部，在.NET 中可以通过 internal（而不是 private 或 protected）属性设置器做到。

1. 实现跨实体业务逻辑

有一个很好的例子可以看到领域服务怎么派上用场：确定特定客户是否达到金卡客户的状态。根据需求怎样定义达到这个状态，这个操作可能调用多个聚合和数据库访问。比如，领域提到客户订购特定范围产品超过一定阀值就会获得这个状态。

Customer 聚合上很难有一个 IsGold 方法计算这个状态。计算需要访问数据库，而这不在聚合的职责之内。领域服务就很适合了。事实上，服务可以查询一个客户的订单和产品，然后在新建的 Customer 聚合实例中把结果保存成布尔值。

在这种情况下，应用程序层的方法需要把客户金卡状态信息返回用户界面，这会调用领域方法并获取包含最新数据的实例。Customer 类的构造函数在内部调用，IsGold 属性也通过内部设置器设置。

开发者倾向于把领域服务当作后备解决方案，安置无法放入聚合的行为。但是，有时候实体和领域服务之间的边界很微妙。我们的经验是，当你很难看出哪个选择最合适时，两个选择都可以采用。

2. 使用仓库

仓库是最常见、最常用的领域服务。它关注聚合的持久化。当需要从数据库构建聚合或者把它保存回数据库时，你会使用仓库。通常建议每个聚合根都有一个仓库——CustomerRepository、OrderRepository 等。如前所述，每个聚合一个仓库足以体现你关心一致性和功能——聚合负责至对象的持久化和级联选项。

有很多方式编写仓库，可能没有一种绝对是错的。然而，仓库通常基于一个公共接口，如 IRepository<T>。

```
public interface IRepository<T> where T:IAggregateRoot
{
    // You can keep the IAggregateRoot interface as a plain marker or
    // you can have a few common methods in it.

    T Find (object id);
    void Save (T item);
}
```

具体的仓库类可以从这个基础接口派生。

```
public interface IOrderRepository : IRepository<Order>
{
```

```
    // The actual list of members is up to you
    ...
}
```

仓库类的成员会执行实际的数据访问——查询、更新或者插入。用于数据访问的技术取决于你。今天最常用的是对象/关系映射（O/RM）框架，如 Entity Framework，但没人阻止你使用 ADO.NET、普通存储过程或者 NoSQL 存储。

3. 使用外部服务和遗留代码

当业务逻辑依赖于现有代码或者通过某种协议（TCP、HTTP 等）访问的外部服务时，领域服务类是理想的包装器，也是保存连接信息的好地方。需要包装并以领域服务的方式暴露给应用程序层的外部服务典范是天气预报、股票行情、货币汇率或者正在进行的比赛的实时分数等 Web 服务。

遗留代码也能以相同方式对待，只要有办法让领域服务变成这些代码的门面（façade）就行了。

不是任何模型，而是适合上下文的模型

开发者有时过度抽象，他们构建了一个模型，其根对象叫作 GalaxyBase。领域模型背后的理念是构建一个很好地反映业务场景的软件模型。有一个很好的例子可以说明这一点——世界地图。

墨卡托地图投影是世界地图的图形表示方式。它的独特之处使之适合航海用途，但不适合 Google Maps 等应用程序。如果从墨卡托地图投影的角度来看这个世界的布局，你会说阿拉斯加和巴西一样大。但是，现实情况是，巴西是阿拉斯加的 5 倍。当你在墨卡托地图投影上画一条航线，跨越所有子午线的航线和赤道之间的夹角是恒定的。这使得早在 16 世纪通过量角器测量航线和航向变得简单。

墨卡托地图是一个扭曲了面积和距离的模型；一方面，在这种情况下，它无法真实地反映世界地图的样子。你不会用它来代替 Google Maps 表示地图上的城市。另一方面，它却是生而为之的（领域）上下文（航海地图学）的最佳模型。

2.3　实现命令查询分离

在很长一段时间里，DDD 都可以简单地理解为，有一个可以描述整个业务领域的对象模型就是胜利的开始。一些 DDD 项目成功了，另一些失败了。大多数情况下，对对象力量的盲目崇拜使得很多开发者尝试这个方案。从 20 世纪 90 年代以来，软件世界就受到了对象理念的困扰。专注于它们似乎是个好主意，但却无法在真实世界中很好地工作。有一个足以应对各种场景的独特对象模型是很有挑战性的——比如处理订单、生成销售报表以及通告库存中哪些产品应该促销。

在不访问持久层或者外部服务的情况下处理订单是非常不现实的。把业务事务简化成数据库事务（甚至是分布式数据库事务）可能很痛苦，因为很多业务事务实际上都是长事务。

这更多是关于业务流程和任务，而不是底下的领域模型。

领域模型支持架构建议把业务逻辑整合到类中并通过领域服务定义流程。这是组织业务流程的系统方式，但可能不足以建模所有真实业务流程。当流程比较接近于简单快速的数据库事务时，这是很有效的。除此之外，单个模型更像是问题而不是解决方案。

2.3.1　应用命令查询分离原则

早在 20 世纪 80 年代，Bertrand Meyer 在详细介绍 Eiffel 编程语言时提出了命令查询分离（CQS）原则。这个原则很好解释和理解，却在我们规划软件的方式上产生巨大影响。

根据 CQS，任何软件执行的每个操作都应该编写成修改系统状态的命令或者读取（但不改变）系统状态的查询。二者不应该并存。每个人都认同这个原则的简洁性，但到了实践的时候，似乎又太过约束，尤其是当你尝试在单个类方法的层面上应用它时。于是，CQS 原则很幸运地被忽略了多年。

有时候，在尝试把 DDD 应用到特殊业务领域（涉及大量金钱的关键 24/7 服务）时，有人不得不重提 CQS 原则。在架构层面应用时，CQS 原则展现了它的真正威力并且获得了一个稍微不同的名字——CQRS，这是命令查询职责分离的缩写。

1．在软件架构中使用不同的栈

令人惊讶的是，"命令与查询是两个不同的东西"这个基本事实对于系统的整体架构有着深远影响。图 2-5 比较了标准 DDD 分层架构与使用 CQRS 重新设计的同一系统。核心区别是你只在命令栈上使用领域模型。查询栈只有普通数据访问代码，使用简单数据传输对象（DTO）把数据带到表现层。

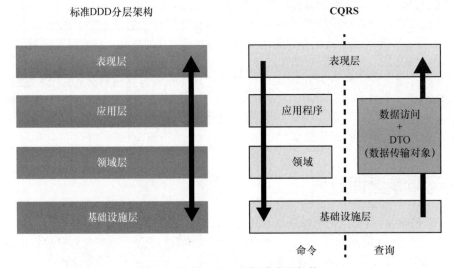

图 2-5　比较 CQRS 和标准分层架构

应用程序层负责为命令和查询暴露不同的端点给用户界面触发。应用程序层基本上会在不同的工作流上路由请求。如果是个命令，它会经过满足需要的业务逻辑的实现。在多数情况下，它只是经典领域模型模式，把业务逻辑整合到聚合中，仓库和其他领域服务支持业务流程的实现。

使用不同栈的好处是可以使用不同的对象模型来实现命令和查询。这个简单的划分极大地降低了复杂性。你可能有两个相似的对象，但每个都很简单并且切中要害。你通常会为命令构建一个完整领域模型，但会为表现层量身定做普通的数据传输对象。DTO 的结构通常直接从 SQL 查询的结构推断。此外，在需要多个表现层前端（比如，Web、移动 Web 和移动应用）时，你只需要创建额外的读模型。其复杂性是所有单个模型的复杂性之和而不是它们的笛卡儿乘积。

2. 使用不同的数据库

把后端分成不同的栈简化了设计和编码，为无与伦比的伸缩潜能奠定了基础。但是，这种分离会引出新的问题，要求你在架构层面好好琢磨。怎么保持两个栈的同步以便命令写进去的东西能一致地读回来？

根据所要解决的业务问题，CQRS 实现可以基于一个或两个数据库。如果使用共享数据库，为查询获取正确的数据投影只是在读取栈中在普通查询之上做一些额外的工作。同时，共享数据库确保经典 ACID（原子性、一致性、隔离性和持久性）一致性。

对于特定问题，如性能或伸缩性，你可以考虑为命令栈和读取栈使用不同的持久化端点。比如，命令栈可能有一个事件存储、NoSQL 文档存储或者非持久化存储，如内存缓存。命令数据和读取数据的同步可以异步进行，或者定期进行，这取决于陈旧数据如何影响表现层（也取决于数据有多陈旧）。

对于不同的数据库，读取数据库通常是一个普通的关系型数据库，只提供一个（或多个）数据投影（见图 2-6）。

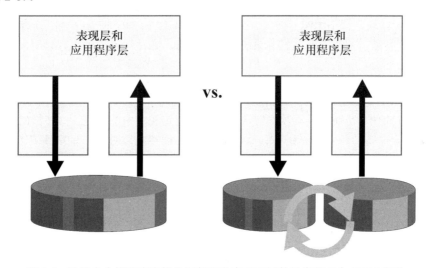

图 2-6　比较命令栈和查询栈分别使用共享和不同数据库的两个 CQRS 架构

3. CQRS 什么时候适用

和 DDD 不同，CQRS 原则不是用来设计企业级系统的完整方案。CQRS 只是一个模式，指导你架构更大系统的特定限界上下文。CQRS 是使用领域模型方案之外的一个选择，仅此而已。

CQRS 架构模式专用于解决高并发业务场景中的性能问题，在这种场景中，同步处理命令和执行数据分析变得越来越有问题。很多人似乎认为在这种协作性系统的领域之外，CQRS 的威力会极大减少。事实上，CQRS 能在协作性系统中大展威力，是因为它有助于更平滑地应对复杂性和竞争资源。除此之外，我觉得还有更多看不到的好处。

CQRS 能为架构带来很大好处，即使在非常简单的场景中，查询和命令栈之间的简单分离也可以简化设计和极大地降低设计错误的风险。换句话说，CQRS 降低了实现很复杂的系统的技能门槛。使用 CQRS 让几乎任何团队都有能力实现伸缩性和简洁性。

2.3.2　实现 CQRS

我们回到前面给出的 Match 类，然后从 CQRS 的角度重新审视。在一个裁判及其助理可能使用的评分应用程序中，至少有两个总目标：一个是跟踪分数以及所有与比赛相关的事件，比如目标、超时或者犯规；另一个是读取分数并在场地周围的记分板上或者通过 Web 在比分直播应用程序中显示，甚至用来刺激或停止投注。

在这种情况下，只有一个版本的 Match 类是否合适？我们先从命令栈的角度来探讨这个问题。

1．探索命令栈

在所探讨的示例系统中，来自表现层的任何输入都表示在 Match 类上执行的操作。裁判或助理是否单击开始或结束比赛、登记计分进球或请求暂停并不重要。一个包含只读状态和少数可以改变实体状态的公共方法的 Match 类完全可以胜任这些任务。

领域服务可能从持久层创建这个类的实例，通过 ID 执行查询。接着，根据这个命令（开始、结束、进球），一个方法将在这个实例上调用，修改之后的状态会保存回数据存储。如果特定命令算法后来发现不是特别有效，修改它不会影响系统的其他部分。在使用不同数据存储时，也不会影响系统其他部分的存储行为。

此外，专注于实际行为和修改系统状态的命令使设计逐渐变得更加面向任务。即便你最终使用领域模型封装领域逻辑，你的思考方式本质上也会变得更加实用，变得更加关注任务而不是抽象模型。

最终，开发者的使命是通过编写软件解决真实世界特定领域中的问题。大多数时候，编写软件就是创建东西来自动化流程。大多数时候，软件的（高）成本源于对软件需要自动化的真实世界领域的误解和歪曲。这就是为什么强调任务、命令和事件而不仅仅是模型（通常过于抽象）的方案很受欢迎。实用的设计和命令查询之间的关注分离是未来软件的两大支柱。甚至在今天，你也可以看到越来越多这个方案的例子。

■ **重要**：即使 CQRS 很重要，它本身也不是非常不得了的东西。它只是识别从查询中分离命令的好处的原则。要实现这种分离，你甚至可以在普通的 Entity Framework 解决方案上仅仅使用不同的数据库上下文，而最终系统仍然以数据为中心。

2．探索读取栈

在单个模型的场景中，现在有一个丰富的 Match 类，它知道如何根据特定应用程序的表现层输入来改变比赛的状态。本章前面涉及的带有 Start 和 Finish 方法的 Match 类提供了读取当前分数和犯规或请求暂停等其他相关信息的公共属性。

把这个类原样传给某个 O/RM 持久化也只是一个简单的操作。那么，从持久层构建 Match 类的实例并把它设为最近已知的正常状态呢？

这可能不是一件简单的任务。按照它的设计，Match 类的内部状态只能通过方法修改，而这些方法依赖于业务逻辑和实际执行的行为。把领域模型类初始化到特定状态需要一些妥协。尤其是，某些属性的设置器应该标记成内部而不是私有，或者应该提供某些内部方法给同一程序集的领域服务使用。

即使假设可以解决这个问题，还要面对另一个问题——表现层代码触发一个查询并获取 Match 类的一个实例。它需要做的只是读取状态、比赛的分数以及正在比赛的团队名称。这些信息是有的，但命令方法也是有的。这个类的公共 API 供大于求，这会使客户端代码可以做一些违反系统一致性的事。

为了避免这个问题，你可以通过引入权限和条件写入操作使 Match 类的源代码变得越来越复杂。更进一步，你很快就会遭遇滑坡效应。另一种选择是为命令和查询使用不同的类。在专门为查询创建的只读领域模型中，你使用的普通数据传输对象密切反映特定表现层所需的投影本质。

为命令和查询使用不同的对象模型正是 CQRS 的全部内容。

3．创建示例读取模型

以下例子具体告诉你如何实现读取模型——它在 Entity Framework 之上工作并且总是返回 IQueryable 对象，向上经过各层。以下代码演示了 Entity Framework 的 DbContext 类的常规实现，它以 DbSet<T> 对象的方式提供数据集合。

```
public class CommandDatabase : DbContext
{
    public CommandDatabase()
    {
        Products = base.Set<Product>();
        Customers = base.Set<Customer>();
        Orders = base.Set<Order>();
    }

    public DbSet<Order> Orders { get; private set; }
    public DbSet<Customer> Customers { get; private set; }
    public DbSet<Product> Products { get; private set; }
    ...
}
```

DbSet 类提供对底层数据库的完整访问，可以通过 LINQ-to-Entities 构建查询和更新操作。要把操作缩减为只有查询并构建读取模型，需要对代码做出一些修改，示例如下。

```
public class ReadDatabase : DbContext
{
    private DbSet<Product> _products;
    private DbSet<Customer> _customers;
    private DbSet<Order> _orders;

    public ReadDatabase()
    {
        _products = base.Set<Product>();
        _customers = base.Set<Customer>();
        _orders = base.Set<Order>();
    }

    public IQueryable<Customer> Customers
```

```
{
    get { return _customers; }
}

public IQueryable<Order> Orders
{
    get { return _orders; }
}

public IQueryable<Product> Products
{
    get { return _products; }
}
...
}
```

主要的修改是数据集合以 IQueryable 对象的方式提供和返回。任何获得这个引用的代码只能通过 IQueryable 接口操作。尤其是，它无法访问保存更改返回的方法。应用程序层中的代码只能使用 ReadDatabase 根对象执行查询。而从命令栈调用的领域服务将会使用 CommandDatabase 对象，获取对底层数据存储的读写权限。

2.4　基于消息的方案

对于任何级别复杂性的现代系统来说，CQRS 是其通往更灵活、更具革命性的架构的第一步。除了分离命令实现和查询实现这个基本事实，CQRS 还把你引向基于消息的业务任务实现。

在这种情况下，读取栈和到目前为止讨论的并没有什么不同——只是一个普通的查询层和一些数据传输对象。相反，命令栈有一个明显不同的设计。基于消息的业务逻辑组织方式真的是新事物吗？如果看看 Windows 多年来的工作（以及编程）方式，你会看到消息并不是什么新事物。我认为使用消息的 CQRS 是旧瓶装新酒，但希望这种新的方式有足够的扩展性和灵活性来支持业务的演化。

2.4.1　专属基础设施

在基于消息的 CQRS 设计中，应用程序层不会调用工作流的任何完整实现，只是把从调用方获得的输入转换成命令并将其压入一个新的元素——命令处理器。

命令处理器在具体的实现中可以是任何形式。常见的实现是通过总线。在软件中，"总线"这个术语通常指代共享通信频道——它促使软件模块之间通信。这里的总线只是一个共享频道，没有必要是商业产品或开源框架。它可以只是你自己的类。

1. 命令和消息

命令是针对系统后端执行的操作。命令的例子有注册新用户、处理购物车的东西或者更新用户的个人资料。

命令由普通数据传输对象表示，只包含用于命令实现的输入数据。它总是指代单向任务，从表现层向领域层执行，最终可能会修改某些存储。

命令有两种方式触发：一种是用户明确操作某个用户界面元素，如按钮；另一种是某些自动化服务以异步的方式与系统交互。比如，可以想象配送公司如何与合作伙伴交互。这个公司可能提供 HTTP 服务，合作伙伴可以调用它来下单，这又会变成系统后端的命令。

一般来说，命令是特定类型的消息。比较常见的实现会有一个 Command 类继承自 Message 基类。

```
public class Message
{
    public DateTime TimeStamp {get; set;}
}
public class Command : Message
{
    // Some properties you want all commands to share
    ...
}
public class SomeSpecificCommand : Command
{
    // Properties of the specific command
    ...
}
```

应用程序层从表现层收集输入，准备命令，然后把命令压入处理器。在一些常见的实现中，这一系列的事件可能意味着把命令压入总线，等待后续分配。

2. 命令处理器

命令处理器是一种分配器，它了解处理器的情况——每个受支持的命令都有一个处理器。命令处理器只检查消息类型，然后把它传给注册的处理器。处理器会完成它的任务，按照预期的方式修改系统的状态。

一个命令通常针对一个处理器，并且可能会被系统拒绝或者在某个处理器执行时失败。命令通常没有响应返回给调用方，除了确认消息。单凭命令不足以实现业务流程。在命令执行时，它可能需要通知其他处理器发生了什么。这就需要事件了。

3. 通过消息通知事件

事件是某个事务边界之内刚刚发生的事情的通知。但是，和命令不同，事件也可能是发起它的限界上下文边界之外发生的事情的通知。示例如下。

```
public class Event : Message
{
    // Common properties for all events you want to have
    ...
}
public class OrderCreatedEvent : Event
{
    public string OrderId { get; private set; }
    public string TrackingId { get; private set; }
    public string TransactionId { get; private set; }

    public OrderCreatedEvent(string orderId, string trackingId, string transactionId)
    {
        OrderId = orderId;
        TrackingId = trackingId;
```

```
        TransactionId = transactionId;
    }
}
```

如你所见，事件类和命令类的结构几乎一样，除了命名规范——命令是命令式的并描述要执行的操作，而事件则指代刚刚发生的事情。二者的名字都应该非常具体地描述消息的预期目的。

命令和事件交互的典型例子是用户界面触发订单的结账流程。启动这个流程的命令传递订单中的产品、配送地址和客户付款信息等所有内容。结账命令启动一个工作流，通过操作和表示操作完成的事件继续执行。最终，当付款完成时，PaymentCompleted 事件可能会触发。这个事件的处理器会把一条 Order 记录添加到数据存储，然后触发 OrderCreated 事件告知已注册的处理器实际的订单 ID 和交易 ID。OrderCreated 的处理器可能只是发邮件给客户。

4．展示基于消息的示例架构

如前所述，实现命令处理器的常见方式是通过总线。在启动时，这个总线会配置一组监听器。监听器是一个知道怎么处理传入消息的组件。消息处理器有两种：Saga 和处理器。Saga 是流程的实例，它可以有状态，可以访问总线，可以持久化，而且可能是长时间运行的。而处理器只是跟特定消息绑定的任何代码的一次性执行器。

业务任务背后的完整流程图并不会在应用程序层全面铺开。相反，它实现为一系列小步骤，每一步调用下一步，或者触发一个事件告知已经完成。结果，在一个消息压入总线之后，后面的一系列操作可以部分预测出来，可以通过向总线添加和移除监听器改变。处理器会立刻结束。可能长时间运行的 Saga 会在收到最终消息时结束。图 2-7 给出了基于消息的 CQRS 架构的示意图。

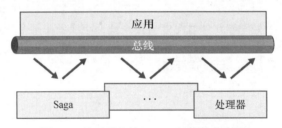

图 2-7　基于消息的 CQRS 架构的命令栈

在用户界面中发生的任何交互都会产生一些系统请求。比如，在 ASP.NET MVC 场景中，这些请求在应用程序层中是控制器操作和方法。在应用程序层中，命令会创建并压入某个系统用于实际处理。

5．定义 Saga

Saga 组件就像一组逻辑相关的方法和事件处理器。每个 Saga 组件都声明了以下信息。
- 启动与这个 Saga 相关的流程的命令或事件。
- 这个 Saga 可以处理的命令及其感兴趣的事件。

总线每收到一个启动 Saga 的命令（或事件），就会创建一个新的 Saga 对象。Saga 的构造函数会生成唯一的 ID，这对于处理同一个 Saga 的不同实例是有必要的。这个 ID 可以是 GUID，也可以是来自启动命令的哈希值或其他东西，如会话 ID。一旦 Saga 创建好了，它会执行这个命令，或者运行代码处理已通知的事件。执行命令通常意味着写入数据或执行计算。

在 Saga 实例的生命周期内，它可能需要发送另一个命令来触发另一个流程，或者更有可能触发一个事件推进其他流程。Saga 通过把命令和事件压回总线来实现上述要求。Saga 也可能在某一时刻停止运行，等待事件的通知。这一系列的命令和事件让 Saga 存活下去，直到某一时刻事情全部完成。在这种情况下，你也可以把 Saga 想象成有起止点的工作流。

2.4.2　介绍事件溯源

事件溯源（ES）把事件推向另一个层次。ES 不只是把事件定义成描述业务逻辑和把操作串联起来形成工作流的工具。它进一步展示了一个世界，其中事件是构成应用程序数据源的真实项。在 ES 场景中，你可以存储事件；如果需要，可以处理事件提取数据投影，获得系统当前状态的快照。

记录的事件序列是你的主要数据存储。投影是在特定时间获取的特定数据快照。事件投影类似于 SQL 查询投影——怎样查看返回数据的形式化结果。

你可能已经猜到，对系统后端的组织方式有重大影响的是持久化事件而不是领域模型。事件持久化可以很好地整合 CQRS 及其想法，即使用不同数据库来保存应用程序的状态并把它提供给表现层。把 ES 添加到系统时，你只改变了数据源的结构和实现。

1. 把事件看作函数

在软件中使用事件并不新鲜。数个行业领域（银行、保险和金融）已经使用事件来全程跟踪他们的活动。虽然**事件溯源**这个术语比较新，但是这些行业在软件中跟踪事件的做法已持续数十年了。今天，用事件作为数据源，我们可以编写更有效的或者之前无法编写软件。如今，事件不仅能做审计，它们还构成了重要特征（如高伸缩性）和新业务场景的基石。

通过把事件用作数据源，你让保存的核心数据下降了一个抽象层次。你几乎可以由事件构建任何想要的数据投影。相反，使用经典的数据模型，倾向于存储状态快照而不是把你从初始状态带到当前状态的一系列步骤。经过一系列的业务事件，你当然可以重建当前业务状态，但也能以不同方式聚合数据，实施多种分析。

那么，什么是"事件"？**事件**有点像一个带有名字和参数的函数，它应用到一个状态，然后产生另一个状态。事件是不可变的，这意味着一旦发生就会记录下来，不能再改变了。因此，事件日志可以重复无数次，而且操作软件的使用也不会带来业务层面的并发和同步问题以及不一致性等风险。这正是 ES 在高伸缩性场景中让人难以抗拒的关键因素。

图 2-8 展示了事件数据源的内部结构。

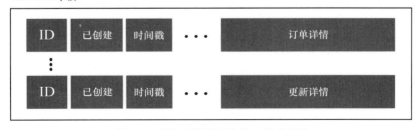

图 2-8　保存在数据源中的一系列事件

2．持久化事件

在持久化之后，事件形成了系统中发生的事情的审计日志。你可以将事件持久化到关系型数据库，但最好将其持久化到专门的数据库，叫作**事件存储**。就像普通数据库，事件存储持久化一组事件对象。一个事件表示为普通的一组事件。每个事件将由一组不同的属性组成，这种不规则架构恰恰让关系型持久化变得很困难。

事件存储有以下两个主要特征。

- 它是只能追加的数据源，不支持任意更新。
- 它必须可以返回与特定键关联的事件流。

事件对象必须以某种方式关联到业务对象。如果使用领域模型模式来组织命令栈，事件存储必须可以返回与聚合实例关联的事件流。如果没使用领域模型模式，你仍有某个键值唯一标识相关业务对象。

3．查询事件

如前所述，持久化事件甚至可以通过关系型数据库来完成，虽然 NoSQL 文档数据库可能是个更好的选择。但不管怎样，它们都不是专门设计来处理事件的数据存储。保存事件只是事件溯源的一个方面，通过查询提取事件一样关键。

你可能想要查询在特定时间范围之内发生、涉及一定数据量或者完成业务事务超过特定时间的事件。事件存储应该提供足够灵活的查询语言来提取想要的事件，而不只是最近 N 个事件或者特定时间之后的所有事件。

与查询事件相关的是构建在事件中保存的数据的投影。和通过指定想要返回哪些列来构建 SQL 查询类似，你可以通过查询事件存储来返回特定数据快照。今天，创建事件存储最有效的尝试是 geteventstore 官网上的 Event Store 项目。

4．重播事件

有了数据源中的事件，你就不必有现成的系统状态。但通过读回日志消息，你可以重建系统状态。这也叫作**事件重播**。考虑图 2-8，尝试了解事件重播这个概念的含义。

具体做法是在所有已记录的事件中获取与特定订单相关的那些事件，然后以某种方式在一个空的订单实例上重播这些事件，将其变成一个可以忠实反映真实状态的实例。

事件本身没有行为，因为它只是已发生的事实的记录。重播事件并不意味着重复产生事件的操作。比如，重播订单创建事件并不意味着创建这个订单的备份。它只意味着用一个新的 Order 对象并以某种方式对它做出因产生事件日志的操作而应该接受的所有更改。

事件重播有性能问题吗？有可能，这取决于事件数量。如果性能出问题了，你可以考虑创建持久快照，保存聚合对象在特定时间的状态，然后只处理在那个时间之后发生的事件。另一个可以考虑的选择是持久化聚合的整个（或相关）状态以及事件本身。

■ **注意：**事件重播是一个强大的概念，因为它支持假设场景（what-if scenario），这对于某些业务领域来说是非常有帮助的（比如金融和科学应用程序）。使用基于事件的存储，你可以轻易重播事件以及通过改变某些运行时条件来查看不同的可能输出。

令人欣慰的是，假设场景不需要完全不同的应用程序架构。根据事件溯源方案设计系统，然后可以"免费"得到假设场景的支持。可以使用假设场景是使用事件溯源的主要业务原因之一。

2.5 小结

DDD 的真正价值在于它提供的工具可以用来发现适合领域业务需求的顶层架构。一旦细化了这个上下文以及各部分之间的关系，你就需要考虑实际构件系统的方式了。在研究技术和实践之前，你应该考虑支持这个设计的架构。本章给出了 3 个架构模式：领域模型、CQRS 和事件溯源。它们逐一出现，每个都试着解决在广泛使用另一个时产生的问题。

单个全包的面向对象模型是 DDD 的最初架构。多年经验证明，单个模型限制太大，于是人们从 Eiffel 编程语言的 CQS 基本原则衍生出了 CQRS。CQRS 不是一个模式，甚至不是一个很大的概念：它只是建议你让命令和查询相互独立。但这个简单的观察带来了巨大的影响。

最终，CQRS 处于由关系型数据模型支持的面向对象设计和由事件溯源支持的函数式设计之间。分离命令和查询的结果是把注意力转移到任务上，而任务本质上就是一系列动作和事件。业务逻辑可以通过让组件（进程内组件以及独立服务）通过消息通信来表达。任何事件都可以保存，最后，当记录了所有事件时，你就有了一切——用以构建所需要处理的任何数据组合：知道目前需要的组合以及你将来某刻可能需要知道的那些。

本书后续章节将会在不同的栈中使用命令和查询，并使用不同的编程方案来构建它们。事件和基于消息的业务逻辑也会在某些场景中有所展现。第 3 章将讲述用户体验在架构中的作用以及软件系统的设计流程。

第3章

■ ■ ■

用户体验驱动设计

闲话少说，给我看代码吧！

——林纳斯·托瓦兹

我们经常听到开发者抱怨客户频繁改变主意。故事通常是这样的："我们花了几周时间讨论需求并签署了规范，然后开始编写代码。在两周之后交付首个版本时，我们才发现程序只是略微接近客户真正想要的。"在一部热播的动画片中，服务员送上的咖啡为客户所抱怨。服务员问道："我们用了顶级的咖啡和最好的机器。这杯咖啡到底有什么问题，先生？"客户惊讶地回应道："我其实想要的是茶啊。"

获取需求的过程总是困难的，而我在第 1 章中讨论的"通用语言模式作为领域驱动设计的基础"可以应对软件项目涉及的多个利益相关者之间的沟通问题。但是，在抽象需求和规范上达成共识通常是不够的。当客户实际看到我们做出来的东西时，他们可能不喜欢。不管你和客户怎么沟通，他们都可能产生实际上不同于你的想法。

这就是说，要降低软件开发的成本，继而减少找出用户真正想要的东西的迭代次数，必须在通用语言之外找到另一层共识。创建公用语言，在所有利益相关者之间共享，并用于所有口头和书面沟通中，能在很大程度上帮助我们确保每个说出来的词语都被正确理解，因而确保软件规范是正确的。

但是众所周知，纸上谈兵很容易，要让客户实际了解你要做的东西，就要展示一些代码。但代码的产生也是昂贵的，如果做出的某些假设在规范中没有明确提及，随后又被证明是错的，那么写出来的代码就可能要丢弃了。没人喜欢这样。

本章将介绍 UX 驱动设计（UXDD）。UX 是用户体验的缩写，UXDD 是一种自上而下的方案，可以实现你为系统选择的任何支持架构。UXDD 和最常用的方案的不同之处在于，它强调表现层和用户最终会使用的实际界面画面。UXDD 的主要特征是，在进入编码模式之前，你需要让客户确认通过表现层提供的每个任务的线框图和故事板。

3.1 为什么自上而下方案比自下而上方案更优

在历史上，很多伟大的想法都是先在餐巾纸上草拟的。这是因为手绘仍然是记录想法的绝佳方式，不管是系统的顶层架构还是用于交互的用户界面。客户往往会非常艰难地解释他们想要什么，但又不会详细地解释他们想要的体验。因此，开发团队应该收集要点并从真实流程学习，以便反映在软件中。

如果你认同软件世界的这个愿景，也会认同"表现层的角色比过去数十年中的更重要"这一观点。**自上而下**在软件领域中并不是新概念，这个术语经常用在代码场景中。尼古拉斯·沃斯教授——Pascal 的发明者——是最早提出并广泛使用这个术语的人之一。

但是，我想在这里点明的是架构方面的。从架构的角度来看，应该说在过去数十年中，我们未曾用过任何自上而下的设计方案。我们所做的一切就是自下而上地构建系统。现在是时候考虑用不同的方案来降低开发成本了。

3.1.1　自下而上方案的基础

在我看来，我们现在设计和构建软件的方式跟过去至少 15 年的一样。但是，在这段时间里，客户端和服务器软件改变了很多，但实际的用户期望甚至改变得比所有这些都多。

1．20 世纪 90 年代的资产

图 3-1 所示的"洋葱图"展示了 20 世纪 90 年代的关键软件架构资产。大多数系统的设计方式都利用了该图中描述的事实。

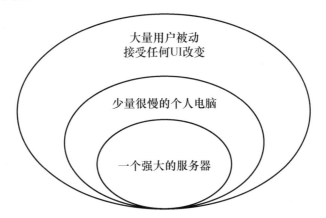

图 3-1　20 世纪 90 年代的关键软件架构资产

20 世纪 90 年代，大多数公司的 IT 部门都是围绕着一台强大的服务器建立的。这台服务器价格昂贵，因此需要物尽其用。它运行所有业务逻辑，负责所有持久化任务。在这台服务器上，你通常有一些很慢的个人电脑充当哑终端——它们只有一个比较好看的 Microsoft Visual Basic 用户界面。但是，这一时期中更常见的是，大量用户被动接受软件工程师加在他们身上的任何 UI 约束。

表现层并没有得到重视，所有设计精力都集中在发挥公司投入所有资金的强大服务器的潜能上。

2．今天有什么不同

今天，我们在一个完全不同的世界中生活和编写软件，来看看图 3-2 所示的现代洋葱图吧。

首先，我们拥有大量花哨的技术以及无数客户端设备。这给软件架构师提出了新的挑战，也让用户开始主动规定用户界面特性而不再被动接受赋予的一切。今天甚至将来，糟糕的用户体验可能会变成严重问题，甚至导致软件声名狼藉。你看到移动应用发生的一切——大量下载和迅速消退——将会成为所有应用的常态。

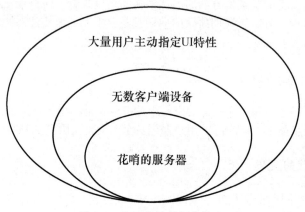

图 3-2　今天的软件架构资产

■ **重点**：本章稍后将会回到这一点，但现在是澄清一个重要问题的好时机——用户界面（UI）和用户体验（UX）是不一样的，即使两个东西密切相关。尤其是，用户体验指代用户在与应用程序的用户界面交互时经历的体验。好的 UI 不一定是好的 UX。好的 UX 可能是有效的，但可能没那么美观。

---

3. DDD 改变了什么

DDD 首次真正尝试改变并让主流软件架构适应时代的变化。DDD 之前的主流软件架构基本上都是从底层向上构建，以可靠的关系模型作为基础，把业务逻辑组件放在上面。业务逻辑组件通常都是垂直组件，在每个表的基础上组织行为。数据传输对象（DTO）或者记录集等专属数据结构用于跨逻辑层和物理层移动数据，一直向上到表现层。

DDD 改变了一些东西，但它最大的贡献是重新审视整个架构布局（见图 3-3）。

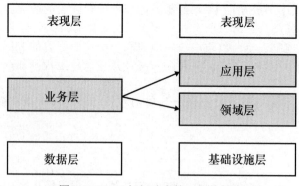

图 3-3　DDD 如何改变核心软件架构

DDD 把整个业务逻辑在逻辑上分成两个更小的不同部分——应用程序逻辑和领域逻辑。**应用程序逻辑**是业务逻辑中实现了用例背后的工作流的那个部分；**领域逻辑**则是业务逻辑中实现了不随用例改变的业务规则的那个部分。在促使这种方法转变的过程中，DDD 引入了领域层的概念，这是你在架构中为业务领域提供软件模型的地方。这个软件模型不一定是面向对象模型，它应该是你认为合适的任何东西——包括贫血模型、函数式模型甚至是基于事件的模型。

最终，多年来 DDD 在软件架构上真正的改变是"数据模型是构建软件的基础"这一看法。通过 DDD，这个愿景开始转向以领域模型作为软件的基础。今天，这个趋势甚至进一步转向以事件作为数据源，并在关系型或文档 NoSQL 数据存储等标准数据存储之上使用基于事件的数据源。

3.1.2 规划自上而下方案

尽管近年来我们面临种种变化，但我相信我们还在继续按照 20 世纪 90 年代的方式来设计代码。我们对系统有了很好的理解，并建立了可能有效的数据模型。在此之上，我们构建自己认为足够好的用户界面。然后，我们跑到客户那里，结果发现搞错了一些东西。迭代越多，软件项目的最终成本越高。

要有所改善，我们需要明白，用户对系统的理解只是他们使用的用户界面。如果我们确保 UI 以及相应的 UX 真的接近用户的期望，因搞错而重做的概率就会大大降低。

但是，要实现这一点，我们必须自上而下地规划系统，优先关注 UX 和表现层。

1. 避免使用方钉和圆孔的设计

提到软件，大多数用户的期望可能会满足于他们用来从事实际工作的界面画面，也可能不满足。如果有大量被动的用户，你可以自下而上地构建系统的基础。不管你最终得到什么模型，都适用于拥有被动人格的用户，但如果用户期望使用特定 UI/UX，那就不行了（见图 3-4）。

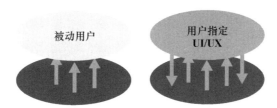

图 3-4　被动用户和主动用户在整个架构设计中的角色

如果用户愿意接受你所提供的任何 UI，自下而上地构建系统这种方法最终还能奏效。但是，如果用户期望使用特定 UI 并且在这个问题上不是很宽容，那么自下而上地构建的模型可能并不适合表现层方案。这种冲突需要大量迭代工作才能解决，会产生极高的成本以及大量的烦恼和误解。这就像尝试把方钉插入圆孔一样。

相反，换个方向的话，自上而下可以保证重要的点都是用户想要的。接下来，不管你构建什么后端来支持那些重要的 UX 点，都不会降低用户的满足程度。换句话说，整个系统后端变成一个位于得到双方认可的表现层界面和窗体之下的巨大黑盒。

2．确立两个架构师角色

UXD 推动自上而下的软件架构设计。在这种情况下，你可能会发现在一个项目中引入两个不同的架构师角色很有帮助。在谈及架构角色时，我不是说你有两个不同的专家，而是说有两组不同的技能——这可能在同一个人身上找到。一个角色是经典的软件架构师角色，另一个是 UX 架构师角色。

一方面，软件架构师通过安排会谈来收集需求和业务信息，其目的是构建系统的领域层。另一方面，UX 架构师通过安排会谈来收集可用性需求，其目的是构建理想的用户体验和表现层。

3．理解 UX 架构师的职责

好的用户体验的核心如下。值得注意的是，这个顺序不是随机的。
- 信息组织。
- 交互模型。
- 实际可用性评价。

对于 UX 架构师而言，首先要看的是展示给用户的信息的组织，包括识别**人物角色**，也就是使用应用程序的用户类型。其次要看的是允许用户与显示的信息交互的方式以及你为这些操作提供的图形工具。

所有这些东西如果缺了最后一点都不成事——**可用性评价**。UX 专家可以会见客户 1 000 000 次，也应该这样做，但这只能理解用户的基本需求。这会产生一些需要讨论和调整的描述。要达到很高的 UX 满意度，只有界面和交互形成一个平滑的机制，才能既不产生可用性瓶颈，也不妨碍流程进行。

对于 UX 专家而言，与用户交谈是基础，但其重要性比不上实地验证任何用户界面和观察用户实际操作，如果可能的话，甚至可以将他们的操作情况拍摄下来。

3.2　从架构的角度来看用户体验

通常，**UX** 这个术语指代用户在使用产品（包括软件产品）时产生的行为和情绪。UX 通常和交互相关，而与计算机交互通常涉及可视化控件。可视化空间又是系统的界面。因此，UI 和 UX 密切相关却又相互区别。

我认为，对于用户而言，UX 比 UI 更重要，后者通常只是引起用户的注意。与 UI 不同，用户体验在架构层面也是重要的。因为要给用户一个客观正面的体验，你可能需要重新考虑设计步骤的顺序和表现层的重要性。

3.2.1　用户体验不是用户界面

大约 30 年前，图形用户界面（GUI）改变了规则，而且开发者和用户都知道了可视化设计的重要性。直到智能手机和平板出现之前，设计良好的可视化界面足以保证软件应用程序拥有良好的用户体验。然而前面的路似乎告诉我们，好的 UI 已经无法带来设计良好的表现层了。

要与时俱进，就要把 UI 换成 UX。

1．定义线框和其他类似术语

说到 UI 和 UX，我们经常听到和用到一些术语，但并不总是使用它们的确切含义。有时候，我们实际表达的意思在当时的场景中是很清楚的，但线框图和模型图这些术语指代的东西稍有不同。从通用语言的角度来看，我们应该明确草图、线框图和模型图这些术语的常见意图。

- **草图**：草图通常是手绘，用来记录用户界面的想法。一般来说，这是每个设计师把原来的想法变成图形用户界面的必要步骤。
- **线框图**：线框图是比草图更精确的版本。它包含一些其他信息，并关注布局、导航和内容展示。线框图通常和其他线框图一起构成故事板。在线框图中，你找不到最终产品实际的外观细节。
- **模型图**：模型图是带有具体外观和感觉的线框图。模型图给出了最终产品的预览效果，包含清楚的布局构思、内容组织、导航和外观细节。

这些术语有时候会交替使用。尽管可以交替使用，但我认为知道每个术语的确切含义也是很重要的。

2．定义原型和其他类似术语

在收集需求之后，开发团队和利益相关者必须安排双方的首次会面（这会涉及表现层）。如果领域逻辑的复杂度不是那么高，这些任务相对来说也不难了解和实现，那么在表现层的层面上得到确认可能足够了。在其他情况下，双方在进入最终确认流程之前可能需要二次会面。

当需要二次会面时，有一些术语经常会交替使用。误解是否需要提供原型或者概念验证（PoC）造成的损失可能会比误解线框图或者模型图更加高昂。让我们来澄清这些术语。

- **概念证明**：概念证明基本上是一小段代码，用来检验一个想法的可行性，验证某些理论点是否有潜力成为或者将会成为一个有用的产品特性。有时候，PoC 也用来推进新的技术或框架。
- **原型**：原型是一个部分伪造的系统，用于试模拟完整的系统。和 PoC 一样，原型也用来检验系统的可行性和有用性。除了大多数特性都是部分实现，或者使用现存的数据或硬编码逻辑，它用起来跟完整的系统别无二致。原型用于展示整个东西将会如何工作。比起 PoC，原型更加精良和复杂，但它可能成为完整系统的一小部分。
- **试验程序**（Pilot）：试验程序是完整的产品系统，只针对部分一般目标受众测试，可能只在完整数据集的一部分上工作。试验程序可以是运行在临时系统或数据库之上的完整应用程序。

有时候，这些术语会用一个更通用（也更流行）的术语来替代——演示程序（demo）。概念证明、原型和试验程序都是演示程序。当客户要求提供演示程序时，你应该试着让他们更具体地描述想要的东西。演示程序通常都不是毫不费力的。

3．体验关乎交互

如果 UX 分析是现代表现层的核心，那么可用性评价就是 UX 分析的核心了。这里有个真实的小故事，我经常在会议讲座和课程中提及：一位客户想要一个用来根据标签来挑选推文的工具。他们想看到一组推文，点击感兴趣的那些，然后把它们保存到数据库表。我们甚至为网页的主用户界面创建了线框图（如图 3-5 所示，顺便提一下，图中的线框图是用 Balsamiq 创建的）。

在首次测试之后，大家都很高兴，因为这个应用程序看起来很完美。但重度使用了几天之后，它开始变得没有那么有吸引力了。简单来说，有两个关键特性缺失了——大家之所以都不考虑，是因为它们对于这个应用的首次运行来说显得太高级了。一个缺失的特性是选择和隐藏不想要的推文，以便挑选真正感兴趣的推文变得更容易；另一个是从流中隐藏已经挑选的推文。

我由此得到的第一个教训是，只有看着用户使用应用程序，你才可以确定提供的 UX 是否好。第二个教训是，**需求**这个词越来越不足以表达用户和开发者需要商讨的东西。收集需求只是涉及构建任务和业务流程这一万里长征的第一步。

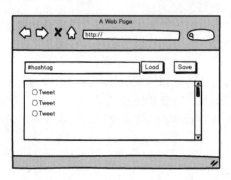

图 3-5　用于挑选推文的示例页面的示例线框图

最后，第三个教训与不能工作的特性 UX 优先级有关。一个给定特性要么有用，要么无用。如果经判断确定它是有用的，那么必须从一开始就规划它。否则，不管是什么工作，你至少要做两次。

3.2.2　三步解释用户体验驱动设计

本质上，UXDD 是一个自上而下的三步设计流程。首先，创建界面和故事板，并从用户那里获取关于界面和及其背后流程的有效性确认和反馈。其次，根据这些界面，规范化那些界面进出的东西，并构建完全匹配预期数据流的应用程序层端点。

换句话说，首先发现会有什么形状和类型的钉子，其次确保也使用兼容的孔位，那么接下来呢？——构建系统的后端，使之对前端及其钉子和应用程序层的孔位完全透明。这三个步骤如图 3-6 所示。

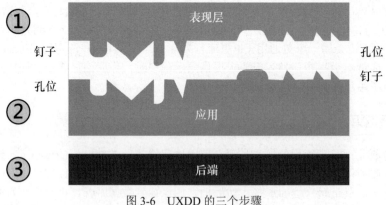

图 3-6　UXDD 的三个步骤

1. 理解界面和故事板的重要性

我从 UX 专家那里学到的最重要的东西之一，就是通过讨论主动收集的需求比通过面谈被动收集的更好。数年的真实经历告诉我们，在利益相关者处收集反馈的过程中过于被动会导致用户为了尽快得到软件而把特性的优先级降低。即使用户可能做出这样的决定，也会在得到系统时抱怨几乎不能用。

我们以图 3-7 所示的例子作为讨论的起点。你可能第一眼就看出了它的弱点。尽管展示的线框图有不足之处，但通过创建这种简略图，你仍然可以让用户告诉你有没有缺失一些重要的东西（比如特定的数据聚合）。用户的即时反馈可以让你有足够时间组织后端，更容易收集特定数据。

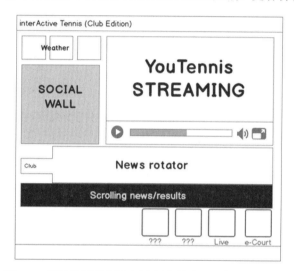

图 3-7　通过示例线框图向用户清晰展示正在规划的界面

尽早向用户展示界面和故事板，然后迭代地预演它们并整合反馈，是从草图转到线框图甚至模型图需要执行的重要步骤。你可能认为这在很多项目中或多或少都做过了，但是多了还是少了？我认为大多数是少了。而通常缺失的部分是故事板。

用户体验是通过使用 UI 工具完成任务产生的。很少有任务是完全通过单个界面完成的。你可能发现，只看界面的线框图无法提供足够的信息来找出流程实现中的可能瓶颈。在故事板中，将界面连接起来是个更好的主意。对此，所面临的问题是缺少简便高效地把界面连接起来创建故事板的工具。

表 3-1 列出了目前可用的一些 UX 开发工具。

表 3-1　UX 开发工具列表

工　　具	描　　述
Axure	创建线框图和模型图，把它们连接起来创建带有动画甚至计算的真实故事板。你可以用它从线框图创建基于 HTML 的真实原型，供用户体验设计
Balsamiq	一个快速线框图工具，可以重现在白板上画草图的体验。它有一个包含现成可视化元素的工具箱，可供用户结合它们来构造可分享的线框图。连接线框图并把结果保存到 PDF，可以得到一个成本非常低廉但简单有效的解决方案来收集客户的反馈

工　具	描　述
UXPin	另一个线框图工具，但比 Balsamiq 更加庞大。它提供非常精良的 UI、现成的界面模板和协作选项
JustInMind	与 UXPin 和 Axure 同一功能层次的另一个原型工具，专用于为多个设备创建设计和原型
Indigo Studio	创建动画 UI 原型、界面和故事板的全功能产品。你可以用它的特性来与团队成员和利益相关者共享你的工作成果并获取标注
Wirify	装在 Web 浏览器上的书签小工具，用于捕获现有网站的线框图。任何捕获的线框图都可以导出到 Visio 和 Balsamiq 等绘图工具

界面最好是 HTML 或者以某种图形方式渲染的 XML 内容。在任何情况下，它们都是纯静态内容，不会动，也没有操作。你可以使用表 3-1 中的这些工具（最典型的是 Indigo Studio 和 UXPin），把线框图转成真正的故事板，用来示范 UI 界面流。但有时候，这只是第一步。

2．把视图转成原型

记住，即使得到最多认可的用户界面在重度使用时也可能让人觉得糟糕。若有疑问，你可以先用一个可以工作的软件原型，甚至可以在用户使用这个原型时拍摄视频，真实记录他们使用时的实际体验。

■ **注意**：不管物理层、逻辑层、框架、数据库和技术是什么，对于最终用户而言，软件系统唯一重要的是用户界面，确切地说，是这个应用程序的用户体验和感知速度。

就具体技术而言，原型可以是用来收集早期有用反馈的任何东西。它可以是一组 HTML 页面和基于 XAML 的应用程序。原型只包含表现层，使用现成数据或编造的后端来模拟某些行为。根据所欲提供的逼真度，你通常只要花几天时间来实现一组得到认可的草图创建线框图和原型。最终不会耗费太多精力。

把视图转成原型最难的部分可能不是创建原型本身，而是让客户清楚他们看到的只是原型，远未达到完工的程度。

3．任务和工作流

假设在某种情况下客户确定他们想要这个原型，并让你继续构建应用程序。你在验证和准确创建用来响应真实需求的界面和相关故事板上的付出越多，后面需要重做的东西就越少。正是这个关键之处让 UXDD 变得有价值。如果你想知道 UXDD 的投资会在什么地方产生回报，那么这就是答案。

解决界面的问题会带来很多好处，其中之一便是你可以明确知道应用程序的后端需要产生什么。

每一个已有的界面都可以轻易地映射到一个输出类——它会成为应用程序层的输入，继而成为系统后端的入口点。应用程序层把输入转发给后端，这个输入会沿着栈继续向下。任何计算好的响应会沿着栈向上到应用程序层，包装在视图模型对象中，然后返回到表现层。

现在再来看图 3-6，其中的钉子和孔位只是进出表现层的类，它们会传到应用程序层的方法并从这些方法返回。应用程序层的方法负责编排用例背后的任务。

4．后端其他部分

如果你是在 ASP.NET MVC 应用程序中编写实际代码，那么 UXDD 的本质可以通过以下几行控制器方法的代码来总结。

```
public class SomeController
{
    private ApplicationLayerService _service = new ApplicationLayerService();

    public ActionResult SomeTask(InputModel input)
    {
        var model = _service.GetActionViewModel(input);
        return View(model);
    }
}
```

在 ASP.NET MVC 中，任何控制器仍隶属于表现层。更准确地说，它是你要有的任何表现层逻辑的仓库。任何可操作的 UI 元素最终都会调用其中一个控制器，被调用的控制器会把调用和输入数据转发到应用程序层。代码段中的 _service 变量是与给定控制器相关的应用程序层的实例。对于 UI 中每个可以触发控制器的操作，这个服务都有一个方法。这个方法会接收输入模型，返回视图模型。输入模型是一个包含所有从界面流出的数据的类。视图模型是一个收集所有向用户渲染界面时用来填充界面的数据的类。

控制器和应用程序层辅助类之间的连接可以通过任何形式的依赖注入更优雅地创建，最简单的代码如下所示。

```
public class SomeController
{
    private IApplicationLayerService _service;

    public SomeController(IApplicationLayerService service)
    {
        _service = service;
    }
    public SomeController() : this(new ApplicationLayerService())
    {
    }

    public ActionResult SomeTask(InputModel input)
    {
        var model = _service.GetActionViewModel(input);
        return View(model);
    }
}
```

一旦这个代码架构到位了，系统其他位于应用程序层之下的部分就需要实现细节了，即使它是系统中包含整个领域逻辑和所有业务规则的部分。图 3-8 所示的想法可能看起来过于简单，但事实就是这样。

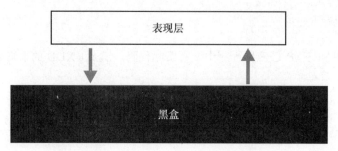

图 3-8 根据 UXDD 原则架构的系统的整体布局

3.3 为什么用户体验驱动设计几乎有利于每个人

和许多以**驱动设计**（Driven Design, DD）结尾的流行语一样，UXDD 也宣称是为了拯救软件世界而产生的，或者至少是说为了降低成本。在这一点上，UXDD 和 DDD 有着相同的神圣目标。

但是，UXDD 没有强迫你用任何特别不同的方式来思考和编写软件，也不需要任何特别的前期培训。当我在会议或课程上讲解 UXDD 原则时，人们通常会告诉我某些我称之为 UXDD 的核心想法就是他们正在做的或者已经做了数年的事。

本章概括的实践并不一定需要冠以"用户体验驱动设计"这样一个响亮的新名字。但是，这或许能够吸引注意。

那么，UXDD 的好处在哪儿呢？

我们都希望尽可能有效地、可持续地编写软件。软件是一个复杂的事物，也是一个工程项目。我们无法合理地削减实际的工程成本，虽然这确实经常发生。如果客户觉得软件成本太高，而我们都觉得软件开发的钱不够，那么一定是什么地方出错了。

我们到底做错了什么？

我认为这个问题的根源在于 UXDD 原则。我从所有用户关注的是体验以及他们工作起来多容易这个事实开始。任何软件的成功取决于它总能以合适的方式执行业务任务（这只是为了避免使用**伸缩性**这个更流行的术语而玩的文字游戏），方便用户。如果软件不能提供满意的用户体验，它还可以用、有效，但不会是成功的软件。

UXDD 建议你优先关注界面和故事板，按照用户喜欢的方式构建它们，让相同的用户预演数次。你不断地向用户展示，直到他们认同那些界面和故事板。我说的不单单是表达意向的优先级列表，如"我要这个"和"我要那个"或"你可以在第二个版本给我这个"。我特别想说的是线框图及其可能的动画序列。这样，你会向用户展示一旦部署他们会如何使用这个系统。

这个第一步当然不是免费的，但这个成本只是开发任何级别拥有任何数量特性的软件的一小部分。仔细审查这些界面和线框图，直到非常接近理想的用户体验。接着，决定要不要投入更多时间和金钱来构建一些轻量级的软件原型。我认为这一步是可选的，但在大型项目中它真的可以救人一命。

然后呢？

一旦得到用户认可的界面，你就会清楚地知道系统会产生什么输出以及接收什么输入了。下一步只是组织表现层以下的层来处理这些数据。

UXDD 很少有你不会做的事情。但对于处理界面和动画线框图的额外成本，你得到的是写出用户可能第一次就非常喜欢的软件。而你很确信这一点，因为用户刚在上面加以确认！即使用户没有第一次看到这些界面或线框图就喜欢这个软件，你为了修正不得不经历的迭代次数也将大幅减少。这不是"节省成本"又是什么？

UXDD 开发的整个流程如图 3-9 所示。

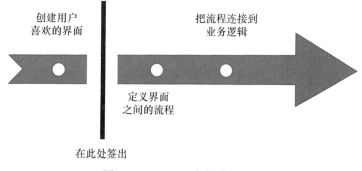

创建用户
喜欢的界面

把流程连接到
业务逻辑

定义界面
之间的流程

在此处签出

图 3-9　UXDD 开发的整个流程

注意： 就投资回报率（ROI）而言，签署这个步骤在咨询场景中比在企业开发场景中更有必要。但是，你在为内部客户编写软件时，还是需要和他们达成双方满意的协议，从而缩短让软件以最终形式投入运转所需的整体时间。

MVC、MVP、MVVM 和其他模式

MVC 是 Model-View-Controller 的缩写，这个模式设计于 20 世纪 80 年代，起初用来构建整个应用程序。那时的应用程序基本上都是一体化的，而 MVC 作为一个通用模式完全可行。MVC 的主要目标是把应用程序分成不同部分——模型、视图和控制器。

模型表示应用程序的状态，封装了应用程序的功能，并通知状态发生更改的视图。**视图**表示向用户显示的任何图形元素的产生，它捕获和处理任何用户手势。**控制器**把用户手势转成模型上的操作并选择下一个视图。这三个部分通常叫作 **MVC 三剑客**。

MVC 模式演化成 **MVP**（Model-View-Presenter），其中，表示器元素替代了控制器，其责任更多，基本上囊括了任务编排和视图渲染。在 MVP 中，视图和模型是严格分开的，而表示器在它们之间协调。

MVVM（Model-View-ViewModel）是一个非常流行的模式名字，这个模式起初作为表现模型提出。在 MVVM 中，有一个为 UI 整合命令和视图模型的类。单个类（视图模型对象）提供的属性绑定 UI 可视化组件，而方法则绑定 UI 事件。MVVM 特别适合拥有强大双向数据绑定机制的应用程序场景，尤其是基于 XAML 的应用程序和一般的 Windows 应用程序。

切勿混淆的是：在分层应用程序中，MVC、MVP 和 MVVM 都只是表现层模式。

3.4　小结

UX 驱动设计哲学建议你从表现层开始设计工作，并以自上而下的方式继续走向这个栈的底部。这样可以让你在开展初步的领域分析时双管齐下：收集业务领域数据和 UX 数据。收集 UX 数据可

以引导团队设计适用于用户的交互模型然后落实到系统。

　　UX 驱动设计的主要目标是按照用户喜欢的方式（他们自己决定的）来构建界面。在用户认同界面的线框图和模型图之后，你开始定义数据工作流，然后定义领域逻辑、服务和存储。这样做的好处是，你可以尽早知道将构建的系统是怎样的，用户也会引导你发现需求并给出合适的解决方案。这减少了你在部署系统时修正用户实际上不喜欢的东西的迭代次数。如今，在软件项目上节省开支的关键在于尽早确保你正在创建用户真正想要的东西。而用户主要根据他们的用户体验来评价这个系统。

第4章

■■■

Web 解决方案的架构选项

> 未来取决于现在。
>
> —— 圣雄甘地

坦白地说，现在开发软件，知道怎么做具体的事情比知道技术更重要。这意味着学习设计和架构模式、最佳实践、支持架构以及有成功案例的可用解决方案更重要。单单知道技术不足以解决现实问题，软件应越来越多地融合业务。现实世界中的业务解决方案通常源自多种不同技术的结合。因此，如果不详细分析，你将寸步难行，至少不能按时按预算完成。

详细分析在软件开发中不是新事物，平心而论，分析的时间和软件本身一样长。正如第 1 章和第 3 章中总结的，领域驱动设计（DDD）的分析工具和 UXDD 的自上而下设计更关注业务流程等具体东西而非模型等过于抽象的东西。

你可以通过技术完成具体的软件任务，但现在仅升级单一技术是无法保证成功的。当然，也曾有过只升级到最新的数据库管理系统（DBMS）、操作系统或者类库就能奇迹般解决遗留问题的例子。今天，软件越能反映现实世界流程，对用户来说就越有用。架构师是时候学习如何反映真实世界而不是如何对其建模了。

在本章中，我将和你探讨几个 Web 解决方案架构设计的选择，将用到新的 Microsoft ASP.NET Core 1.0 框架以及相关的运行时通道。

4.1　评估可用的 Web 解决方案

目前，说到用 Microsoft 栈规划一个 Web 解决方案，你会有以下几种选择。

- ASP.NET Web Forms
- ASP.NET MVC
- 单页应用程序（SPA）

这些是主要选择，可用于处理创建解决方案的框架和如何提供入口点让用户与应用程序交互的问题。ASP.NET Web API 和 ASP.NET Core 1.0 框架在此基础上多加了两个维度，与你可以使用主要选项的场景交织起来。

4.1.1　决定最佳框架

上述选择都行。决定哪个更好取决于所要解决的特定问题以及所受到的约束，而不仅仅是与你一起工作的人的技能。

一个熟悉 ASP.NET Web Forms 的团队构建一个前端的时间可能只是使用 ASP.NET MVC 重建它的零头。每个技术的范式都不同。你可能发现学习 ASP.NET MVC 和使用它创建高质量的代码比使用 ASP.NET Web Forms 的多。强迫你自己或者你的团队换用 ASP.NET MVC 可能是个痛苦的决定，但它的确是一个更时髦的框架。

ASP.NET Web Forms 以后不会得到 Microsoft 的更多关注。它是一个陈旧的框架，上一次重大更新可以追溯到 2010 年，而它的首个发布距今已有十多年。但是，一个框架没有重大更新不能成为停止使用它的理由，尤其是这个框架仍然可以做好它该做的事情。

一种普遍的观点是 Web Forms 已经成为过去。不管你听到什么，我的浅见是，如果你有充分的理由继续使用它，那么就没有明确的业务理由摒弃 Web Forms。

■ **注意**：Microsoft Visual Studio 2015 和 ASP.NET Core 1.0 的发布也带来了略有更新的 Web Forms 框架。在我看来，Web Forms 没有频繁更新的原因是，没有太多东西可以添加到一个按照 Web Forms 的方式来设计的框架了。

你可能觉得很难看清目前 Web 框架的全局图，试图解释就更加困难了。一个常见的场景是，在一个长期的 ASP.NET Web Forms 项目中花了多年之后，你现在会四处寻找替代方案来规划这个项目的重大更新。你看到很多新的框架，想知道哪个最适合下一个长期项目。

然而，我应该在这里提出的第一个观点是，你可能不需要决定哪个框架最适合你。你很可能结合使用框架、语言和存储技术。今天几乎每个东西都支持多种语言，而学习语言和确定使用哪个的重任就落在你身上了。

4.1.2 规划解决方案

如今，几乎任何软件解决方案都会应用分层架构。**分层架构**只是经典三层架构的演化，其应用程序分成三个部分：表现、业务和数据访问。

在分层架构中，仍然有一个表现层，但数据访问层已经被重命名为基础设施层并得到扩展，包含额外服务（如队列和缓存）。业务逻辑层分成两个不同部分：应用程序逻辑和领域逻辑。应用程序逻辑是你实现用户界面用例的地方。领域逻辑是任何不随用例而变的逻辑（详见第 5 章）。

不管选择哪种解决方案，无论选择 Web Forms、MVC 还是单页应用程序（SPA），你都会面临着把应用程序 API 定义成一组公共可调用的 HTTP 端点。从技术角度来看，这正是 ASP.NET Web API 派上用场的地方。但是，在专注于使用理想的技术来暴露 HTTP 端点之前，你应该专注于所要实现的流程并为这些流程评估支持架构，如命令/查询职责分离（CQRS）和事件驱动架构。另外，存储架构也很重要，不管是基于状态的，还是引入一定程度的事件溯源（ES）支持。

在第 3 章中，我专注于用户体验在设计架构时的角色。我建议使用自上而下方案，从迭代定义用户界面屏幕开始，接着建议从进出屏幕表单的数据开始设计和构建后端代码。我最近看到一幅描述用户和开发者对软件的不同看法的漫画。我试着在图 4-1 中严肃地表达这些不同的看法。

图 4-1 中提到的用户视角反映了他们对软件的复杂性缺乏理解，这通常会使开发者暗暗发笑。但是，在寻找规划真实世界 Web 解决方案的选择时，开发者会发现 UX 优先很有吸引力，自上而下方案很强大。这是因为，这种方案让你构建这些"魔法"，而且不管这些魔法最终是什么，用户都会开心。

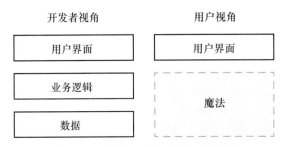

图 4-1　用户和开发者如何看待软件

> **重要：** 如果图 4-1 使你对用户的幼稚发笑，或者只是发笑，我都建议你再思考一下第 3 章中讨论的 UX 驱动设计（UXDD）的核心观点。这可能是如今我们在不削减开发相关环节（如测试和调试）的情况下降低软件开发成本的唯一方式。

4.2　研究 ASP.NET Core 1.0 的角色

ASP.NET Core 1.0 是一个跨平台开源框架，用 Microsoft .NET Framework 构建 Web 应用程序。它与 ASP.NET 并列，只是开发者和架构师在使用 Microsoft 栈开发 Web 解决方案时可以选择的另一个选项。换句话说，选择 ASP.NET 还不够，还要选择想依赖哪种 ASP.NET 平台。

4.2.1　把 ASP.NET 看作起点

图 4-2 概述了经典的 ASP.NET 平台并突出了 ASP.NET Core 1.0 将要改变的方面。尤其是，这幅图专注于托管环境及其与核心应用程序之间的交互模型。

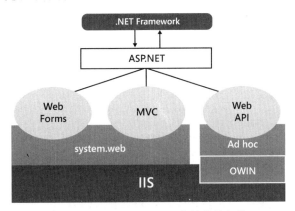

图 4-2　经典 ASP.NET 平台的整体架构

这幅图展示了 ASP.NET Core 框架和其他.NET 库之间的依赖关系。尤其是，ASP.NET 平台包含了开发者用来构建基于 HTML 视图的 Web Forms 和 ASP.NET MVC 库。值得注意的是，尤其是按照 ASP.NET Core 1.0 将会带来的改变，Web Forms 和 ASP.NET MVC 运行在不同于 Web API 的运行时通道上。Web API 可以托管在 ASP.NET 之下，也可以在需要的时候自托管，或者从其他容器运行。Web

API 引擎的管道并未与 ASP.NET 和 Microsoft Internet Information Services（IIS）高度集成，并且没有依赖于 system.web 程序集的服务。此外，经典的 ASP.NET 框架只能在完整版的.NET Framework 和公共语言运行库（CLR）上运行应用程序。

> ■ **注意：**OWIN 是 Open Web Interface for .NET 的缩写，它定义了 Web 服务器和 Web 应用程序用来交互的标准接口。OWIN 的设计初衷是好的，为了解耦服务器和应用程序，让同一个 Web 应用程序可以托管在只暴露 OWIN 接口的通用容器之中。换句话说，OWIN 与"集成 ASP.NET/IIS 通道"刚好相反，这对于几年前的 ASP.NET 开发来说是一个主要成果。
>
> 　我不是在说反话，只想表达事情在我们眼前发生的变化有快。

4.2.2　研究 ASP.NET Core 1.0 里的架构依赖

我想简单说说 ASP.NET Core 1.0 的不同之处。本节将从较高层次了解 ASP.NET Core 1.0 并指出新的或不同的地方。我也会讲解为什么某些东西不同，尽量避免陷入新特性的具体细节。最后，我认为，理解 ASP.NET Core 1.0 的理念并搞清楚它是否有帮助，比深入这些新工具的技术细节并让开发者熟悉更重要。

首先，和前辈们相比，ASP.NET Core 1.0 有一个更灵活的跨平台托管环境，而且这个环境并不依赖 IIS 和 system.web 程序集。此外，ASP.NET Core 1.0 可以在不同类型的.NET Framework 和 CLR 之上运行应用程序。

比如，你可以在.NET Framework（4.5.2 或者更新版本）上运行 ASP.NET Core 1.0 应用程序，使用完整的 API。这保证解决方案最大限度地兼容现有代码。与此同时，你可以在最新的.NET Core 上运行 ASP.NET Core 1.0，享受它的新特性以及更小的内存占用。最后，在将来的某个时候，你也可以在 Linux 和 Mac 上运行的.NET Core 的跨平台实现上运行 ASP.NET Core 1.0。

图 4-3 展示了 ASP.NET Core 1.0 的全局图，其中用到了和图 4-2 相同的语言。

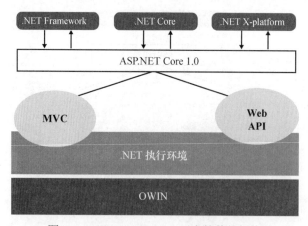

图 4-3　ASP.NET Core 1.0 平台的整体架构

ASP.NET Core 1.0 平台包含了用来构建基于 HTML 的视图和 Web API 的 ASP.NET MVC 库——它是基于 HTTP 的 API 的主要构件。可以看到，它没有包含任何 Web Forms 支持。因此，如果拥抱 ASP.NET Core 1.0 平台，你必定会使用 ASP.NET MVC 或者普通 HTML 和 JavaScript 创建 Web 前端。

此外，ASP.NET MVC 和 Web API 现在共享同一个从头开始编写的最佳运行时环境——.NET Execution Environment（DNX）——并提供前所未见的灵活性和定制性。

ASP.NET 为了摆脱所有限制伸缩性以及在当前适用范围之外采用问题而完全重写。这个重写（也就是 ASP.NET Core 1.0）是完全正确的，因为 ASP.NET 原来的核心基础设施是在 20 世纪 90 年代末设计并在 21 世纪之初首次发布。这都是十多年前的事了，不管你怎么看都是很长一段时间了。

因为 ASP.NET Core 1.0 基本上是一个新的框架，它可能会在兼容性和发展方面给开发者带来一些问题。加入 ASP.NET Core 1.0 的潮流有其好处，但选择它的过程不一定是愉快的。这是一个不可避免的选择，但不意味着现在就要采用它。

4.2.3　探究选择 ASP.NET Core 1.0 的原因

新的 ASP.NET 栈肯定更干净，也没现有栈那么笨重，尝试做一些早就该做的杂务。配置基础设施是基于 JSON 文件的，完全可定制，不会再有 web.config 这种单一入口点了。此外，如图 4-3 所示，新的 ASP.NET 栈可以运行不同版本的.NET Framework。

我尝试给 ASP.NET Core 1.0 平台找个合适的描述，后来觉得把它看作一个非常重要的小更新比较好。我不期望每个人都同意这个观点，但请让我解释一下。

1．从 CTO 的角度来看 ASP.NET Core 1.0

ASP.NET Core 1.0 并没有给当前一般的 Web 开发者增加多少编程能力。如果你已经在 ASP.NET 栈上了，那么 ASP.NET Core 1.0 就是渐进通往更好核心平台的起点。它带来的改变包括去掉 Web Forms 支持、一个不同的运行时通道以及一个更丰富的可扩展性模型。另外，它把 ASP.NET 和 ASP.NET Web API 融合到单个模型中了。最后，它支持不同类型的.NET Framework，甚至支持在 Microsoft Windows 之外的平台上运行的.NET Framework 版本。

对于一些人，某些更改可能是重大更改；对于其他人，这些更改可能没有那么大，他们可以放心地暂时忽略。总之，我看到以下两个需要首席技术官（CTO）考虑的选择。

- 完全忽略 ASP.NET Core 1.0，一切照旧：使用相同的框架、相同的编码体验和相同的部署选项，不实现额外特性。你不会失去今天拥有和能做的东西。
- 完全拥抱 ASP.NET Core 1.0，把它看作一个新的平台概念——兼容你的编码方案，但可能需要一些更改。这个平台不是特别难学，对于有良好 MVC 经验的人来说更是如此。

ASP.NET Core 1.0 为 Microsoft Web 栈在接下来至少 10 年打下了基础。它从现有栈继承了足够多的东西，加入一些重大更改，设立了新的目标和方向。不管你喜不喜欢，都无法忽略 ASP.NET Core 1.0 太长时间。

ASP.NET Core 1.0 最复杂的部分是选择要使用的.NET CLR。

2．理解 DNX 运行时环境

DNX 运行时环境（新的 ASP.NET 运行时）是一个托管进程，其职责之一就是加载 CLR。像前面所说的，它可以在不同类型的.NET 上运行 ASP.NET 应用程序。如果 DNX 环境可以在不同平台上用（如 Linux 或 Mac），那么同一个 ASP.NET 应用程序代码也可以在这些平台上运行。

但是，支持多种.NET Framework 并不意味着这个代码标准化成公共中间语言，只意味着你可以在同一个（新的）运行时之上使用 3 个不同的类库集编写 ASP.NET 应用程序。

3. 使用完整版.NET Framework

迁移到 ASP.NET Core 1.0 的最容易最平滑的方式是使用完整的.NET Framework 作为目标 CLR。ASP.NET Core 1.0 支持任何版本为 4.5.2 或更新的.NET Framework。在实施迁移时，你可以使用完整的.NET Framework 类库。换句话说，如果在移植现有应用程序，一行代码都不需要修改就可以升级到最新平台。此外，如果在编写新的应用程序，也不需要学习任何新的 API。

那么，为什么要升级到 ASP.NET Core 1.0？如果你还想或者需要适配完整的.NET Framework？

首先，也是最重要的，应用程序将会运行在一个更快更便于配置的运行时通道上。其次，通过升级到 ASP.NET Core 1.0，你可以使用新的基于 JSON 的配置模型以及为 ASP.NET Core 1.0 量身定做的新工具。我在本章前面给出的"非常重要的小更新"就是从这最后一点来的。

■ **重要**：有一点需要记住的，根据图 4-3，ASP.NET Core 1.0 并不支持 Web Forms。因此，如果现在有一个 Web Forms 应用程序，你无法原封不动地将它移植到 ASP.NET Core 1.0，至少要使用 ASP.NET MVC 或者普通 HTML 重写表现层的大部分。

---

4. 介绍.NET Core

.NET Core 是一个新的跨平台版本的.NET Framework，它占用的空间更少。直截了当地说，适配.NET Core 只意味着学习一组新的 API，它们看起来类似于我们熟悉的.NET Framework。.NET Core 和完整的.NET Framework 之间的差异类似于经典 Microsoft Visual Basic 和 Microsoft Visual Basic .NET 之间的差异。

选择.NET Core 框架有一些关键好处。

首先，打包任何应用程序都可以只包含它使用的.NET Framework 版本。这使得应用程序不管服务器上安装了哪个版本的运行时都可以运行。因此，应用程序可以和安装的其他版本的.NET Framework 并列运行。这也意味着你不用再担心把自己的应用程序更新到一个不同版本的运行时。同理，同一个服务器安装了不同版本的框架也不再是一个问题。

.NET Core 使你更容易只选取你需要的特性，完全控制占用的空间和所依赖的特性。最后，.NET Core 版本的.NET Framework 生来就是跨平台的。因此，当应用程序完成时，它可以运行在任何托管了兼容版本的 DNX 运行时的平台上。但这种做法并不是只适用于部署，对于开发来说也是一样。事实上，开发者可以在任何支持平台上编写和测试应用程序。

■ **重要**：如果你计划适配.NET Core，首先做好心理准备要从头开始重写整个应用程序——表现层、业务层和后端。这样做可能没有预想的困难，但付出的努力接近于完全重写而不是仅仅更新。显然，对于开发新的应用程序，.NET Core 是一个重要的选择，唯一的代价是学习新的 ASP.NET API。

---

5. .NET 的跨平台版本

总有一天会有一个跨平台版本的.NET Core 运行时。虽然社区在开发上做了很多重要工作，但这样一个运行时要达到产品级别还有很长的路。如果你现在想跨平台使用.NET，最好看看 Mono。但是，好消息是跨平台.NET Core 即将来了。

4.3　决定是否应该使用 ASP.NET Web Forms

据估算，整个 ASP.NET 平台的使用率仅次于 PHP。但是，大多数在用的 ASP.NET Web 应用程序都是基于 ASP.NET Web Forms 框架的。相反，新的 ASP.NET Core 1.0 框架专注于新的管道，它用 ASP.NET MVC 来处理 HTML 视图和数据，而 Web API 则作为单纯数据服务的选项。

因此，Web Forms 没有包含在 ASP.NET Core 1.0 中。

虽然 Web Forms 还将完全支持，甚至只是少量改进，但在可预见的未来，ASP.NET Core 1.0 引领的方向传达了一个清晰的消息：如果业务允许，尽快从 ASP.NET Web Forms 迁移出去。这个策略对于任何组织以及组织中的人来说都是正确的。但在这种情况下，有很多不同的场景可能导致不同的决定。下面我们来看看其中一些。

4.3.1　研究一个常见的场景

如今，你在外面会经常听到这样的用户故事。

公司有一个用了几年的 Web 应用程序，仍然运作良好。因为这个程序经过多年的微调，它的性能达到要求，而且没有引发任何伸缩性问题。此外，团队成员也知道如何维护和演化它。一切都还好。

但是，随着公司面临新的业务挑战，推倒重来的需要开始浮现。新的业务挑战有时候就像让表现层遵从新的响应式标准一样简单，有时候更复杂，如增加新的业务逻辑或者应用程序逻辑。

在 Microsoft Web 栈中，ASP.NET Web Forms 是到目前为止最广为人知和广泛使用的框架。绝大多数应用程序的推倒重来都从大型 ASP.NET 代码库开始。但是，在单个系统上辛勤工作多年之后，软件架构师都会醒悟过来，清楚地看到 ASP.NET Web Forms 现在已经过时了。因此，他们认真地寻找替代方案，但没有找到明显比 ASP.NET Web Forms 好的东西。更准确地说，他们没有找到很好的业务理由来用 ASP.NET MVC 代替 Web Forms。当他们考虑到明显不同的编程方式不可避免地带来重新培训和重新编写的成本时，这就不是一个有吸引力的选择了。大多数情况下，他们完全正确。

如果遇到这些场景，你应该如何应对重做应用程序？你应该坚持 Web Forms，还是应该投入 ASP.NET MVC 或者 SPA？Web API 的角色又是什么？让我们列出 ASP.NET Web Forms 的利弊，摒除任何偏见吧。

4.3.2　ASP.NET Web Forms 初探

ASP.NET Web Forms 在 20 世纪 90 年代晚期浏览器大战最激烈的时候首次推出。那时，任何包含编写 Web 应用程序的开发方案，只要可以减少学习与 Web 相关的东西的影响和了解浏览器的特定特性，都会很受欢迎。ASP.NET Web Forms 确实做到了，而制胜之举在于引入服务器控件。

服务器控件不用学习很多 HTML 就能生成用户界面。它们是 Web 版的 Visual Basic 可视化组件，让开发者以所见即所得的方式快速容易地进行页面原型开发。服务器控件的属性也可以使用

Microsoft C#或者 Visual Basic 通过编程的方式配置。最终，任何服务器开发者只要学习少量新的 API，几乎不用接触 HTML 和 JavaScript 就可以创建网页了。在运行时，服务器控件会生成在浏览器显示所需的 HTML 和 JavaScript。最终，它就成了在服务器端运行的普通 HTML 工厂。

服务器控件是一个强大的范式。Microsoft 打包了一堆核心控件，同时提供了创建自定义控件的 API。一夜之间，整个子行业冒了出来——生产和销售越来越丰富的服务器控件套装。对于 Web Forms 开发者，表现层从来不是一个真正需要关注的问题。

除了服务器控件的作用，Web Forms 框架还有回传交互模型的特点。它的设计介于 Web 编程和桌面编程之间，使用的编程模型和开发者用了很多年的类似：渲染用户界面，等待某些命令，让系统做一些工作，然后渲染回去。Web 编程的其他方面（如会话状态、验证和有状态性）都由托管运行时环境管理，后来，它最终融入了 IIS。

2005 年，ASP.NET Web Forms 2.0 版本迎来它的高峰。自那以后，这个框架没有得到重大更新，除了一些小改进，例如减少视图状态（回传模型用到的东西）的影响以及在 HTML 和 CSS 的生成上提供更多控制。

4.3.3　Web Forms 仍有好的一面

ASP.NET Web Forms 还能工作，但它包含的 Web 应用程序设计原则在当今已变得不合时宜。你仍然可以使用 ASP.NET Web Forms 构建 Web 应用程序，也可以找到和购买大量商业库和工具。这个平台成熟可靠，虽然它在将来可能不会获得更多关注，但也不会一夜消亡。

你可能听过，甚至自己也想过，任何数年没有更新的产品都是一个死的产品。嗯，视情况而定。缺乏改进显然表明它的作用不再是关键的，但这也表明，如果不根据新的原则和愿景从头开始重写这个产品，就没有什么好添加的了。但是，旧的产品还能工作。就像用了几年的电视机，它不会给你最好的体验，但仍然可以用它观看最爱的节目。你可以购买新的电视机，但不应该批评那些没这样做的人。这都取决于在业务上转向一个新的平台有多重要以及成本多高。

从设计的角度来看，Web Forms 已经废弃了，但它仍然可以让你使用工具快速筹划解决方案。如果你可以使用这些工具达到你的业务目标，为什么要抛弃它们？使用 Web Forms 只取决于你面临的业务需要。你要问的问题应该是，"Web Forms 会胜任新的任务吗？"

如果是为了构建 SPA，或者只是重度使用 JavaScript 的应用程序，你可能会发现使用 Web Forms 很难做到。类似地，如果要保证这个网站的所有页面都有完全的可访问性，或者拥有对 SEO 友好的 URL 是关键的，那么你也可能面临困境。

表现层的需求（响应性、手势以及触控优先的用户体验）是其他可能的痛点。离开 Web Forms 会有重新培训的成本，也会面临学习新的范式（不管是 MVC 还是 AngularJS 等新的框架）和精通 JavaScript 的困难。如果留意 ASP.NET Core 1.0，你会清楚地看到这个方向是朝着 ASP.NET MVC 的。在这一点上，我敢说越快转移越好。

4.3.4　为什么应该远离 Web Forms

ASP.NET Web Forms 诞生初期，在 HTML 和 JavaScript 之上进行抽象被视为极大的好处。现在不是这样了。因此，如果你发现 Web Forms 编程模型在所面临的业务场景中遇到限制，不妨看看 ASP.NET MVC 或者 SPA。如果使用 Web Forms 实现你想要的东西有困难，即使可以做到，你也应该转向 ASP.NET MVC。在转移的过程中，不妨留意一下 ASP.NET Core 1.0，你会对未来有个清晰的定位。

ASP.NET Web Forms 从设计来看不是一个 CSS 友好的框架，而 CSS 和反应式页面在今天的网站中是很常见的。你很难在服务器控件之上创建 CSS 效果。同样，如果只把 ASPX 文件用作 SPA 场景中的普通 HTML 容器，为什么不转向 Razor 和 ASP.NET MVC 呢？

不管怎样，离开 Web Forms 的主要原因不一定是技术上的。现代软件中的主要挑战以及遗留代码中我们想要修复的主要方面，是信息架构和后端。如你所见，这跟选择 Web Forms 或者 ASP.NET MVC 没有太大关系。然而，Web Forms 鼓励使用的编程模型基本上是数据库驱动的，即使这不是强制的，通常也预示着双层架构（表现层和数据访问层）。

这里的问题并非双层架构原则上是错的或者不合适，而是这样一个架构不太可能解决现代软件的真正挑战。我们编写的大多数软件仍然属于创建、读取、更新、删除（CRUD）范式，但实际上涉及的东西比仅仅实现 CRUD 操作要多。Web Forms 在单纯的 CRUD 场景中足用，而大多数现代应用程序只是看起来像 CRUD。话虽如此，这只是架构方面的，跟如何筹划表现层以及使用服务器控件还是普通 HTML 没有太大关系。

如今，软件的成功更多来自对业务场景的遵从。Web Forms 仍然可能用来应对一些业务场景，但规划 ASP.NET MVC 的迁移对于更好地紧跟业务已经变得很有必要了。

浅谈 Microsoft Silverlight

Silverlight 是短命软件技术的另一个代表。早在 2008 年，它曾经预示着编写 Web 软件的新方式。短短几年，它成了必争之地，也成了世纪技术。然后，一支毒箭射中了它的"脚后跟"，一夜毙命。但是，很多公司因在使用 Silverlight 构建表现层上做了大量投入而面临困境。

Silverlight 还能工作，也将在可预见的未来继续工作。如前所述，仅仅技术不再更新，并不意味着它突然就不能工作了。与此同时，作为那个技术的用户，你必须考虑自己应该做什么以及如何离开它。你需要找到一个有效的替代方案来重建表现层。

那么，应该如何替换 Silverlight？

实际上选择并不多。我想说只有一个选择——使用 HTML5。接着，下一个问题是，如何打包使用 HTML5 定义的用户界面。在这种情况下，我也没有看到太多选择，实际上只有两个。

你可以使用完整的单页应用程序（SPA），或者混用在某个 ASP.NET 容器中托管的服务器代码和客户端代码。哪个容器呢？ASP.NET MVC。

在这里，你还能找到一堆组件套装，它们可以简化开发，并提供类似于 Silverlight 的开发体验。曾经在 Silverlight 上帮助你的同一个供应商很可能帮你在 HTML5 之上构建一个不错的用户界面。

本章后续章节将给出创建混合 SPA 的方案——它混合了服务器代码和客户端代码。

4.4   决定是否应该使用 ASP.NET MVC

10 年前发布的 ASP.NET MVC 给开发者带来另一种编写 Web 应用程序的方式。我猜这个举动是当时受到了很多使用 MVC 模式的开源框架启发。然而，ASP.NET MVC 根本不差，而且成了 2010 年以来的一个强大的 Web 开发框架。

ASP.NET Core 1.0 带来的更改加强和确认了这个愿景。今后要成为 Microsoft 栈上的 Web 开发者，你需要掌握 ASP.NET MVC。

4.4.1　ASP.NET MVC 初探

ASP.NET Web Forms 的成功源自它在核心 Web 基础设施之上构建的厚抽象层。ASP.NET MVC 刚好相反，它让同样的抽象层尽可能薄。Web Forms 的目标是使开发者远离 HTML、CSS 和 JavaScript 的细节，而 ASP.NET MVC 则力求给予开发者全权控制标记内容，包括 HTML、JavaScript 和 CSS。

ASP.NET MVC 用**控制器**作为处理传入请求的服务器端任务链的入口点。开发者可以全权控制 URL 的构建及其如何映射到控制器。在内部，控制器可以访问相关的 HTTP 上下文（包括会话状态、请求、响应和用户信息）并且编排请求的处理。请求处理生成的任何结果都会传回控制器，决定下一步做什么。下一步涉及生成 HTML 视图、把数据打包成 JSON 或 XML 格式，或者传送调用方期望接收的其他东西，如二进制数据。

相比 Web Forms，视图的构建比较麻烦，因为开发者要负责一切。Web Forms 中备受指责的视图状态实际上为开发者节省大量工作。这不是 ASP.NET MVC 的一部分，所有视图状态的维护工作现在都要手动编码。除此之外，ASP.NET MVC 并不使用 HTML 工厂组件，任何 HTML 标记都在开发者的全权控制之下。

ASP.NET MVC 的编程模型以及它和 ASP.NET Web Forms 的对比如图 4-4 所示。

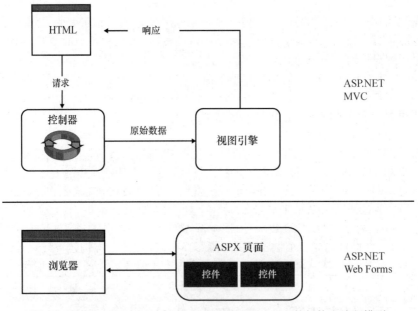

图 4-4　比较 ASP.NET MVC 和 ASP.NET Web Forms 的架构和编程模型

4.4.2　ASP.NET MVC 的优点

目前的 Web 大量使用 JavaScript 来增强和渲染页面，使用 CSS 来设置页面样式。显而易见，这些任务使用 ASP.NET MVC 比 ASP.NET Web Forms 更容易实现。即使选择 SPA（普通 JavaScript 调用

Web 服务）仍然需要托管。最有可能的选择还是托管在 IIS 中的 ASP.NET MVC 应用程序。

这是 CTO 们要考虑的重要因素。

如果你有很大的 ASP.NET Web Forms 代码库要迁移，那么可以在一个新建的 ASP.NET MVC 项目中导入全部 ASPX 页面，然后只重写需要重写的部分。这是一个缓慢的转换过程，但保留了大多数现有投资并允许开发者根据他们的节奏成长和获得新的技能。

■ **重要**：混合 ASP.NET MVC 和 ASP.NET Web Forms 是可能的，因为目前两个框架共享相同的运行时环境。这在 ASP.NET Core 1.0 平台下会改变，Web Forms 将不支持，因为新的 DNX 运行时环境不是基于 system.web 的（ASP.NET Web Forms 的心脏）。这一点可以帮你决定短期内是否升级到 ASP.NET Core 1.0。

4.4.3 ASP.NET MVC 的弱点

从纯功能的角度来看，我在 ASP.NET MVC 中找不到任何重大弱点。作为一个框架，它已经存在很多年，而且很稳定，可以满足目前服务器端 Web 开发的需要。ASP.NET MVC 的弱点存在于两个层面：基础设施和编码架构。

一开始，ASP.NET MVC 创建出来不是侵入性的，而是与 ASP.NET Web Forms 同时运作。鉴于此，两个框架共享同一个运行时环境，它极大地依赖 system.web 程序集并与 IIS 高度集成。多年以前，ASP.NET 和 IIS 之间的集成通道是一个卖点，这是性能改善的强大措施与 ASP.NET 栈的积极演变。但在今天，ASP.NET 栈和托管环境之间的高度依赖成了 ASP.NET MVC 的主要弱点。

就目前而言，有两个选择。你可以选择留在当前的 ASP.NET 栈和运行时环境，仍然在它之上运行最新版本的 ASP.NET MVC 框架；或者可以转向 ASP.NET Core 1.0 栈，享受基于 OWIN 标准和托管环境通信的更干净的通道。在这种情况下，IIS 只是一个可能的托管环境，而 Windows Server 只是一个可能的操作系统。

在我看来，ASP.NET MVC 另一个不够理想的方面和通常用来架构 Web 解决方案的模式有关。ASP.NET MVC 作为一个框架肯定没有关联到任何架构方式，但围绕它进行的通信传达了某些难以改变的想法。ASP.NET MVC 通常都会围绕一个数据模型构建一种 REST 接口并使用控制器类来实现核心 CRUD 操作。

我看到的问题是，带有在 Web 之上执行的 CRUD 操作的 REST 接口有时候只是一个真实世界的业务领域中良好工作的模型。如果在成长过程中受到这种理念的影响，那么当领域的查询栈和命令栈很不一样、需要完全不同的模型时，你可能会陷入严重的困境。摆脱 REST 的理念，专注于任务——更多地考虑远程过程调用（RPC）而不是 REST 风格——是一个更好的方案，因为专注于任务不会妨碍你使用 REST，如果这就是应用程序需要的。与此同时，它让你对更复杂的东西保持开放，如果是这样的话。

我建议使用分层架构。我们在第 5 章中讨论并使用 ASP.NET MVC 作为表现层的框架。在分层架构中，我推荐命令查询职责分离（CQRS）作为支持架构，让命令和查询分离并分开实现。

4.5 研究 ASP.NET Web API 的角色

ASP.NET Web API 是一个用来在 Web 上暴露 API 的框架。换句话说，它是一个用来构建和暴露

Web 服务给网页使用的 API。ASP.NET Web API 解决方案仍然需要托管在某处，而这通常（但不一定）是在 IIS 应用程序中。

ASP.NET Web API 前端通常向网页提供可以通过 HTTP 访问的返回原始数据（如 JSON、XML 和纯文本）的端点。接着，原始数据会在浏览器中渲染成好看的格式。

建立这种 Web 服务前端的理想方式是什么呢？

4.5.1　WCF 转到 Web API

多年来，业内出现了不同的框架，都声称是暴露 HTTP 端点的终极解决方案。起初有 Windows Communication Foundation（WCF），这一框架的卖点是暴露的服务能以相同方式工作，不管底下的传输层是什么。换句话说，任何 WCF 服务除了配置参数不用改变任何东西就可以使用 TCP 或者 HTTP 来访问。

为了实现这样的效果，WCF 需要一个很丰富很通用的基础设施，这对于只想使用单个协议的场景来说太复杂和昂贵了。换句话说，WCF 从来没有专注于 HTTP。

多年来，WCF 经历了很多试图简化 HTTP 编程的扩展，如 Web HTTP 绑定和 REST 入门套件。但最终还是 WCF 跑在 HTTP 之上，而不是为 HTTP 优化并为此从头构建的解决方案。ASP.NET Web API 可能是为通过 HTTP 暴露 Web 服务提供理想框架的最佳尝试。

虽然有时将 ASP.NET Web API 看作 ASP.NET MVC 的分支，但它是一个通用框架，甚至没有限制在 Web 场景中使用。ASP.NET Web API 可以在任何类型的.NET 应用程序中托管，包括 Windows 服务和控制台应用程序。如果托管在 Web Forms 应用程序中，你会发现很容易编写通过 jQuery 函数从 HTML 页面使用的 Web 服务。事实上，你可以把 ASP.NET Web API 看作 WCF 的替代，不必依赖于 JavaScript 代理和面对配置困境了。

在 ASP.NET MVC 应用程序中托管 ASP.NET Web API 是另一个有待续写的故事了。它甚至可能有一个非常意想不到的结局。

■ **注意**：有了 ASP.NET Web API，你可以放心地建议把 WCF 服务的使用限制在需要或者可能请求非 HTTP 通信的场景中。如果你确定用 HTTP 作为传输协议，务必弃 WCF 投 ASP.NET Web API。使用 ASP.NET Web API 编写非常容易和快速，它还提供更好的性能，因为占用空间和工作量都显著地变小了。

4.5.2　比较 ASP.NET Web API 和 ASP.NET MVC

ASP.NET Web API 框架一旦托管在监听应用程序中，就会处理通过 HTTP 传送到它端点的请求。它的总体架构接近于 ASP.NET MVC。两个框架都使用了控制器和动作，都依赖于模型绑定，有一个内部可配置的路由系统和各种扩展点。

但这两者也有一些重要的区别。

具体来说，Web API 的运行时和 ASP.NET MVC 完全分开。你看到命名和行为类似的类，但命名空间和程序集是不同的。ASP.NET MVC 和 ASP.NET Web API 之间的区别可以总结为以下三点。

- 处理代码和序列化结果是运行时层面解耦的步骤。
- 内容协商不同。

- 可在 IIS 之外托管。

ASP.NET Web API 层由一组从 **ApiController** 基类派生的控制器类组成。控制器上定义的 HTTP GET 方法只能返回原始数据，不必像 ASP.NET MVC 那样显式地通过 **ActionResult** 容器传递。示例如下。

```
// NewsController class
public IList<News> Get()
{
  // This is processing code for the request
  var url = ...;
  var client = new WebClient();
  var rss = client.DownloadString(url);
  var news = DoSomethingToParseRssFeed(rss);

  // Just return data and let the runtime do any required HTTP packaging/formatting
  return news;
}
```

让我们对比一下在 ASP.NET MVC 控制器中编写的类似方法。

```
public ActionResult Index()
{
  // This is processing code for the request
  var url = ...;
  var client = new WebClient();
  var rss = client.DownloadString(url);
  var news = DoSomethingToParseRssFeed(rss);

  // Explicit JSON serialization step
  return Json(news, JsonBehavior.AllowGet);
}
```

这些区别体现了前面列表中的前两点。

从 Web API 动作方法返回的任何数据都会经过一个格式化层——一个叫作**内容协商**的流程——它最终决定要返回给调用方的流。内容协商通常对开发者不可见。标准约定默认使用 JSON 返回任何数据。但是，如果 HTTP 请求指明 XML 为返回数据的首选格式，这个框架会自动切换到使用内建架构（schema）的 XML。

扩展点可以替换原生 JSON 格式化器或者序列化到自定义 XML 格式化器。你在应用程序启动时注册自己的格式化器，作为配置工作的一部分。如果想每个方法使用自定义 XML 架构，你需要不时调整配置。

在 ASP.NET Web API 之下有很多约定。比如，所有名字以 Get 开始的方法都会自动绑定到 HTTP GET 操作，而 URL 就变成没有 Get 前缀的方法名。在本例中，两个方法都通过**/news** 这个 URL 调用。如果你把 ASP.NET Web API 方法重命名为 GetAll，调用它的 URL 将会变成**/news/all**。

如果你已经有了一个 ASP.NET MVC 应用程序，通过 Web API 暴露这个领域的 API 不会真的给你带来任何显著好处。它能做到，也能工作，甚至都不是一个错误的选择。但我看不到任何特别的好处，反而看到使用两个运行时环境来处理请求的复杂性。

即便你已经有了一个 ASP.NET MVC 应用程序，仍然可以暴露 HTTP 前端——只要用用来渲染

HTML 的同一个控制器类也可以轻易快速地编写。内容协商不会发生，但这个控制器会决定正在返回的数据的格式。在以下这个例子中，控制器会从 JSON 和 XML 之间做出选择。

```
public ActionResult Index(Boolean xml = false)
{
    // This is processing code for the request
    var url = ...;
    var client = new WebClient();
    var rss = client.DownloadString(url);
    var news = DoSomethingToParseRssFeed(rss);
    // Explicit JSON serialization step
    if (xml)
        return Content(new ThisMethodXmlFormatter(rss), "text/xml");
    return Json(news, JsonBehavior.AllowGet);
}
```

一切都在你的全权控制之下。这里没有产生"魔法"的地方，而你也只用了一个运行时环境。

Web 服务仍然需要托管在某处。如果你决定把 Web 服务托管在 IIS 之外或者在 Web Forms 之下，用 ASP.NET Web API 来实现是可以接受的。相反，如果你打算在 ASP.NET MVC 中托管 Web 服务，那么最好在同一个 ASP.NET MVC 应用程序中使用专门的控制器构建服务。

4.5.3　聊聊 REST

ASP.NET Web API 通常都会和 REST 联系在一起。换句话说，使用 ASP.NET Web API 来构建 Web 服务的其中一个原因是，它使得一些基于后端想暴露出去的数据模型构建 REST 接口更加容易。

这是真的。

我不是 REST 的粉丝，也不怕承认我强烈推荐 RPC 风格，因为我觉得 RPC API 的"自由"语言更加灵活，更适合表达业务领域及其任务的复杂性。对我来说，REST 更多的是建模而不是模仿业务场景。

不管怎样，如果你热爱 REST 编码方式，在服务器端的实体之上执行基本 HTTP 操作，那么即使在 ASP.NET MVC 中使用 ASP.NET Web API，也是一个可以接受的选择。我只是想澄清一点，如果想要一层区别于核心网站的服务，就需要 ASP.NET Web API。这是同一个故事：这都是在决定如何托管 Web 服务和是否基于 REST 或 RPC 借口创建它。

在这一点上，了解使用 ASP.NET Core 1.0 来开发它挺有趣的。

4.5.4　在 ASP.NET Core 1.0 里使用 Web API

显然，如果你阅读一些 ASP.NET Core 1.0 文档，似乎所有东西都跟图 4-3 所示一致。在 ASP.NET Core 1.0 中，有 ASP.NET MVC 和 ASP.NET Web API 的支持，二者都在同一个运行时环境和通道上运行。但是，如果仔细看看，你所拥有的是单个框架，从 ASP.NET MVC 的核心特性开始，扩展了从 Web API 借鉴过来的一些特定特性。这具体意味着什么呢？

Web API 消失了，只要创建一个控制器类，然后决定需要返回什么——要么 IActionResult 类型，要么普通 CLR 对象。如果是一个普通 CLR 对象，实际的序列化格式会像今天的 Web API 一样通过查看 HTTP 头来协商。换句话说，"我们有一个 ASP.NET MVC 网站和一个 Web API"这种说法在

ASP.NET Core 1.0 中没有意义。你将拥有的是 ASP.NET Core 1.0 应用程序中的一组控制器类。以下代码展示了示范如何在 ASP.NET MVC 中编写一个在 ASP.NET Core 1.0 之下运行的控制器。

```
[Route( "api/[controller]" )]
public class NewsController : Controller
{
   [HttpGet]
   public IEnumerable<NewsItem> All()
   {
      var data = ...;
      return data;
   }

   [HttpDelete( "{id}" )]
   public IActionResult DeleteNews(int id)
   {
      // Delete the item
      ...

      return new HttpStatusCodeResult(204);
   }
}
```

在控制器类之上的 Route 特性为经过这个控制器的任何东西定义默认的路由机制。从这个例子可以看到，任何映射到这个控制器类的 URL 都以/api/news 开始，其中，news 是控制器的昵称。

如果删掉 Route 特性，默认路由和 ASP.NET MVC 的一样，或者在应用程序的配置中指定。如你所见，并没有 Web API 特定的控制器基类需要继承。不管返回 HTML 还是数据，控制器类都是一样的。在控制器类中，你有更丰富的 API 来塑造响应并决定如何把请求映射到方法。比如，DeleteNews 方法会映射到一个 HTTP DELETE 动作。

我承认前面"Web API 消失了"的说法是（故意）说得有些苛刻。Web API 并没消失，但整合到 ASP.NET MVC API 中了。这样就没必要把 Web API 看作不同于 ASP.NET MVC 的东西了，至少在 ASP.NET Core 1.0 中是这样。

4.6　单页应用程序

顾名思义，**单页应用程序**（Single Page Application, SPA）是一个基于单个 HTML 页面的 Web 应用程序。

加载页面时，会连接某个远程端点，下载它需要的任何数据来动态准备任何用户界面。接着，页面的 DOM 会随着用户与显示的内容交互而更新。"单页"就是你在开始的时候从服务器下载一次的页面，然后不再改变。每个交互都会通过下载 HTML 代码块或者从下载的数据生成客户端 HTML 更新页面容器中的视图。几乎没有导航，除了跳转到另一个不同但有着相关功能的 HTML 页面。相反，你可以使用控件（如后退按钮和超链接）在 HTML 视图之间切换，这些控件实现了隐藏和显示 HTML 视图的 JavaScript 代码。

SPA 的主要目的是给用户带来更流畅的体验，移除所有整页刷新，使交互更像桌面应用程序。

4.6.1　构建 SPA

标准 SPA 由一个页面或者几个页面组成，托管在一个 Web 服务器上，作为普通 HTML 文件或者某个 ASP.NET 服务器应用程序的端点。HTML 选项通常意味着容器是一个半成品 HTML 主体，它由一个 HEAD 标签和一个空的 DIV 作为主体。页面加载一堆脚本代码，然后这些脚本代码开始下载数据和标记来显示给用户。

开始时请求的任何数据都会使网站的加载变得更久——有时候对用户来说时间太久。但是，在第一个视图渲染之后，交互就会更快更平滑，因为大多数内容已经下载并渲染了，更重要的是，它们不会改变。

建立 SPA 要比看起来复杂得多，实际上只用专门的框架（如 AngularJS），还是值得一试的。但是，一旦你交付了这样一个解决方案，用户通常都会很开心。SPA 和传统的 ASP.NET 代码非常不同，它通常包含 JavaScript 代码和客户端数据绑定技术。

4.6.2　混合 SPA

混合 SPA 介于经典 ASP.NET 网站和 SPA 之间。它依赖于服务器端 ASP.NET 应用程序来提供通过超链接连接起来的 HTML 页面。构建混合 SPA 的方式和构建普通 ASP.NET 网站一样——除了某些 HTML 视图的内容是高度动态的，以及基于 Ajax 交互和客户端 DOM 的动态更新。

在混合 SPA 中，你可能仍在用客户端 JavaScript 库来做数据绑定和 Ajax 调用，但用这些特性来优化特定视图而不是对整个应用程序套用这个模式。

对于用户，使用混合 SPA 的好处是至少关键页面是高度动态的并且比一组经典的服务器页面快。初始化和常规服务器网站一样，没有必要预载全部页面。

在技能方面，转向 JavaScript 需要学习两个数据绑定框架中的一个，最流行的显然是 AngularJS。但你不必学习全部 AngularJS。另外，从 SEO 的角度来看，你已经完成了一半，可以根据 SEO 需求有效地决定要有多少个不同的 HTML 视图（和 HTTP 端点）了。

4.6.3　SPA 的弱点

矛盾的是，SPA 的优点也是它的弱点。预先下载内容虽然可以使用户界面流畅，但是可能导致首次显示延迟，如果远程服务器偶尔响应很慢，甚至可能导致交互卡顿几秒。

我同意"慢的响应显然不是 SPA 特有的问题"这一观点，但在常规 ASP.NET 服务器网站上，一旦标记显示出来，你就可以顺畅地阅读和交互了，直到通过点击发送或导航到别处。在 SPA 中，甚至可能是某个内容隐藏起来了，将会按需下载。因此，很有可能要发送远程请求，继而很有可能导致响应很慢。这个问题出现在移动设备上是很让人讨厌的。

SPA 的另一个问题是向管理层推荐。市场通常喜欢及时响应用户输入的网站，但有时候管理层可能会认为网站需要多个页面而不是一个页面。你可能很难解释 SPA 是一个页面（或者很少页面）和一堆通过某种方式路由和导航的不同 HTML 视图。

我猜想另一个反对理由是关于技能的。编写 SPA 需要很强的 JavaScript 技能，需要开发者能熟练运用选择的 SPA 框架。要构建真正的 SPA，你需要一个专业的 SPA 框架，如 AngularJS、Durandal或者 Ember。学习使用任何这些框架都相当于学习一门新的编程语言。或许入门很容易，但精通可能要花一定的时间，而时间就是金钱。

相反，如果选择混合方案，我认为学起来会简单得多。首先你仍然编写很多服务器端代码，其次可以只在客户端使用特定数据绑定库（如 Knockout 或 Moustache），或者只用更大框架的数据绑定模块。

4.7 小结

本章演示了可以用来构建 Web 解决方案的选择。实际上，如今你可以用很多同样有效的方式来构建 Web 解决方案。关键是在业务领域的场景中定义让解决方案"有效"的东西是什么。

大量用 Web Forms 构建的系统正在等着重做。同时，有一些正在架构的新系统预计有很长的生命周期。还有越来越多网站构建出来只用几周。你应该做什么？

时效性较短的 Web 应用程序和网站应该用团队熟悉的任何方案来构建，不管正在使用的框架现状和未来如何。ASP.NET 栈的新系统肯定应该走 ASP.NET MVC 这条路，而且只把 Web API 看作 ASP.NET MVC 的扩展。Web API 将会消失，因为它会在 ASP.NET Core 1.0 中集成到 ASP.NET MVC。

对于现存大型 Web Forms 代码库，我认为更改框架的代价是很高的。不管怎么说，总是要付出这个代价的。一个好的折中方案是开始向 ASP.NET MVC 转移，但不用 ASP.NET Core 1.0。这样做，你可以混用 ASP.NET Web Forms 和 ASP.NET MVC，从而让公司以可持续的步伐走向正轨。

我不是 SPA 的超级粉丝，但确实推荐混合 SPA。对我来说，在 ASP.NET MVC 之上的混合 SPA 代表了今天 Web 栈的最佳方案。如果背后还有一个专注于 CQRS 的分层架构就更好了。

最后，关于在第 3 章中提到的 UX 驱动设计，我还有几句话想说。我认为今天的软件主要问题是业务角度和软件角度之间的隔阂。多年来，我希望可以为整个领域想出一个全包单个模型。有时候行得通，有时候不行。

我想我们最好专注于屏幕以及用户和应用程序之间的预期交互。这就是我在第 3 章建议的 UX 驱动设计。这不但是把事情做对，而且是第一次就把尽可能多的事情做对。这种做法不会把开发成本降到几乎为零，但它肯定会让估算成本更加可预测。

第5章

分层架构

我们塑造了建筑，建筑反过来也影响了我们。

——温斯顿·丘吉尔

计算机程序作为单片软件存在已有好几年了。单片软件是一个端到端的过程化指令序列，用来实现一个目标。虽然如今几乎没有专业开发者或者架构师会认真考虑编写端到端程序，但构建单片软件对于新手来说是最自然的软件开发方案。单片软件本身没问题，只要程序实现它的使命就行了，但随着程序的复杂性增长，单片软件变得越来越没用。因此，真实世界的软件架构没有单片软件的容身之所，这种情况已经持续了数十年了。

在软件中，一个逻辑层会把给定功能集的实现细节隐藏在接口之后。逻辑层实现关注点分离，并促使同一系统中不同组件之间交互。在面向对象系统中，逻辑层本质上是一组实现给定业务目标的类。不同逻辑层可能会被部署到多个物理层，有时候以服务或微服务的形式通过 HTTP 等网络协议提供。

逻辑层是软件的一部分，和其他逻辑层一起存储在进程中。逻辑层是指组件之间的逻辑分离，而不是物理分离。我在本章中提到的**分层架构**可能是结合功能和业务产生可工作系统的最为广泛接受的方式。

5.1 超越经典的三层系统

你的成长可能受到了这种想法的影响，即任何软件系统都应该规划成三个部分：表现层、业务层和数据层。**表现层**部分由屏幕（桌面、移动或者 Web 界面）组成，用来收集输入数据和展示结果。**数据层**部分是你处理数据库、保存和读取信息的地方。**业务层**部分是放置你需要的其他东西的地方（见图 5-1）。

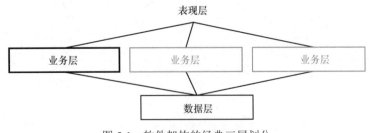

图 5-1 软件架构的经典三层划分

行业文献通常把图 5-1 中描述的架构称作**三层架构**。但是，你可以根据自己的需要把它们分配到物理层和逻辑层。

5.1.1　目前使用的三层架构

三层架构已经存在一段很长时间了，它起源于业务工作要么和数据库相关，要么受限于外部组件（如大型机）的年代。大多数时候，三层架构使用单个数据模型在数据存储和表现层之间来回传输。

这个架构显然没有阻止你使用其他形式的数据传输对象（DTO），但大多数时候三层架构都是只有一个数据模型并且是以数据库为中心的。你今天面临（被领域驱动设计预见的）的挑战是让持久层匹配表现层的需要。即使任何系统的核心操作仍然是创建、读取、更新和删除（CRUD），业务规则影响这些核心操作的方式需要业务层处理太多数据转换和流程编排了。

即使很多教程把电子商务平台描述成对于客户和订单的普通 CRUD，但事实并非如此。你不会只向数据库添加一条订单记录。订单的用户界面和 Orders 表的架构也不会一一匹配。你甚至不会在表现层察觉到订单。你很可能有类似购物车之类的东西，一旦处理就会在某些数据库表中产生订单记录。

业务流程是三层思维模型中最难组织的部分。业务流程不只是软件中最重要的东西——它们是唯一重要的东西，没有任何妥协。乍看之下，业务流程是业务层的中心。但是，业务层通常分布太广，以至于很难限制在逻辑层，很容易转入物理层的架构边界之中。不同的表现层可以触发不同的业务流程，不同的业务流程可以引用相同的核心行为和规则实现。

虽然业务逻辑的含义相当明确，但业务逻辑的可重用合适粒度就不那么明确了。

5.1.2　灰色地带

在一个平常的三层场景中，你会把让数据适配表现层的逻辑放在哪里？为持久层优化输入数据的逻辑又在哪里？这些问题突出了现今某些架构师仍在挣扎的两个重要的灰色地带。

灰色地带是业务场景中不确定或不明确的地方。在软件架构中，这个术语也用来指代应用哪个解决方案不是显而易见的，并且这种不确定性更多源于存在多个选择而不是没有工具来解决问题的情况。

要拨开云雾见青天，需要稍微调整一下架构。Eric Evans 在首次提出领域驱动设计时（详见第 1章），也提出了分层架构，如图 5-2 所示。

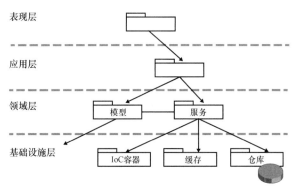

图 5-2　分层架构

分层架构多了一层，并且把数据访问层的概念扩展为提供必要基础设施的概念，比如通过对象关系映射（ORM）工具的数据访问、控制反转（IoC）容器的实现以及很多其他横切关注点，如安全、日志和缓存。

业务层分解为应用程序层和领域层。这样做是为了整顿灰色地带，使之明确有两种业务逻辑——应用程序和领域。**应用程序逻辑**精心安排由表现层触发的任何任务。**领域逻辑**是特定业务的核心逻辑，可以跨越多个表现层重用。

应用程序层和表现层几乎一一对应，也是 UI 特定的数据转换发生的地方。领域逻辑就是使用完全面向业务的数据模型的业务规则和核心业务任务。

5.2 表现层

表现层负责提供用户界面来完成任何必要任务。表现层包含许多屏幕、HTML 表单或者其他东西。目前，越来越多系统拥有多个表现层。这是一本 ASP.NET 的书，所以你可能会认为，这里只有一个表现层。其实不然。

移动网络是 Web 应用程序必须考虑的另一个表现层。移动网络表现层可以通过响应式 HTML 模板或者完全不同的一组屏幕来实现。但是，这并未改变移动网络对于几乎所有 Web 应用程序来说都是另一个表现层的基本事实。

5.2.1 用户体验

不管你在中间层精心编写了多么智能的代码，如果没有表现层前端，任何用户都无法使用应用程序。此外，如果没有设计良好的用户体验，应用程序也谈不上令人享受和有效。但是，在很长一段时间内，表现层都是开发者和架构师最后考虑的东西。

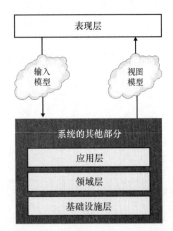

图 5-3　描述数据流入和流出
表现层屏幕

很多架构师认为表现层是系统中最不起眼的部分，一旦业务层和数据访问层成功地完成了就几乎确定下来的一个细节。现实是，表现层和业务逻辑还有数据访问代码在任何复杂度的系统中都是同等必要的。但是，正如第 3 章阐释的，今天的用户体验（用户在与应用程序交互时经历的体验）是非常宝贵的。

总之，不管是以自上而下的方式（第 3 章推荐的）还是以经典的自下而上的方式开发系统，你都需要理解表现层的目的。下面来看图 5-3。

表现层像个漏斗一样让数据流向系统的其他部分，理想情况下，它使用的数据模型充分按照屏幕的结构来组织数据。你应该按照订单实体来渲染用户界面，而不是因为你最终会在 Orders 表中保存日期。举个例子，在提交一个订单时，你通常会收集收货地址等信息，这可能和付款的客户有关，也可能无关。而收货地址不一定和订单一起保存。这个收货地址可能发给快递公司，最终和订单一起保存的是参考编号。

一般而言，表现层中每个会向系统后端发送命令的屏幕都会把数据组织到输入模型中，并且使用视图模型中的类来接收响应。输入模型和视图模型可能重合，也可能不重合。与此同时，它们可能和后端执行具体任务使用的任何数据模型重合，也可能不重合。

5.2.2 输入模型

在 ASP.NET MVC 中，任何用户点击都源自控制器类将会处理的请求。每个请求都会转成一个操作（action），映射到控制器类上定义的一个公共方法。那么输入数据呢？

在 ASP.NET 中，任何输入数据都会包在 HTTP 请求中，或者是在查询字符串中，或者是在任何表单发送的数据中，抑或是在 HTTP 头或者 Cookie 中。输入数据表示发送给系统用来执行操作的数据。不管你怎么看待它，它都只是输入参数。你可以把输入数据看作零散的值和变量，或者把它们组织到一个充当容器的类中。这组输入类构成了应用程序的整个输入模型。

你将会在后续章节中看到更多细节，在 ASP.NET MVC 中，系统基础设施的一个部件（模型绑定层）可以把 HTTP 请求中零散的变量映射到输入模型类的公共属性。以下两个控制器方法是等效的。

```
public ActionResult SignIn(string username, string password, bool rememberme)
{
    ...
}

public ActionResult SignIn(LoginInputModel input)
{
    ...
}
```

在后一种情况中，**LoginInputModel** 类会有公共属性，这些属性的名称与所上传参数的名字相匹配：

```
public class LoginInputModel
{
    public string UserName { get; set; }
    public string Password { get; set; }
    public bool RememberMe { get; set; }
}
```

输入模型中有系统的核心数据，这些数据和用户界面一一对应。采用输入模型可使以面向业务的方式设计用户界面变得简单。应用程序层（见图 5-3）会负责分解任何数据并适时使用。

5.2.3 视图模型

任何请求都会获得一个响应，通常你从 ASP.NET MVC 得到的响应是一个 HTML 视图（不可否认，这不是唯一的选项，但仍然是最常见的）。在 ASP.NET MVC 中，HTML 视图的创建由控制器管理，它会调用系统后端并获取某种响应。接着，它会选择要用的 HTML 模板并把这个 HTML 模板和数据传给一个专门的系统组件（视图引擎），它会整合模板和数据，为浏览器生成标记。

在 ASP.NET MVC 中，有几种方式把要整合到结果视图中的数据传给视图引擎。你可以用公共字典（如 **ViewData**）、动态对象（如 **ViewBag**）或者量身定制的包含所有要传递的属性的类。你所创建的用来携带要整合到响应中的数据的任何类都是在创建视图模型。应用程序层接收输入模型类，并返回视图模型类。

```
public ActionResult Edit(LoginInputModel input)
{
    var model = _applicationLayer.GetSomeDataForNextView(input);
    return View(model);
}
```

持久层的理想格式和表现层的理想格式是不同的，这种情况今后将会越来越多。表现层负责定义可接受数据的清晰边界，应用程序层负责按照这些格式接受和提供数据。如果你大量采用这种方案，就会认同第 3 章中描述的与 UX 驱动软件设计有关的原则。

> ■ **注意：** 把表现层放在核心位置上是一种可以带来回报的方案，不管你使用服务器端方案来构建 Web 解决方案，还是客户端解决方案。

5.3　应用程序层

要执行业务操作，表现层需要引用系统后端。应用程序的业务层中入口点的布局取决于你实际组织它的方式。

在 ASP.NET MVC 解决方案中，你可以直接从控制器通过一些仓库类调用基础设施层。但通常而言，在控制器（作为表现层的一部分）和仓库（作为基础设施层的一部分）之间有一到两个中间层。下面来看图 5-4。

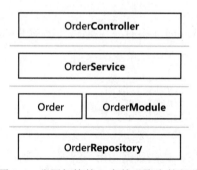

图 5-4　分层架构的一个基于聚合的部分

从图 5-4 看到,你可以在控制器中访问仓库,但只有简化设计带来效益多于痛苦才可以这样简化。分层架构通常基于 4 个逻辑层。每层都有自己的位置，如果你不想使用任何一个，那应该是有更好的理由（通常为了简化）这样做。

5.3.1　系统后端的入口点

用户界面上的每个交互元素（比如按钮）都会触发系统后端的一个操作。在一些简单的场景中，某位用户点击之后的操作只有一步就结束了。但更现实的情况是，用户的点击会触发某种工作流。

应用程序层是系统后端的入口点，也是表现层和后端之间的连接点。应用程序层包含的方法几乎和表现层的用例一一对应。你可以按照自己认为合理的任何方式组织方法。

我倾向于把应用程序层的方法组织到与控制器类齐头并进的类中。在这种情况下，OrderController 类会持有 OrderService 类的私有实例（见图 5-4）。

OrderService 类中的方法获取输入模型中的类并返回来自视图模型的类。在内部，这个类会执行任何必要的转换，让数据更好地在表现层渲染，同时为后端处理做准备。

> **注意**：一方面，建议用对控制器类进行功能划分的逻辑来创建应用程序层类。另一方面，用户请求会映射到控制器操作，而控制器操作应该映射到应用程序层中编排的业务流程。但是，如果这样能帮助你实现更高级别的重用，尤其是涉及多个表现层前端，你也可以在类上使用自定义方法映射。

5.3.2 业务流程的编排

应用程序层的主要目的是按照用户的理解抽象业务流程，并把这些流程映射到操作应用程序后端隐藏和受保护资产的流程。举个例子，在电子商务系统中，用户期望有个购物车，但物理数据模型可能没有像购物车这样的实体。应用程序层位于表现层和后端之间，执行任何必要的转换。

接受一个订单通常都是一个多步工作流程，而不是单个步骤。如果是单个步骤，你可能就会觉得通过应用程序层传递没有好处。否则，应用程序层将会极大地促使工作流程不同于业务规则和领域特定流程。要更好地理解应用程序逻辑和领域逻辑之间的区别，不妨考虑一下下面这个银行场景例子。

作为一名客户，你可以告诉银行柜员你要存一张支票——最终会有一些钱从一个账号转出并转入另一个账号。但实际的流程可能很不同。最低限度下，银行柜员会走一个流程，即先向开票行发送一个请求，再把一些钱转入你的账户，因此有以下两个操作。

- 从银行兑现支票
- 把钱转入银行账户

一方面，两个操作都是领域级别的操作，也都是业务领域的核心任务。另一方面，两者合起来是一个对应表现层特定用例的工作流程——让用户存支票。这个结果工作流程对应"存支票"这种描述，根据实现和涉及的外部服务，这可能是一个核心领域操作，也可能不是。毕竟这是一个架构上的决定。

把业务逻辑分成应用程序逻辑和领域逻辑能有助于更好地建模业务逻辑，使之尽可能地贴近现实世界，更重要的是贴近用户的期望。

> **注意**：今天，用户体验对于任意复杂度的应用程序的成功来说都比以往重要。因此，提供卓越用户体验的金科玉律是"你最好有个应用程序层。"

5.4 领域层

任何软件，即使是最简单的数据输入应用程序，都是针对业务领域编写的。每个业务领域都有自己的规则。规则数量有时候接近零，但作为一名架构师，你应该任何时候都为业务规则留下空间。最后，每个业务领域暴露一种应用程序接口（API）。表现层允许终端用户与这种 API 交互的方式（用例）决定了应用程序层。

简而言之，领域层包含了所有不特定于一个或多个用例的业务逻辑。通常，领域层由一个模型（叫作**领域模型**）和一组服务（叫作**领域服务**）组成。

5.4.1 神秘的领域模型

坦白地说，我发现有很多关于领域模型预期角色和目的的困惑。一般来说，领域模型是一个协助你表达业务领域的普通软件模型。这个软件模型可以使用面向对象范式（最常见的场景）或者其他你可能觉得合适的方式（如函数式范式）来定义。领域模型是你实现业务规则和常见可重用业务流程的地方。

即便你使用面向对象范式，领域模型可能是普通实体关系模型，也可能不是；可能与表现模型有一一对应关系，也可能没有。领域模型不一定和持久化有关，它必须满足实现业务规则这个最高目标，接着才是持久化，它是基础设施层的问题。

在技术方面，有很多关于 Entity Framework Code First 的宣传，说用它创建你的类，然后让运行时照着创建数据库表很容易。这不是领域建模，这是持久化建模。作为一名架构师，你应该熟知逻辑层——领域模型不同于持久化模型。但是，两个模型可以匹配（通常在很简单的场景里会匹配），使 Entity Framework Code First 可以发挥作用。

在一个专注于逻辑和业务规则的领域模型中，你必定有包含工厂、方法和只读属性的类。相比构造函数，**工厂**让你表达创建新实例的必要逻辑。**方法**是根据业务任务和操作改变系统状态的唯一途径。**属性**只是读取领域模型实例当前状态的途径。

面向对象领域模型不一定是实体关系模型。它可以只是一堆零散的包含数据的类，并把行为单独放在只有方法的类里。由完全没有重要行为的实体（几乎是数据结构）组成的模型是**贫血领域模型**。

领域模型存于内存中，并且很大程度上是无状态的。但是，一些业务相关的操作需要数据库的读写。任何与数据库的交互，包括判断特定用户是否达到"金卡"客户状态（不管这在业务中意味着什么）这个标准例子，都应该发生在领域模型之外。它应该发生在领域层之内。这就是为什么除了领域模型，领域层还应该包含领域服务。

5.4.2 同样神秘的领域服务概念

解释领域模型是什么很简单。通常，开发者几乎马上就能完全理解表达业务领域的软件模型概念。随后，当你要在领域和持久化之间进行完美分离时，问题就来了。

问题在于业务逻辑的一个重要部分涉及操作持久保存在某个数据存储中或者由某些外部 Web 服务掌握和控制的信息。在电子商务系统中，要判断一个客户是否达到金卡客户状态，你需要计算在特定时间内下单的金额并将它与指定范围的产品比较。这种复杂计算的输出是一个普通的布尔值，你会把它保存在 Customer 领域模型类的新实例中。但你还要做很多工作才能获得这个值。

哪个模块负责这件事？

领域服务是很多辅助类的统称。一个领域服务是一个执行与业务逻辑相关的可重用任务的类，它会围绕实现业务规则的领域模型中的类执行。领域服务中的类可以自由访问基础设施层，包括数据库和外部服务。举个例子，领域服务可以编排仓库——在持久化模型中的实体之上执行 CRUD 操作的普通类。

对于领域服务，一个简单规则是任何需要访问外部资源（包括数据库）的逻辑都会有一个领域服务类。

5.4.3　更务实的领域建模观点

在描述领域层时，我可能过于严格和抽象了。虽然我说的是对的，但在现实世界中，你通常会采取一定程度的简化。简化不是一件坏事，只要你清楚为了简化移除哪些逻辑层就行了。如果观察一个简化的模型，你可能会漏掉一些重要的架构点，即使它们在那个场景中可能是大材小用。

对于简化领域层的架构，有两点我要在这里进一步解释：**聚合**和**仓库**。

两个术语都有 DDD 的特色。**聚合**是一个整体，由一个或多个在业务中密切相关的领域对象组成。通过应用这种逻辑分组来简化业务领域的管理，你可以处理更少的粗粒度对象。比如，你不需要一组单独的函数来处理订单项。如果没有订单，订单项也没多大意义；因此，订单和订单项通常在同一个聚合中。另外，和订单项不同，产品可能用在订单中，也可能在订单之外操作，比如，当用户在购买之前查看产品描述。

仓库是管理相关领域对象或领域对象聚合的持久化的组件。你可以使用任何自己喜欢的编程方式来赋值仓库，但很多开发者会使用表示相关领域类型的类型 T 来设计这些类。

在 DDD 领域建模中，聚合的概念是一个关键的概念。我想在这里描述的愿景更加面向任务，更少以实体为中心。因此，聚合的角色在领域层中就失去了重要性，但仍是基础设施层的中心。

在领域层中，你应该专注于表达业务规则和流程的类。你的目的不应该是找出需要持久化的数据聚合。你找到的任何聚合都应该仅仅源于你对业务的理解和建模，然后才会考虑系统状态的持久化问题。

说到这一点，至少有两个选择：一个是经典的系统最近已知工作状态的持久化；另一个是新兴方案——**事件溯源**，在这里，你只保存过去发生的事情并描述已经发生的事情和任何涉及的数据。对于前一种情况，你需要聚合。而对于后一种情况，你可能不需要聚合作为组织相关数据的方式来描述已经发生的事件。

5.5　基础设施层

基础设施层是与使用具体技术有关的任何东西，比如数据持久化（如 Entity Framework 等 ORM 框架）、外部 Web 服务、特定安全 API、日志记录、跟踪信息、IoC 容器和缓存等。

基础设施层最突出的组件是持久化层，也就是曾经的数据访问层，可能得到扩展覆盖普通关系型数据存储之外的一些数据源。持久层知道如何读取或保存数据，由仓库类组成。

5.5.1　当前状态存储

如果使用经典方案来保存系统当前状态，那么每组相关实体（也就是聚合概念）都需要一个仓库类。这里的一组实体是指总是一起使用的实体，如订单和订单项。

仓库的结构可以是类似 CRUD 的，这意味着会有针对泛型类型 T 的 Save、Delete、Get 方法，同时使用谓词（predicate）查询特定部分数据。没有什么阻止你给仓库可以反映实现业务目的的操作

（不管这些操作是读取、删除还是插入）的 RPC（远程过程调用）风格方法。

我通常会说，没有不对的编写仓库的方式。技术上，仓库是基础设施层的一部分。但从简化的角度来看，仓库可以看作领域服务，可以向应用程序层暴露，这样应用程序就能更好地编排复杂的应用程序级别工作流程了。

5.5.2　事件存储

我敢打赌，事件溯源会对我们编写软件的方式产生巨大影响。正如第 2 章讨论的，事件溯源把事件当作应用程序的主要数据源。

事件溯源不一定对所有应用程序都有用。事实上，开发者已经忽略它多年，期间一直相安无事。但今天，越来越多领域专家需要跟踪软件产生的一系列事件。你无法通过以保存当前状态为核心理念的存储来做到这一点。当事件是应用程序的主要数据源时，有些事就会发生改变，新工具的需要也会慢慢浮现出来。

事件溯源在两个方面有影响：持久化和查询。**持久化**包含三个核心操作：插入、更新和删除。在事件溯源场景中，插入几乎和持久化实体当前状态的经典系统一样。系统接收请求，然后向存储写入一个新的事件。这个事件包含自己的唯一标识（比如 GUID）、一个标识时间类型的类型名字或代码、一个时间戳和其他相关信息，如正在创建的数据实体包含的内容。更新出现在同一个数据实体容器的另一个插入中，如果和业务领域有关新的条目只表明数据的哪些属性发生改变，新的值，以及为何和如何改变。一旦更新执行了，数据存储就会变成图 5-5 所示的那样。

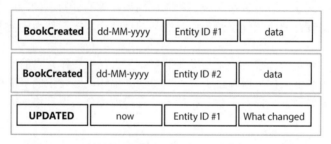

图 5-5　一个新的记录表明 ID 为 1 的图书条目更新了

删除操作和更新一样，除了它的信息类型不一样。

在基于事件的数据存储中执行更新很快就会给查询带来麻烦。如何得知特定记录是否存在？如果存在？它的当前状态是什么？这需要一个专门的查询层，在概念上，它能选择所有 ID 匹配的记录，然后分析这个事件之后的数据设置事件。比如，它可以根据 Created 事件的内容创建一个新的数据实体，然后重播所有后续步骤，并返回这个流最后剩下的东西。这个技术叫作**事件重播**。

通过普通的事件重播来重建状态可能会引起性能方面的担忧，因为可能要处理大量事件。如果参考组成银行账户历史的事件列表，这个问题很容易理解。作为一名客户，你可能会打开几年前的银行账号，遍历每年数百个操作。在这种情况下，每次你想查看当前余额都要处理数百个事件，这可以接受吗？事件溯源理论有针对这个场景的应变措施，其中最重要的是创建快照。**快照**是保存实体在特定时间的已知状态的记录。这样，要获取当前余额，处理最近快照之后记录的事件即可。

事件溯源赋予架构师和领域专家更大的能力来设计有效解决方案，但就目前而言，它需要很多额外的工作来创建和操作必要的基础设施。事件溯源需要一套行的工具——**事件存储**。事件存储是另一种数据库，带有为事件数据项量身定制的公共 API 和编程语言。

5.5.3 缓存层

并不是系统中的所有数据都会同时改变。有鉴于此，每次有请求进来时都要数据库服务器读取没有改变的数据是没意义的。与此同时，Web 应用程序中的请求是同时进来的。很多请求可能在一瞬间到达 Web 服务器，这些并发请求可能请求同一个页面。为什么你不缓存那个页面或者至少缓存它使用的数据呢？

很少应用程序撑不过一两秒的数据缓存。在高流量网站中，一两秒可能有很大区别。因此，缓存在很多情况下成了用 Memcached、ScaleOut 或 NCache 等专门框架（实际上是内存数据库）构建的附加层。

5.5.4 外部服务

基础设施层的另一个场景是数据只能通过 Web 服务访问。这种场景一个很好的例子是 Web 应用程序工作在某个客户关系管理（CRM）软件之上，或者需要使用专有公司服务。基础设施层通常负责根据需要包装外部服务。

总之，从架构的角度来说，我们现在更喜欢考虑基础设施层而不是包装关系型数据库的普通数据访问层。缓存、服务和事件都是系统的新兴或固有方面，它们会与普通持久化协同工作。

5.6 小结

软件不可能变回 10 年前那样，它将越来越多地与真实生活相结合。要实现这一效果（它将会发生），我们就要重新审视架构原则并对其中的一些进行修改。

本章展示了一个通用的架构，该架构适用于目前开发者们可能编写的任何软件类型。它是伴随我们成长的经典多（物理）层架构的进化版本。虽然它看起来只是多加一层，但它深深地影响了我们思考和做事的方式。

我建议你在继续阅读本书之前好好沉淀一下分层架构及其组成部分的目的。我认为问题不在于你可能会忽略分层架构所表示的东西。至少在全局层次上，这是众所周知的。而是分层架构表示痛点的鲜为人知的细节（想要简化的部分），以及我建议你花时间考虑的架构方面。即使花时间来决定你不需要那些部分，也比忽略它们更有效。

第二部分

■■■

实现常见功能

第6章

▪▪▪

ASP.NET 的现状

大家几乎都在寻找简单的答案和半吊子的解决方案。
——马丁·路德·金

在第4章中，我列出并讨论了目前用于架构和构建 Web 解决方案的选项。如果你找的是具体的建议和用例，你可以回到第4章，甚至完全跳过本章。

本章的目的是引出第7章以及其后的一系列章节。第7章简要介绍了 ASP.NET Core 1.0 和新的运行时环境，以及如果你选择以 Microsoft .NET Core Framework 作为目标平台可能面临的重大变化。第7章之后的章节回到"经典"的 ASP.NET MVC 编程主题——它们更新到 ASP.NET MVC 6，不管你留在当前 ASP.NET 平台和相关的运行时，还是升级到 ASP.NET Core 1.0 平台以及相关的运行时，它们都同样有效。

在第4章中，我介绍了 ASP.NET Core 1.0，也从架构师和首席技术官（CTO）的角度讨论过它。但在本章中，我会讨论你如今可以用来构建应用程序的具体选项。我列出并讨论它们，但不给出我的选择或者任何明确的推荐。

本章展示了我对 ASP.NET 技术的状态的个人看法以及关于它的一些直觉。就从这个问题开始吧——"ASP.NET 将走向何方？"

6.1 Web 的风格

总的来说，ASP.NET 框架已经存在将近20年了。21世纪初，ASP.NET 框架首次发布时，就是一个非常成功的平台。在对的时间产生了对的东西，同时把 Web 开发传播给大量 C、C++和 Visual Basic 开发者。多年来，ASP.NET 换过多次皮肤，集成了新特性，让开发者越来越有能力实现惊艳的效果。

ASP.NET MVC 打破服务器控件的黑盒，降低开发的抽象级别，使之更接近 HTTP 的实际运作方式。我们也见证了 Web Forms 的某些底层改变，这些改变使它更具交互性，给予它更多 Ajax 风格的特性。我们还看到了 HTML5 和网页中 JavaScript 代码函数的爆炸式增长。

6.1.1 Web 原本可以不同

在过去10年中，Web 在某一刻有（很好的？）机会变成完全不同的东西。它可以通过摆脱 HTML 和 JavaScript，拥抱更丰富更强大的模板和编程语言来做到。确切地说，那是 Microsoft Silverlight 的时光。

人们都知道 Silverlight 如何工作。全世界成百上千个公司在 Silverlight 前端上投入大量金钱，与此同时，技术世界也在 Silverlight 和类似的富客户端技术上赌上了身家。现在这些公司只有一个选择——离开 Silverlight，拥抱 HTML5 和经典的 Web 开发。

噢！对了，还有单页应用程序（SPA）这个选择。坦白地说，我不会把它作为主流开发策略推荐给一个公司。它当然可以在某些项目上工作，但你的团队需要完全不同的技能集和优秀人才。但这不常见。这样，使用 SPA 就有风险。另外，让整个应用程序有一个更快的响应式单页也是一个巨大的挑战。

我不知道抛弃富客户端 Web 开发（和 Silverlight）是对还是错。我把它当作事实来看待，然后向前看。对我来说，SPA 只是富客户端 Web 的缩略版，它可能没有响应式那么强大和快速。当然，你可以随时提出不同意见。

重要的是事实完全不同。

6.1.2　经典 Web 是赢家

行业决定坚持经典 Web 模型，其中，浏览器发送无状态请求并接收 JSON 或 HTML 响应。相关响应会围绕网页这个虚拟概念聚合。网页不再是物理概念（如 URL），它是由同一个控制器提供的一堆相关响应。

大多数响应都使用 JavaScript 和酷炫的框架在客户端上渲染 Web 视图。AngularJS 是最重要的框架，但 React 是另一个很不错的选择。此外，这个生态会有一些流行的、时髦的框架自发产生（和消亡）。很多人甚至说一瓶牛奶的保质期都比某些必备 JavaScript 框架长。

不管你喜不喜欢，胜方是经典 Web 的一个重新审视的版本。它就是那个平常的请求/响应的 Web，通过 Ajax 风格的调用增加交互性。有些人把这种模型称作**混合 SPA**，这和称它为 Ajax 是一样的。核心是在视图中使用 JavaScript 来快速显示和隐藏某些部分，并对视图进行自动和实时更改。

现代 Web 有一个在很长一段时间内并不存在的方面是实时更新。在这方面，ASP.NET SignalR 绝对惊艳，真的是必备。它对你的代码完全没有入侵性，而且它的编程模型非常简单和自然，真的让网页看起来栩栩如生。

这是今天的 Web。要构建带有 JavaScript 代码块的 HTML 响应，暴露 JSON 端点，并接收实时更新，你可以使用普通的 ASP.NET。这里普通的 ASP.NET 是指你多年来使用的 ASP.NET，不管是通过 Web Forms 还是 MVC。

那么我们为什么听到的都是 ASP.NET Core 1.0 很新很酷并且具有革命性呢？我先把话说在前面："不，ASP.NET Core 1.0 并未改变 Web 的风格"。此外，它甚至没有带来一丁点儿新功能。但是，它对企业来说有其目的和作用。

6.2　ASP.NET 是功能完整的

最近，我加入了一连串讨论——关于如何处理那些将不再得到（重大和主要）更新的技术。你可能猜到了，有两个观点鲜明的阵营：一个阵营认为这些技术已经死了，赞成尽快抛弃它们，就像逃离一艘正在沉没的船；另一个阵营赞成使用这些技术，只要它们还能满足业务需求。

我的直觉和第一想法是加入第二个阵营，尽我所能地大声呐喊。幸运的是，三思之后我就冷静下来了，并且能更全面地看待这个问题。

6.2.1 不必添加更多功能

我刚才提到的讨论原本的主题是 ASP.NET Web Forms，但这个讨论很快就蔓延到 ASP.NET MVC了。坦白地说，ASP.NET Web Forms 的最近一次主要更新是 2010 年的版本 4。不久之后，ASP.NET MVC出现了最近一次我认为是主要的更新。那是 ASP.NET MVC 3，它是最近的更新，即使版本 4 带来了路由、打包和显式模式等好特性。自那以后，还有一些其他的发布，但只是很小的功能改变带来的版本号增加。

当一个技术没有什么可以添加，它的技术团队正在翻箱倒柜看看有什么可以添加时，它的真实健康状态如何？

在讨论中，有些人认为这个技术已经死了，有些人很高兴，因为可以继续使用它而不必担心重大改变带来的风险，可以花时间学习新的东西，更有效地使用他们的时间。

那么，谁是对的？谁是错的？

我相信更好的问题是，"为什么没有更多的东西可以添加到特定的技术中？" ASP.NET 只是挖掘了它的最大潜能。因此，团队没有太多东西可以添加进去让它更强大。ASP.NET 就在那里，不管你说的是 Web Forms 还是 MVC，它成熟稳固，拥有支持它的工具和框架，可以使用 Visual Studio 来构建解决方案。你可以选择自己喜欢的任何 ASP.NET 风格，然后一直使用。

6.2.2 它的潜能得到充分挖掘，还是说这个软件已遭废弃

第 4 章提到，如果 Web Forms 可以满足你的需要，那么仍然可以使用它。但架构师应该确保自己在使用技术上做出正确的选择，使它的潜能得到充分的挖掘。

挖掘最大潜能和废弃之间的界线很薄，废弃是在充分挖掘潜能之后。软件中的废弃和硬件中的不同，因为几乎没有涉及物理损伤和消耗。废弃的软件仍然可以运行和工作，继续维持整个公司或者业务（顺便一提，我们通常把它称作**遗留代码**）。

从架构师和 CTO 的角度来看，了解你所在的企业下一步要做什么才是关键。技术只是工具，业务才是主角。你应该了解业务（包括你的人）的进化，评估并挑选正确的技术。业务与技术的年限相差无几，只要技术能够运作并且能够处理任务，就可以使用。

6.3 ASP.NET Core 1.0 没有新的功能

ASP.NET Core 1.0 是一个只用 MVC 模式来开发 Web 应用程序的框架。ASP.NET Core 1.0 也提供用于暴露 RPC 和 REST 服务的基础设施以及实时功能。

嗯，这里没有新的功能。这里的功能和目前经典的 ASP.NET 平台完全一样。ASP.NET Core 1.0没有给你带来新的可以增加编程能力的功能。它是 Microsoft Web 栈的重写，它让你以不同的方式做一些通常想在 Web 应用程序环境中做的事。如果有个理由升级到 ASP.NET Core 1.0，那就不是功能上的。

6.3.1　这是关于新的运行时

当前的 ASP.NET 运行在 20 世纪 90 年代后期设计的运行时之上。对于 Internet 信息服务（IIS）7，这个运行时与 IIS 集成在一起，这种集成展现出实现更好性能的最佳方式。

没几年，情况就发生了重大变化。今天的情况是太多程序集加载到内存，经过 ASP.NET 和 IIS 的每个 HTTP 请求的平均占用空间大约 20KB。这些数字适用于一些人和业务，但不适用于其他。

ASP.NET Core 1.0 提供一个新的运行时环境，可以在相同的特性集之上更有效地运行应用程序。据估计，内存占用空间可能低至每个请求 3KB。但是，别那么着急地说"哇！"

问题是，要充分利用 ASP.NET Core 1.0，你应该以.NET Framework 的不同版本为目标平台，也就是前面提到的.NET Core。这个框架去掉了一些很少使用的 API，重写了其他 API 以不同方式实现相同功能。这是重大变化。但是，如果你做出这个改变，将会体验到内存占用疯狂减少。如果你没有理由抱怨 IIS 以及它今天为你托管得多好，那么你忽略 ASP.NET Core 1.0 仍然可以很开心，不管市场炒作如何。

6.3.2　这是关于业务模型

下一个此时可能问到的问题是为什么？为什么我们需要 ASP.NET Core 1.0？为什么 Microsoft 着手如此巨大的重构？是因为某些客户要求吗？可能吧，但我相信还有其他原因。

是商业模式啊，孩子。

这说的不仅是涉及转向云和移动服务的 Microsoft 商业模型，还是很多采购 Microsoft 服务的公司的业务模型。要提供现代服务，在需要的时候按照你需要的方式伸缩，你必须利用云平台，它是按用量付款的。内存占用和执行时间就变得关键了。

这就是为什么为云优化的 ASP.NET 平台很重要。但它不可能只是今天同一个平台的扩展，而必须是全新的东西。ASP.NET Core 1.0 只是.NET Framework 的三种风格的外部容器：经典的.NET Framework、为云优化的.NET Core 框架以及某个时候的跨平台.NET Core Framework。

如果没有可以导出云并通过云增长的业务模型，或许不一定需要了解 ASP.NET Core 1.0，或者你可以花时间评估这个迁移。

6.3.3　这是关于开发模型

ASP.NET Core 1.0 的另一个方面，更具体地说是它的运行时环境的一个方面，是独立于托管环境。这意味着使用安装非 Windows 操作系统的机器而且不用虚拟机来编写和测试 ASP.NET 应用程序变成现实。编写和测试没有听起来那么容易和快速，但肯定会实现。

我认为这个有趣的特性固然值得拥有，但也不会真的影响决定。虽然有总比没有好，但仅当你以还在开发的跨平台.NET Framework 为目标平台才可以使用。

6.4　ASP.NET 的现状是什么

我相信 ASP.NET 作为一个平台功能已经接近完备了。如果你查阅 MVC 和 Web Forms 的最新版本的新特性列表（它们也随 ASP.NET Core 1.0 发布），你会看到标签辅助器和视图组件这种小东西。

这些都是很好的特性，肯定会让 Razor 开发更容易更舒服，但是考虑到执行回归测试和配置兼容性方面的负担，它们并不是证明升级合理的重要特性。

当一种技术接近功能完备时，问题就变成"接下来呢？"你可以继续使用这种技术，但在需要解锁服务的新级别并把它交付给客户时，你就应该看看其他地方了。

在这个行业错失让开发从 HTML 和 JavaScript 转到 XAML 和 C#的机会时，除了 ASP.NET 和 JavaScript，我真的不知道我们还能找到什么。如果要猜测超越当前技术水平的下一阶段是什么，我会把目光放在云服务和基于云的服务部署上——如果这对于运作的业务或者持续改善用户体验有意义的话。

如果要预测技术之外的下一步，我会说，这包括更认真地考虑业务和流程。我也会说，这包括设计 Web、社交网络和移动集成解决方案，让用户在使用你的软件和服务时感到舒服自在。技术是手段，不是目的，ASP.NET Core 1.0 也不例外。

第7章

■ ■ ■

ASP.NET Core 1.0 的来龙去脉及技术细节

> 如果事实与理论不符，就改掉事实。
> ——阿尔伯特·爱因斯坦

面对现实吧！但不必感到悲观甚至觉得失败。就 Web 开发而言，我们快走到头了。现在可以实际添加的让现有范式的编程更丰富更强大的东西已经所剩无几了。未来 Web 编程需要我们在很多层面上进行重大变革。

Web 编程的第一个你可能想改变的方面是 HTML 和 JavaScript。但如果坚持使用它们，我们会采用（或许自己编写）越来越多不同风格的框架，但也只是稍微不同的那些。期望任何 JavaScript 框架成为创新的杀手铜只是痴心妄想。如果把服务器端编程加进来，我们将会看到，一旦集成某种机制来智能地向设备提供标记内容并把数据推送到客户端，我们就完工了。其他一切都是一样，过去十年一直如此。目前的 Web 平台没有新的革命性的编程特性。

虽然也在等待某种完全不同的东西，但坦白来说，这已超出我的想象，Web 的未来似乎都是有关性能的。我认为与性能有关多过与伸缩性有关。我不相信这世上每个网站都需要极致的伸缩性，就像它们都是万亿级用户的流行社交网络。云平台让管理负载平衡和按需创建应用程序的新实例变得容易和划算。但如果应用程序的实例设计得很差，或者绑定某个僵化的基础设施，那么云也不是魔法。

为了获得更好的性能，人们肯定会引入 HTTP 的新版本。HTTP/2 草案已经就绪，它解决了今天使用 Web 的所有已知问题，并承诺解决 Web 开发的所有问题，为了解决这些问题，我们开发过解决方法和一些特设工具。如今我们口中的**优化**（打包、简化、图片精灵和推送通知）都会成为 HTTP/2 基础设施的一部分。但需要数年 HTTP/2 才会成为主流。

为了获得更好的性能，我们还必须有一个现代化的 Web 应用程序托管环境——这正是 ASP.NET Core 派上用场的地方。

7.1 ASP.NET Core 的背景

ASP.NET 最早是在 20 世纪 90 年代后期设计的。至今仍能工作的运行时通道核心可以追溯到 10 年前——这在软件中是一段很长的时间。而且，ASP.NET 一开始就设计成与 IIS 紧密结合。就在几年前，Microsoft 还庆祝了完全整合 ASP.NET 和 IIS 的 IIS 7 的发布——它被称作**集成通道**（integrated pipeline）。

几年之后，我们被告知现在的情况完全不同了，集成通道不再可取，甚至可能是有害的，这也是我们可能面临的任何 Web 性能问题的核心。

依我愚见，把真正的性能问题和需要不同编程模型的底层业务策略分开就像把小麦和谷壳分开一样困难。我来谈谈更深层次的考虑。

7.1.1 大内存占用的代价

在设计当前的 ASP.NET 通道时，Web 服务器只用 IIS，托管成本也不考虑内存实际用量。让 ASP.NET 基于完整的 Microsoft .NET Framework 似乎是个优点而不是问题，而 system.web 是允许 Web 应用程序运行的魔法工具。

最终，通过当前基于 system.web 的基础设施初始化一个普通的 Web 请求的内存使用峰值大约是 100KB。此外，整个 Microsoft .NET Framework 的内存占用大约是 200MB。

ASP.NET Core 尝试降低这些数值，以便在云中托管应用程序（按用量和按资源使用来付费）变得更便宜。ASP.NET Core 应用程序的构建可以使用 .NET Framework 的一个核心版本，它只有完整框架的 1/10。同时，在 system.web 的范围之外初始化一个 Web 请求的代价也按比例下降到几千字节。

ASP.NET Core 让开发团队可以在云中部署 Web 应用程序，并更好地控制所用资源以及随之产生的费用。这不仅是因为你用 ASP.NET Core 重写了应用程序而产生了更低的托管和维护成本，而是你有机会去掉隐藏成本，只为你需要的付费。

但这个机会的代价是更痛苦的开发过程，更确切地说，更痛苦地开始新项目的开发和配置。事实上，更多控制意味着更少自动化。

7.1.2 把云重新看作杀手锏

不是所有公司都使用云来托管，或者需要云提供的无限伸缩潜力。换句话说，应用程序沉默的大多数仍然满足现状。让这些应用加入云，为云重写它们可能不会带来任何切实的好处。不管怎样，改变的动机应该来自真实问题和需求而不是市场炒作。

如果网站没有性能问题，你对当前的托管模型也感到满意，那么 ASP.NET Core 可能没有什么值得你迁移甚至重写应用程序。同时，如果你正在规划重大重写或者全新开发，ASP.NET Core 就是 Microsoft Web 栈中的最新框架。

世上没有杀手锏这样的解决方案，良好的架构以及精明的实现仍是确保应用程序有效的最佳方式。它们还是确保部署到云的应用程序能从环境获益最多的最佳方式。

7.1.3 不同的编程模型的必要性

要把云置于软件世界的中心并驱使人们向它靠拢，整个 .NET 平台都要重做，同时还要保持完全向后兼容。这不是一件易事，结果就是框架翻倍。有一个我们今天熟知的经典 .NET Framework，它严格绑定 Windows 平台。还有一个新的更小的框架——.NET Core。.NET Core 是从头构建的跨平台框架，可以托管在非 Windows 平台上。

二者之间的最大区别是可用的库，.NET Core 的显然更小。这是让应用程序占用更少空间和为云优化工作负载的关键因素。

ASP.NET 的角色是什么？

ASP.NET Core 是首个支持.NET Core 框架的框架。它是一个新的 Web 编程框架，是今天的 ASP.NET 的深度重构，以重写的 HTTP 通道为中心。ASP.NET Core 应用程序不依赖于 system.web，甚至没有绑定 IIS。你将会在本章后面看到，在创建一个新的 ASP.NET Core 项目时，你可以选择以完整的.NET Framework 或者.NET Core 为目标平台。大多数时候，代码是一样的，底层基础设施会负责把应用程序代码映射到实际的 CLR。

ASP.NET 应用程序的编程模型基于 ASP.NET MVC，全新的 ASP.NET Core 应用程序和老的 ASP.NET MVC 应用程序看起来并没有很大不同。迁移现有应用程序不是无缝的，但一旦你理解了新的 HTTP 通道的基础，通常都不会有问题。

■ **注意**：回想一下 CLR 是什么，.NET Framework 又是什么，这是很有用的，尤其对于 ASP.NET Core。这些术语有时候交替使用，至少它们被认为可以相互替代。

.NET Framework 这个术语包括 CLR、基础库以及 JIT 编译器和垃圾回收器等工具。.NET Core 框架包括更小的 CLR（叫作 CoreCLR）以及与完整.NET Framework 一样的工具。但是，它有一组不同的库，而且是跨平台的。ASP.NET Core 是一个可以运行在.NET Framework 的两个版本之上的 Web 框架。

7.1.4   日常工作的影响

开发和部署新的 ASP.NET Core 项目的步骤与目前开发和部署 ASP.NET 项目的步骤大体相似。但同时，你会发现两种做法的很多东西都是完全不同的。

比如，应用程序的配置和整个启动阶段都需要不同的代码和不同的 API。此外，你有新的特性可以使用，比如，以控制反转（IoC）方式把一些组件注入另一些组件的内置基础设施。

因为 HTTP 通道在 ASP.NET Core 中是完全不同的，而且受到 OWIN（Open Web Interface for .NET）标准的影响，所以很多 Web 应用程序的常见实践都需要以不同方式编码。一个很好的例子是验证。

原则上，目前在没有强烈的业务理由的情况下（只是为了做一些新事情而感到兴奋），切换到 ASP.NET Core 在当前的技术阶段可能是一段痛苦的经历。从长远来看，随着主要版本的陆续发行，ASP.NET Core 最终会变得稳定，并在文档、用例和最佳实践方面达到合适的状态。这会使它最终变得对大家有价值。

坦白地说，向 ASP.NET Core 进行改造迁移并非不可能的任务，但也不是没问题。对你来说最明显的就是要学习新的方式来做旧的事情。这种必要性只是浪费你的时间并增加一些不确定性，因为目前的文档大多在博客帖子和 StackOverflow 回答中。

■ **注意**：改造迁移场景中要考虑的一个方面是重写整个数据访问层来使用最新的 Entity Framework Core（EF Core）的成本。你可以把基于 Entity Framework 6 的老代码移植到新的平台，但这可能抵消迁移本身的一些好处。但在这一点上，目前还没人能给出真实示例。

7.2   ASP.NET Core 运行时概览

ASP.NET Core 基于一个支持多个不同 CLR 的运行时托管环境。这个运行时托管环境也是跨平台的，因而使得 ASP.NET Core 应用程序也能在 IIS 服务器以及 Windows 操作系统之外很好地托管。这个运行时托管环境叫作 **DNX**，它是**.NET Execution Environment** 的缩写。

7.2.1 DNX 托管环境

DNX 提供了运行 ASP.NET Core 应用程序所需的基础设施。DNX 本质上是一个托管进程，包含必要的逻辑来加载和托管合适的 CLR——不管它是完整的 CLR 还是 CoreCLR。DNX 也包含发现代码入口点和实际调用它的逻辑。

把 DNX 简单地看作启动 ASP.NET Core 应用程序的代理是局限的，图 7-1 尝试解释其中的原因。

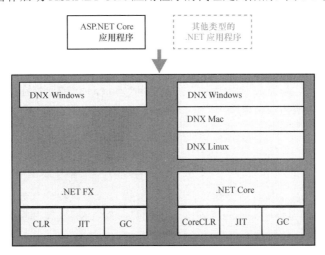

图 7-1 DNX 如何管理 ASP.NET Core 应用程序的执行

就目前而言，ASP.NET Core 应用程序是唯一一种利用 DNX 的应用程序。控制台应用程序和其他应用程序类型可能会在不久的将来可用。这意味着 DNX 最终会成为新的（跨平台的）.NET 基础，而不是新的 ASP.NET 基础。

1. DNX 的各层

DNX 应用程序的内部结构按照图 7-2 所示的样式分层。应用程序的源代码在最上面，操作系统在最下面。DNX 位于中间并用五个逻辑层来运行启动应用程序的逻辑。

原生进程是按照托管操作系统的标准编写的代码，不管是 Windows、Mac 还是 Linux。这一层就是找到并调用 CLR 托管环境（另一个原生进程）并向它传递任何可用参数。在 Windows 中，DNX 原生进程是 dnx.exe 工具。在 Mac 和 Linux 上，它是一个 Shell 脚本。

CLR 托管环境是另一块原生代码，其主要职责是启动 CLR。虽然实际进程会根据 CLR 的类型（完整的 CoreCLR 甚至 Mono）改变，但要执行的关键步骤是加载库、启动 CLR 进程和创建 AppDomain 来管理代码。

托管入口点由.NET 代码组成，对于托管平台来说是第一个非原生编写的层。托管入口点由原生 CLR 托管环境调用，负责加载系统库并设置依赖注入基础设施。当入口点返回时，原生 CLR 托管环境也负责关闭 CLR 进程。

图 7-2　DNX 应用程序的五层

最后，应用程序托管环境完成应用程序的加载，解析 NuGet 包或已存在的编译好的 DLL 代码的依赖。应用程序托管环境遍历项目依赖列表并调用启动程序集的入口点。在 ASP.NET Core 应用程序中，这一步包括启动类的实例化。

2．DNX 环境的工具

有一堆其他工具补全了 DNX 环境的装备。具体来说，你可以找到名为 **DNVM**（.NET Version Manager）和 **DNU**（.NET Development Utility）的工具。DNVM 安装和更新特定机器可用的.NET Framework 版本。

这个工具对于同时运作的.NET Framework 的各种版本绑定 DNX 的特定实例并运行应用程序很关键。事实上，这是 ASP.NET Core 和新的.NET 一起带来的重要改变——可以并排运行.NET Framework 的不同版本。到目前为止，要在框架的特定版本上运行应用程序，你需要在全局程序集缓存（GAC）中安装那个版本。这对于新的.NET 已经不再需要。

DNU 是新的.NET 运行时环境的包管理工具。它允许拉取和还原机器执行环境中的所有项目依赖。换句话说，它是新的 NuGet 管理工具。

■ **注意**：出于兼容性理由，并排运行的.NET Framework 版本只有在以 CoreCLR 为目标平台才允许。换句话说，并排运行的.NET Framework 版本应该解读为并排运行的.NET Core 框架版本。

7.2.2　在 DNX 中托管 Web 应用程序

在图 7-1 的顶部，你看到两个表示 DNX 应用程序类型的方框。但在图 7-2 中，只有 DNX 应用程序。当这个 DNX 应用程序是一个 Web 应用程序时，有一个额外的层必须考虑的——ASP.NET 托管层。

1．ASP.NET 托管层的角色

Web 应用程序需要一个 Web 服务器才能启动。Web 服务器是接收 80 端口上的 HTTP 请求并通过标准请求通道推送请求直到某个响应生成为止的应用程序。这是新的 ASP.NET 基础设施有较大改

变甚至带来全新理念的部分。

ASP.NET 的设计和 IIS 紧密结合并在 IIS 中托管。但是，ASP.NET 的第一个版本附带了一个在概念上类似于今天 Kestrel 工具的独立托管应用程序。在 ASP.NET 1.x 中，IIS 监听 80 端口，并通过命名管道把请求传给托管进程。托管进程负责加载 CLR，找到托管入口点，并实际处理请求。ASP.NET 1.x 和 IIS 几乎是解耦的，但有趣的是，这在当时被认为是不好的。

托管层直接从图 7-2 所示的应用程序托管环境调用。图 7-3 展示了更新的运行时环境图。

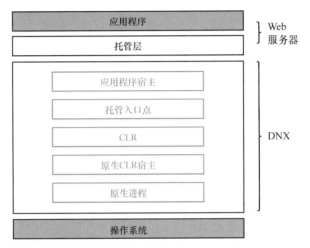

图 7-3　向 DNX 图添加 ASP.NET 托管层

2．ASP.NET 托管层的职责

在 ASP.NET Core 中，托管层主要负责确定应用程序将会运行在哪个 Web 服务器上（不管是 IIS 还是 Apache）以及传入请求的 Web 监听器。接着，托管层将会确定启动逻辑并启动应用程序。

通过托管层，你可以配置要用的 Web 服务器，并向它传递任何初始化数据。Web 服务器组件必须实现一个已知的工厂接口，它会通过这个接口启动。一旦 Web 服务器投入运作，它就会开始监听传入请求，并触发应用程序通道。

托管层也需要启动应用程序代码，要做到这一点，它需要找到应用程序的入口点。在 ASP.NET Core 中，应用程序的入口点是 Startup 类上的 Configure 方法。

7.2.3　ASP.NET Core HTTP 通道

ASP.NET Core 应用程序利用一个全新的应用程序通道，意味着传入请求会经过一组配置好的运行时模块，让它们有机会在这个过程中读取和修改这个请求。在通道的末尾，请求会由应用程序执行。

新的通道取代了 ASP.NET 当前版本中支持的 HTTP 处理器和 HTTP 模块。有趣的是，在 ASP.NET Core 通道中，模块的调用顺序来自 Startup 类的代码而不是 web.config 文件的某个节点。

总体而言，所有可以从通道中调用的模块构成了应用程序的中间件。在执行各自的任务之后，每个中间件组件都可以把请求传给下一个组件，或者强制返回响应给调用方。这主要取决于这个中间件组件的作用。

ASP.NET 附带一堆预定义的中间件组件，其中一个是异常处理器。你应该在通道较前的地方调用它，以便有更多的机会来捕获异常。同时，你不想它导致调用短路，不能进入下一个组件。

在这个过程中，你可以调用通道中的模块来执行请求并返回，如图 7-4 所示。

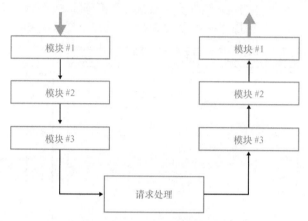

图 7-4　每个模块都能在下一个模块之前和之后执行操作

你可以通过调用 UseXxx、Run 或者 MapXxx 扩展方法来注册通道模块。大多数中间件组件都以预定义的 UseXxx 扩展方法的形式从 IApplicationBuilder 对象暴露出来，这个对象是 Startup 类从 ASP.NET 托管层接收到的。常用的扩展方法有 UseExceptionHandler 和 UseStaticFiles，过一会你就会看到。

此外，你可以传递要执行的 Lambda 代码，在这种情况下，使用 UseXxx 扩展方法并指定 Lambda 作为参数。Run 扩展方法的工作方式类似于 UseXxx，除了它会马上结束这个通道，不会调用该通道中的下一个模块（如果有的话）。最后，Map 和 MapWhen 扩展方法让你配置中间件组件在什么条件下必须添加到这个通道。

■ **注意：** 新的 HTTP 通道标志着与现有应用程序的一个重要区别。任何依赖于 HTTP 模块的现有框架或功能都必须重写才能在 ASP.NET Core 上工作。除非完全重写，否则无法在 ASP.NET Core 中运行的常见组件的代表是错误记录模块和处理器(ELMAH)。ELMAH 是一个流行的异常处理工具，它捕获和持久地记录任何未处理异常。因为它是写成 HTTP 模块的，所以不能在任何新的 ASP.NET Core 应用程序中原样使用。

7.3　ASP.NET 开发者的 ASP.NET Core 使用指南

其实，我不认为用 ASP.NET Core 做全新（greenfield）开发和改造（brownfield）开发之间存在巨大差异。总之，痛苦程度是适中的。这种痛苦的主要原因是新的运行时环境强迫你学习新的技术来执行现有任务。

一些经历重大变化同时保持概念上兼容的编程领域如下。

- 应用程序启动

- 全局应用程序设置的存储
- 验证
- HTTP 请求通道
- 数据访问

此外，ASP.NET Core 简化成用于生成视图和处理逻辑的 ASP.NET MVC 和 Razor。ASP.NET Core 不支持 ASP.NET Web Forms，而 Web API 和它的栈现在完全合并到 ASP.NET Core 控制器了。事实上，Web API 从某种意义上说已经死了，至少现在活在不同的身份下。

下面从一个空白的新项目开始尝试 ASP.NET Core。通过这种方式，你将体验到选择运行时模块的乐趣，这是减少内存占用的关键。

> **注意**：对于 ASP.NET Core 的第一个版本，Web Pages 和 SignalR 不是这个框架的一部分。但和 Web Forms 不同，二者很快就会添加到这个框架。

图 7-5　空白的 ASP.NET Core 新项目在 Visual Studio 2015 中 Solution Explorer 的样子

7.3.1　创建一个新的项目

在 Microsoft Visual Studio 2015 中用 ASP.NET Core 创建新项目时，Solution Explorer 的样子如图 7-5 所示。

1. wwwroot 文件夹

第一个你可能注意到的新东西是 wwwroot 文件夹，它在 Visual Studio 中也有一个特殊的图标。这个文件夹没有特别作用，默认放在那里只是为了清楚地表示网站的根目录。通常建议你把网站需要的所有静态资源（图像、CSS、脚本、字体和纯 HTML 页面）放在那里。代码文件，如控制器和 Razor 视图，应该放在 wwwroot 文件夹之外。换句话说，wwwroot 文件夹的目的是分离代码文件和静态资源文件。

> **注意**：在单独的文件夹（如 wwwroot）中存储静态资源是 ASP.NET Core 在项目级别的一个比较推荐的常见实践，如果不是强制的话。但 ASP.NET Core 要求你把项目文件夹设为部署网站的 webroot 文件夹，以便其他路径以它为参照。wwwroot 文件夹只是一个约定的名字，可以通过（手动）编辑 project.json 文件中的 webroot 属性来修改。

2. Bower 文件

bower.json 文件是另一个新东西。技术上，Bower 是一个前端包管理器，它做的事情和 NuGet 一样，除了它只用于客户端资源。它的唯一作用就是读取你的文本指令并确保所有引用的脚本包都在项目里可用且处于最新状态。如果你不介意自己管理 jQuery 或者 Bootstrap 文件，也可以享受没有 Bower 的编码生活。Bower 只是为你下载脚本和客户端文件。

bower.json 文件在概念上相当于只用于客户端文件的 packages.config。

> ■ **注意**：为什么把 Bower 添加到新的 ASP.NET Core 项目的默认项目配置？这只不过是一个时髦的选择。你也可以删除 bower.json 文件，继续使用 NuGet 来下载 Bootstrap、jQuery 或者 Angular 文件。你仍然可以手动复制所需的文件到你选择的特定项目文件夹。
>
> 　　Bower 和 NuGet 之间的最大区别是，Bower 更倾向于客户端编程，因此框架开发者更习惯通过 Bower 通道而不是 NuGet 的来发布更新。但是，只有在发布时应用任何框架的最新版本对你来说很关键才会有这点区别。然而，Microsoft 将来甚至可能停止使用已经在 Bower 仓库上的 JavaScript 框架来更新 NuGet。

3. Gulp 文件

　　Visual Studio 中处理 Bower 文件的 ASP.NET Core 工具会智能地复制任何引用的资源到 wwwroot 文件夹下，按照你的期望把文件放在最合理的地方。从图 7-6 中可以看到，JS 文件夹留给用户定义的 JavaScript 文件，LIB 文件夹则包含通过 Bower 引用的完整库。

　　如果不喜欢资源文件的默认分发方式呢？如果需要简化（minification）和打包（bundling）呢？或者需要在资源上执行其他任务，如运行 JSLint 来检查你的 JavaScript 文件呢？Gulp 和 Grunt 是两个允许通过不同方式执行脚本任务的工具。Grunt 需要配置，Gulp 是一个纯 JavaScript 文件，可以用来编写你想要的代码。

　　和 Bower 一样，如果你想手动复制、移动和简化，那么 Gulp（或者 Grunt）就用不上了。因此，如果你用着不舒服，Gulp 文件可以安全地从 ASP.NET Core 项目移除。

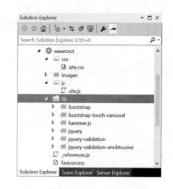

图 7-6　展开包含通过 Bower 引入的内容的 wwwroot 文件夹

> ■ **重要**：建议把 Bower 和 Gulp 文件从 ASP.NET Core 项目删除，直到你熟悉这些工具并感恩它们为你做的一切。在这样做时，另一个可以考虑从新项目完全删除的文件是 package.json，它一开始包含了编写自动化脚本来移动下载的文件所需的 Gulp 包列表。

4. project.json 文件

　　多年来，我们通过.csproj 文本文件来跟踪外部引用、版本和文件夹偏好设置。除了特殊情况，没有必要手动编辑这个文件。Visual Studio 提供一个图形界面来编辑保存到这个文件的设置。

　　在 ASP.NET Core 项目中，项目配置文件就像常规文件一样可以自由编辑。如果在文本编辑器中打开 project.json，你会看到描述项目结构的 JSON 字符串。在这个 JSON 代码中，你可以指定 wwwroot 文件夹的实际名字、应用程序的版本及其依赖的 NuGet 包。你还会找到要支持的.NET Framework 的版本列表（完整版本.NET Core，或者二者都支持）。基本的 project.json 文件看起来像这样。

```
{
  "version": "1.0.0-*",
  "compilationOptions": {
    "emitEntryPoint": true
```

```
    },
    "dependencies": {
      "Microsoft.AspNet.IISPlatformHandler": "1.0.0",
      "Microsoft.AspNet.Server.Kestrel": "1.0.0"
    },
    "commands": {
      "web": "Microsoft.AspNet.Server.Kestrel"
    },
    "frameworks": {
      "dnx451": { },
      "dnxcore50": { }
    },
    "exclude": [
      "wwwroot",
      "node_modules"
    ],
    "publishExclude": [
      "**.user",
      "**.vspscc"
    ]
}
```

大多数时候，更新 project.json 文件都必须在里面手动输入代码，除非将来提供特定的工具。但是，当你在代码中引用的类属于缺失的包时，Visual Studio 会添加那些包并悄悄地编辑这个项目文件。

5. ASP.NET Core 应用程序的最小依赖

如你所见，ASP.NET Core 项目至少依赖于 IIS 平台安装器（platform installer）和一个叫作 Kestrel 的东西。图 7-7 详细展示了 ASP.NET Core 应用程序在 Windows 和非 Windows 上的托管模型。要托管在 IIS 中，你需要安装 IISPlatformHandler 组件，也必须从应用程序引用它。这个组件负责启动 DNX 和转发请求。

这个平台最终会把请求转发给应用程序的 project.json 文件中指定的 Web 命令。

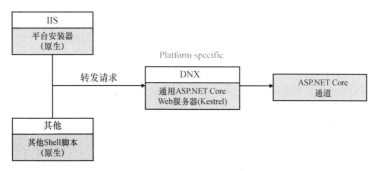

图 7-7　ASP.NET Core 应用程序在 IIS 和其他 Web 服务器上的详细托管架构

DNX 进程托管一个通用的 ASP.NET Core Web 服务器（跨平台的），它知道如何通过 ASP.NET Core 通道处理请求。这个通用的 Web 服务器叫作 Kestrel。

7.3.2　应用程序启动

要启动 Web 应用程序，托管层需要找到用户应用程序中的入口点。这个入口点是一个名为 Main 的静态方法。这个方法按照约定定义在一个名为 Startup 的类中，但是它可以（而且我认为它应该）移到其他地方来更好地强调它的作用，这与 Startup 类的作用是截然不同的。下面假设向 Visual Studio 2015 中调用的空白项目模板添加这样一个类。

```
public class App
{
    public static void Main(string[] args) => WebApplication.Run<Startup>(args);
}
```

WebApplication 类定义在托管层中，负责初始化一个名为 Startup 的类。

Startup 类包含两个方法：Configure 和 ConfigureServices。这两个方法都从 ASP.NET Core 运行时调用。前者用来配置 HTTP 请求通道，后者用来向 ASP.NET Core 请求栈注入服务。

1. 配置 HTTP 通道

在最低限度下，这个通道必须引用 IIS 平台安装器，但通常也需要启用静态文件和 MVC 路由的服务。

```
public void Configure(IApplicationBuilder app)
{
    app.UseIISPlatformHandler();
    app.UseStaticFiles();
    app.UseMvc(routes =>
        routes.MapRoute( name: "default",
                         template: "{controller=Home}/{action=Index}/{id?}")
    );
}
```

要启用静态文件和路由的服务，你必须添加新的包。幸好 Visual Studio 会检测缺失的包，只需点击一下就可以还原它们。总体体验类似于在 Visual Studio 的早期版本中安装的 ReSharper。另一个你想有的包是诊断包，以便在开发期间显示详细的异常页面（见图 7-8）。

```
app.UseDeveloperExceptionPage();
```

注意，如果没有前面这行代码，你甚至不会看到在经典的 Web Forms 和 ASP.NET MVC 中无数次看到的经典黄色错误页面。

在 ASP.NET Core 之前，从头创建一个新的项目之后，你要添加视图基础设施，包括控制器方法和布局，才能看到一些具体的输出。在 ASP.NET Core 中，如果在一个空白的新项目加载到 Visual Studio 之后运行它，你还是会看到一些东西，通常是一个 hello-world 消息。这是因为默认情况下你可以在 Startup 类的 Configure 方法中找到以下代码。

```
app.Run(async (context) =>
{
    await context.Response.WriteAsync("Hello World!");
});
```

当开始添加控制器类和 Razor 视图时，你就需要移除这个代码。

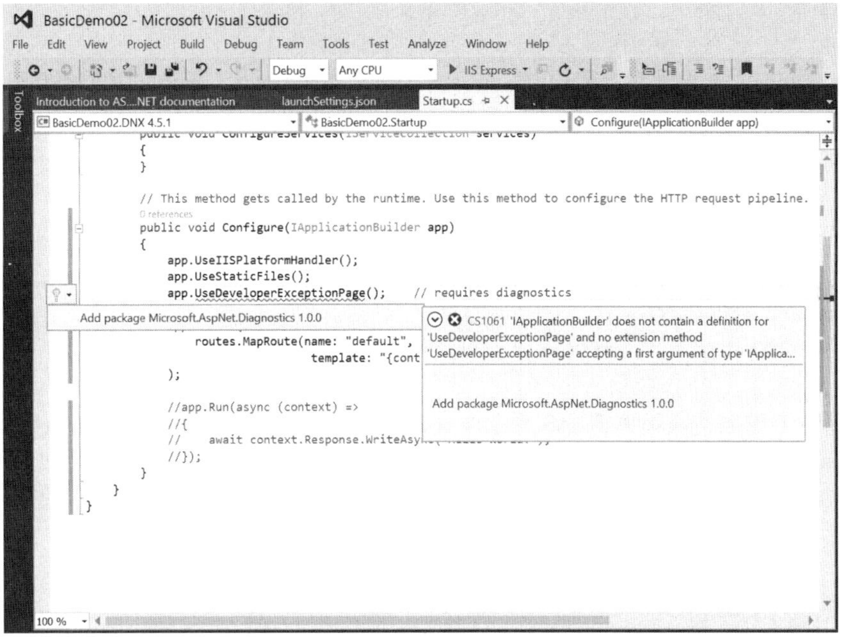

图 7-8　在 Visual Studio 2015 ASP.NET Core 项目中添加缺失的包

> **注意**：Configure 方法必须至少接受一个 IApplicationBuilder 参数。但是，你可以有选择性地添加另外两个类型的参数，IHostingEnvironment 和 ILoggerFactory，运行时会把它们传给你。

2．向 ASP.NET 请求栈添加服务

单纯配置应用程序构建器不足以让网站产生任何有用的东西。在这一阶段，应用程序甚至不能称为 ASP.NET MVC 应用程序，需要显式注入 MVC 核心服务的引用。

```
public void ConfigureServices(IServiceCollection services)
{
    services.AddMvc ();
}
```

此时，只要添加一个控制器，就可以获得一些看得见的输出了。

还有一些服务你可能想添加到 ASP.NET 栈，如处理应用程序选项和跨控制器全局共享对象实例的服务、额外的代码层以及视图。

在 ASP.NET Core 中，**服务**是一个应用程序的各个部分都可能使用的共享组件。服务通过依赖注入向应用程序开放。ASP.NET Core 自己集成了容器，但可以替换成你选择的。有三种类型的服务和容器管理每个实例的方式相关。

临时性服务（transient service）的实例会在应用程序每次需要时创建。一个服务的新实例只在当前范围没有实例时才会标记为范围性服务（scoped service）。在 Web 应用程序的环境中，当前范围相

当于当前请求。最后，单例服务是一个每个程序只允许一个实例的服务。

3．显示主页

ASP.NET Core 中的控制器和视图和你在经典的 ASP.NET MVC 中了解到的控制器和视图没有太大区别。一个小的可以看得出的区别是控制器方法的返回值基类型，这里是一个接口——IactionResult。

```
public class HomeController : Controller
{
    public IActionResult Index()
    {
        ViewBag.Title = "Hello World";
        return View();
    }
}
```

视图引擎的工作方式和经典的 ASP.NET MVC 中一样，Razor 视图文件必须按照相同方式组织，即在 Views 根文件夹下的控制器特定的文件夹中。

ASP.NET Core 中的 Razor 语法有一些额外的特性，如标签辅助器和@inject 方法，但任何现有代码的工作方式都是一样的。

7.3.3　应用程序设置

在老的 ASP.NET 应用程序中，开发者习惯于在 web.config 文件的 appSettings 节点中保存全局设置，如果足够安全，也可以保存在应用程序对象暴露的全局静态成员中。在 ASP.NET Core 中不能这样。

1．从持久化存储读取设置

在 ASP.NET Core 中处理应用程序设置有两个步骤，你要从 Startup 类执行。首先，从持久化文件读取信息；其次，把数据复制到内存容器，然后把它作为服务注入 ASP.NET 容器。

新的配置基础设施围绕构建器的概念构件，你可以为几乎任何数据格式创建自定义构建器，不管是 JSON、XML，甚至数据库架构。默认情况下，数据保存到 JSON 文件。假设有以下 JSON 文件添加到项目，而且把它命名为 MyAppSettings.json。

```
{
  "Data": {
    "Title": "Hello, world",
    "Build": "1.0.0.0"
  }
}
```

把以下代码添加到 Startup 类的构造器就可以读取它了。

```
public class Startup
{
private IConfigurationRoot _appSettings;
public Startup(IHostingEnvironment env, IApplicationEnvironment appEnv)
{
```

```
    var builder = new ConfigurationBuilder()
                        .AddJsonFile("MyAppSettings.json");
    _appSettings = builder.Build();
  }
}
```

_appSettings 变量只是 JSON 流的一个指针，不包含任何从实际文件提取的明确的值。下一步要做的就是把 JSON 文件的内容映射到一个对象。我们来添加一个 C#类，它映射了 JSON 文件的内容，比如，MyAppSettings 类。

```
public class MyAppSettings
{
    public string Title { get; set; }
    public string Build { get; set; }
}
```

要把 JSON 内容复制到 MyAppSettings 的实例，你需要继续按照下面所说的做，把以下代码添加到 Startup 类的 ConfigureServices 方法。

```
services.Configure<MyAppSettings>(settings =>
{
    settings.Title = _appSettings["Data:Title"];
    settings.Build = _appSettings["Data:Build"];
});
```

刚刚创建的 MyAppSettings 类的实例现在可以注入 ASP.NET 应用程序栈了。但它必须包装在一个公共接口中，这个包装器接口的服务也必须添加。

```
services.AddOptions();
```

要使用全局应用程序设置的任何类（如控制器），还需要做一些事情。

2. 使用应用程序设置

应用程序设置现在可以注入任何在 ASP.NET 容器控制下创建的组件了，对于控制器以及注入控制器的类尤其如此。下面演示如何重写控制器类来使用这个 JSON 文件配置的任何数据。

```
public class HomeController : Controller
{
    private MyAppSettings _settings;

    public HomeController(IOptions<MyAppSettings> accessor)
    {
        _settings = accessor.Value;
    }

    public IActionResult Index()
    {
        ViewBag.Title = String.Format("{0} [{1}]", _settings.Title, _settings.Build);
        return View();
    }
```

```
}
```

现在控制器的构造器接受一个 IOptions<T>参数并把包装的内容保存到一个本地成员。接着，这个控制器类的其他成员就可以使用注入的值了。

■ **注意：** 虽然我不会建议在代码建模时这样做，但你甚至可以通过@inject 命令把对象实例直接注入 Razor 视图。我最喜欢的做法是把视图模型类传给视图并在容器中构件视图模型的实例，传递任何需要注入的数据。

7.3.4　验证

ASP.NET Core 也对验证流程引入了一些更改。确切地说，这不是单纯为了改变，而是为了支持 OWIN 标准。简而言之，OWIN 是一个定义了 Web 服务器和 Web 应用程序之间的交互模型的抽象接口。

前面说过，ASP.NET 最初是 20 世纪 90 年代后期设计的，与 IIS 紧密结合。后来，这种紧密结合最终成了痛苦而不是好处，于是引入 OWIN 为同样具体的事情（如验证和授权）定义通用交互模型。结果，在 ASP.NET Core 中，你要明确指出想要哪种验证以及如何保存和传输身份令牌（identity token）。其实，这和在 web.config 文件的 authentication 节点中要做的事情没有太大不同，你只是通过不同的 API 做而已。

1．ASP.NET Identity 与普通验证

ASP.NET Core 应用程序的大多数例子都用 ASP.NET Identity 框架来实现登录表单和凭证的验证。我认为 ASP.NET Identity 对于那些只要单纯检查用户名和密码的基本场景来说太复杂了。如果你有兴趣尝试 ASP.NET Identity（以及它的高级特性，如双重认证），只需使用 Visual Studio 2015 ASP.NET Core 模板，并启用验证机制。如果你想了解如何在 ASP.NET Core 中一步一步构建单纯基于 Cookie 的验证，那就继续往后阅读。

2．启用 Cookie 验证

Cookie 验证是应用程序配置的一部分。你需要在 Startup 类的 Configure 方法中执行特定调用来启用它。

```
app.UseCookieAuthentication(new CookieAuthenticationOptions
{
    LoginPath = "/account/login",
    AuthenticationScheme = "Cookies"
});
```

这些设置和你通常在经典的 ASP.NET 的 web.config 文件中输入条目没有什么不同。你也像平常那样用 Authorize 特性来限制只有验证和授权用户才可以访问控制器的特定部分。

要创建验证 Cookie，你需要使用不同的代码，它在功能上取代了现在不受支持的老式 FormsAuthentication 类的方法。

```
public async Task<IIActionResult> PostLogin(LoginInputModel input)
{
    // Validate credentials
    if (!ValidateCredentials(input.Username, input.Password)
        return RedirectToAction("login", "error");
        // Create the authentication cookie
        var claims = new List<Claim>
        {
          new Claim("username", input.Username)
        };
        var id = new ClaimsIdentity(claims, "local", "name", "role");
        await HttpContext.Authentication.SignInAsync("Cookies", new
ClaimsPrincipal(id));
        return Redirect("/");
}
```

LoginInputModel 类只是一个包装了登录表单的输入字段内容的类。由于 HTTP 上下文中的 Authentication 对象的内部实现，async/await 接口是必需的。

3. 检测验证用户

要检测当前用户是否通过验证，应使用标准的 User.Identity 对象并检查 IsAuthenticated 属性。

```
@{
    if (User.Identity.IsAuthenticated)
    {
        <a class="btn-lg btn-primary" href="@Url.Action("logout", "account")">
            @User.Identity.Name
        </a>
    }
    else
    {
        <a class="btn-lg btn-primary" href="@Url.Action("login", "account")">
            Log In
        </a>
    }
}
```

验证流程的其他方面都没变，包括返回 URL 的检测和模型状态的验证。

7.3.5 Web 编程的其他方面

ASP.NET Core 的出现还触及了 Web 编程的其他一些方面。前面提到，ASP.NET Web Forms 不再是一个选择。因此，在投身 ASP.NET Core 大潮之前，我建议你熟悉一下 ASP.NET MVC 编程的模式。但如果你有 ASP.NET MVC 的背景，那么会有编程的其他方面需要考虑。

1. Web API

在 ASP.NET Core 之前，Web API 和 ASP.NET MVC 是不同的框架，虽然有着共同的类名和相容的概念，但通道完全不同。作为过去五六年来主要从事 ASP.NET MVC 编程的人，我从来没有把 Web API 看作一个需要重视的框架。我所需要的一切，至少大部分，都可以通过普通 ASP.NET MVC 控制器实现。

我只会额外看看在 Web API 之上的 OData 工具——它可以让我使用基于 Web API 的独立 Web 服务。单从逻辑的角度来看，我无法理解两种不同的控制器，虽然 Web API 基于更现代的通道，实际上接近于你在 ASP.NET Core 中找到的那个。

在 ASP.NET Core 中，因为生成 HTML（ASP.NET MVC）的框架和 Web API 共享同一个更新的通道，所以没有理由存在两种不同的控制器类。最终，在 ASP.NET Core 中只有一个控制器基类，你可以通过内容协商配置它返回 Razor 视图、纯 JSON 或者 XML。

原则上，在 ASP.NET Core 中，你只收到请求，然后确定它们应该从服务器环境收到哪个响应。虽然 Web API 还是会提到，但通常只是出于向后兼容的原因。从逻辑以及功能上来说，Web API 在某种意义上已经死了，它已经合并到更新的包罗万象的 ASP.NET MVC 栈了（或者说在这里获得重生）。

2. 中间件

在经典的 ASP.NET 中，有两种组件可以用来定制每个请求的处理方式：HTTP 处理器和 HTTP 模块。HTTP 处理器是一块在传入请求的 URL 匹配特定模式时调用的代码。HTTP 模块是一个注册到运行时通道，连接并处理任何请求的组件。

HTTP 处理器通常会在 ASP.NET Web Forms 的环境中有重要作用，这是因为在 Web Forms 中，每个请求都针对特定页面或视图。因此，HTTP 处理器是一种为可能（不）返回视图的动作发起请求的方式。ASP.NET MVC 强调动作，每个请求都对应一个动作，接着被处理，返回 HTML 视图或 JSON 数据。HTTP 处理器在 ASP.NET MVC 的环境中失去了它们的所有吸引力。

HTTP 模块是一个不同的东西。它们是用来预处理请求的组件。ASP.NET 通道触发一组应用程序事件，已注册的模块会连接一个或多个事件并执行它们自己的逻辑。

在 ASP.NET Core 中，HTTP 通道已经开始重新设计了，它是运行时组件的聚合。中间件这个术语现在用来表示装入通道处理请求和响应的组件。中间件组件按照以下其中一种模式工作。

- 它执行某个动作，然后把请求传给通道中的下一个组件。
- 它执行某个动作，把请求传给通道中的下一个组件，之后再执行一些工作。
- 它把请求传给通到中的下一个组件，然后执行一些工作。
- 它执行一些动作，然后停止这条链，把响应返回给调用方。

一个中间件组件表示一个任务，这些任务结合起来将会组成用来处理特定应用程序请求的通道。在老的 ASP.NET 中，有一堆 HTTP 模块会自动应用，移除它们需要一些配置调整。在 ASP.NET Core 中，通道的配置完全可以通过编程在 Startup 类的 Configure 方法中实现。

你可能拥有的 HTTP 模块，无论它们是独立的产品还是应用程序的部分，都必须在 ASP.NET Core 应用程序中重写成中间件组件。

3. 数据访问

大多数.NET 应用程序通过 Entity Framework 的服务操作数据。Entity Framework 有很多版本。从

ASP.NET Core 的角度来看，要考虑的版本是 Entity Framework 6 和 Entity Framework Core（以及更新）。建议使用 Entity Framework 6 来引入某些遗留代码，使用 Entity Framework Core 来做其他新的开发。但是，两个版本都可以工作，只是有一些区别而已。

首先，也是最重要的，如果你选择使用 Entity Framework 6，ASP.NET Core 应用程序只能以完整的.NET Framework 为目标平台。.NET Core 框架不支持 Entity Framework 6。换句话说，你不能把 Entity Framework 6 代码变成跨平台代码。

通过 NuGet 导入 Entity Framework 6，就像基于代码先行的老的 ASP.NET 项目中所做的那样。这意味着你应该拥有（或者创建）通过构造器获得连接字符串的 DbContext 类。类似地，你应该拥有（或者适配）代码先行的类，在合适和必要的地方添加数据标注特性。

连接字符串会保存在 JSON 文件中并通过 Options 服务传给数据访问类，就像 7.3.3 节演示的那样。以下是一个仓库类的示例代码。

```
public class CountryRepository
{
    private string ConnectionString { get; set; }
    public CountryRepository(IOptions<AppConfig> accessor)
    {
        ConnectionString = accessor.Value.DbConnectionString;
    }

    public IList<Country> All()
    {
        using (var db = new CountryContext(ConnectionString))
        {
            var list = (from c in db.Countries select c).ToList();
            return list;
        }
    }
}
```

Entity Framework Core 是 Entity Framework 的新版，为了跨平台而从头开始重写。它仍是一个 O/RM，建立在多年来成熟的 Entity Framework 开发经验之上。因此，在这个方面，Entity Framework Core 和旧版有很多概念是相容的。它也完全集成到 ASP.NET Core 的依赖注入机制，虽然通过依赖注入引擎传递不是必需的。

7.4　小结

对于有 ASP.NET MVC 背景的开发者来说，新旧 ASP.NET 之间的大多数区别都在这里总结了。除了本章提到的，编程和开发者在传统的 ASP.NET MVC 应用程序中所做的东西非常接近。

听起来好像转到 ASP.NET Core 没有门槛？嗯，具体问题具体分析。

显然，开发之路更长了，似乎在踏出这一步之后，ASP.NET Core 和 ASP.NET 在内部完全不同，但表面上或多或少都一样。除非在它提供的性能和消耗的内存（和金钱）方面有确实的理由指责当前 ASP.NET，或者在非 Windows 平台上提供相同 Web 应用程序对于业务真的很关键，否则我不认为做出改变能带来什么巨大好处。

此外，现在转到 ASP.NET Core 肯定意味着会产生迁移成本和某种学习曲线，却没有带来实质好处，除非你在积极地寻找传统 ASP.NET 的替代方案。

还记得《谁动了我的奶酪》这本书吗？ASP.NET 奶酪在某一刻会停止，我们都将被迫到其他地方寻找其他奶酪。我们可以今天、明天或者稍后开始探索，只有时间可以告诉我们哪种做法是对的。当然，我会害怕在文档不完整、没有很好地整理出来的情况下转到另一个平台，即使是一个熟悉的平台。此时，ASP.NET Core 对于我来说还是半成品，不管它是否冠以 1.0 之名。

即使你在接下来的一两年里忽略 ASP.NET Core，也可以写出新的、有效的应用程序。而架构和设计在这个时候（甚至在你最终转到 ASP.NET Core 时）可以为你做更多的事情。

第8章

ASP.NET MVC 的精髓

譬如为山，未成一篑，止，吾止也。譬如平地，虽覆一篑，进，吾往也。

——孔子

虽然直到 ASP.NET Core 1.0 为止，ASP.NET Web Forms 和 ASP.NET MVC 都共用同一个运行时环境，但这两个框架以不同方式对待 HTTP 请求。在 ASP.NET Web Forms 中，每个请求都会对应显示给定 ASPX 页面。作为一名开发者，你可以把一个网站设计成一堆页面，每个页面提供一堆可点击的元素，用来触发动作。没有动作是通过名字和参数明确标识的，所有动作都是页面对自己发出的回传。换句话说，在 ASP.NET Web Forms 中，你处理用户的点击，修改页面的状态，然后渲染回去。

ASP.NET MVC 的粒度不同，每个请求都会触发一个动作的执行——最终实现特定控制器类上的一个方法。执行动作的结果会和视图模板一起向下传到视图子系统。这些结果和模板会用来为浏览器构建最终响应。ASP.NET MVC 应用程序的用户不会请求页面，但会发出服务器请求来执行动作。

ASP.NET Web Forms 与 ASP.NET MVC 另一个很大的区别是没有服务器控件——可以根据参数值生成标记内容的黑盒组件。在 ASP.NET MVC 中，使用原始的 HTML 模板来为浏览器生成视图，这样，你可以完全控制标记内容、应用样式并使用你最喜欢的 JavaScript 框架按需注入脚本代码。

和 Web Forms 不同，ASP.NET MVC 由各种相互连接的代码层组成，但它们相互间没有纠缠，也没有聚到一块。有鉴于此，很容易把这些层中的任何一个替换成自定义组件，提升解决方案的可维护性和可测试性。本章会指引你探索控制器（ASP.NET MVC 应用程序的基础）的作用和结构并展示请求如何路由到控制器，又如何渲染回浏览器。

8.1　路由传入请求

即使整个 ASP.NET 平台原本是开发来服务物理页面的请求的，但并没有限制只能访问特定位置和文件指定的资源。比如，通过编写专门的 HTTP 处理器并把它绑到固定 URL，你可以让 ASP.NET 处理不依赖于物理文件的请求。正因如此，ASP.NET 才允许构建一个受 MVC 模式启发的、不同的编程框架。在一个像 ASP.NET MVC 那样强调动作角色的 Web 框架中，有一个路由系统把传入请求映射到某个实际类上的方法是非常重要的。

在探索 ASP.NET MVC 的路由系统之前，让我们简单看看如何在 ASP.NET Web Forms 中通过 HTTP 处理器模拟 ASP.NET MVC 行为。这个例子推荐给所有有深厚 ASP.NET Web Forms 背景、想要理解

ASP.NET MVC 的读者。如果你只想学习 ASP.NET MVC，可以跳过 8.11 节，直接阅读 8.1.2 节。

8.1.1　模拟 ASP.NET MVC 运行时

下面构建一个简单的 ASP.NET Web Forms 应用程序，使用 HTTP 处理器来弄清 ASP.NET MVC 应用程序的内部机制。你可以从一个空 Web 项目开始，只添加 ASP.NET Web Forms 依赖。

1. 定义 URL 的识别语法

在请求的 URL 不一定匹配 Web 服务器上物理文件的情况下，第一步是列出哪些 URL 对于应用程序来说是有意义的。为了避免过于具体，我们假设只支持少数固定 URL，每个都映射到一个 HTTP 处理器组件。以下代码段展示了需要对默认的 web.config 文件做出的更改。

```
<system.webServer>
    <validation validateIntegratedModeConfiguration="false" />
    <modules runAllManagedModulesForAllRequests="true" />
    <handlers>
      <add name="MvcEmule"
           path="home/test/*"
           verb="*"
           type="MvcEmule.MvcEmuleHandler" />
    </handlers>
</system.webServer>
```

每当应用程序收到一个匹配特定 URL 的请求，它会把这个请求传给特定的处理器，名为 MvcEmuleHandler 类。

2. 定义 HTTP 处理器的行为

在 ASP.NET 中，HTTP 处理器是一个实现 IHttpHandler 接口的组件。这个接口很简单，包含两个成员，如下所示。

```
public class MvcEmuleHandler : IHttpHandler
{
    public void ProcessRequest(HttpContext context)
    {
        // Logic goes here
        ...
    }

    public Boolean IsReusable
    {
        get { return false; }
    }
}
```

大多数时候，HTTP 处理器都有硬编码的行为，只受通过查询字符串传递的某些输入数据影响。但是，没人阻止我们把处理器用作抽象工厂来增加一个间接层。事实上，这个处理器可以使用请求信息判断要调用哪个外部组件来实际处理这个请求。这样，一个 HTTP 处理器就可以处理各种请求，只需把调用分派到一些更具体的组件。

　　HTTP 处理器可以从标记中解析出 URL 并用这些信息找出要调用的类和方法。以下代码示范了如何做到。

```
public void ProcessRequest(HttpContext context)
{
    // Parse out the URL and extract controller, action, and parameter
    var segments = context.Request.Url.Segments;
    var controller = segments[1].TrimEnd('/');
    var action = segments[2].TrimEnd('/');
    var param1 = segments[3].TrimEnd('/');

    // Complete controller class name with suffix and (default) namespace
    var fullName = String.Format("{0}.{1}Controller",
                        this.GetType().Namespace, controller);
    var controllerType = Type.GetType(fullName, true, true);

    // Get an instance of the controller
    var instance = Activator.CreateInstance(controllerType);

    // Invoke the action method on the controller instance
    var methodInfo = controllerType.GetMethod(action,
            BindingFlags.Instance |
            BindingFlags.IgnoreCase |
            BindingFlags.Public);
    string result;
    if (methodInfo.GetParameters().Length == 0)
    {
        result = methodInfo.Invoke(instance, null) as String;
    }
    else
    {
        result = methodInfo.Invoke(instance, new Object[] { param1 }) as String;
    }

    // Write out results
    if (result != null)
        context.Response.Write(result);
}
```

　　以上代码假设 URL 中服务器名之后的第一个标记包含了用来找出处理请求具体组件的关键信息。第二个标记表示这个组件上要调用的方法名。最后，第三个标记表示要传递的参数。

3. 调用 HTTP 处理器

　　假设 URL 是 home/test/*，home 表示类，test 表示方法，末尾的内容表示参数。类名会做进一步处理，包含一个命名空间和一个后缀。根据这个例子，最终的类名是 MvcEmule.HomeController，这个类要在应用程序中找到它也要有一个名叫 Test 的方法，如下所示。

```
namespace MvcEmule
{
    public class HomeController
    {
        public String Test(Object param1)
        {
            var message = "<html><h1>You passed '{0}'</h1></html>";
            return String.Format(message, param1);
        }
    }
}
```

图 8-1 展示了在 ASP.NET Web Forms 应用程序中调用和页面无关的 URL 的效果。

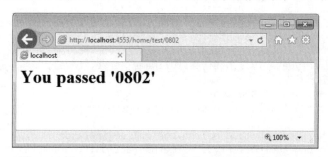

图 8-1　在 ASP.NET Web Forms 中处理和页面无关的 URL

　　这个简单的例子演示了 ASP.NET MVC 所用的基本机制。处理请求的具体组件是控制器。控制器是只包含方法没有状态的类。一个特别的系统级别的 HTTP 处理器负责把传入请求分派给特定的控制器类，以便这个类的实例执行给定动作方法并产生响应。

　　URL 的结构是怎样的？在本例中，你只需要用硬编码 URL。在 ASP.NET MVC 中，有灵活的语法可以表达应用程序识别的 URL。此外，运行时通道中的一个新系统组件会截获请求，处理 URL 并触发内置的 ASP.NET MVC HTTP 处理器。这个组件就是 URL 路由 HTTP 模块。

8.1.2　探索 URL 路由 HTTP 模块

　　URL 路由 HTTP 模块通过查看 URL 并分派给最合适的执行器来处理传入请求。URL 路由 HTTP 模块代替了旧版 ASP.NET 的 URL 重写特性。URL 重写的核心内容包括监听请求，解析原来的 URL，告诉 HTTP 运行时环境处理一个"可能相关但不同的"URL。

1. 路由请求

　　当一个 ASP.NET MVC 应用程序的请求敲开了 IIS（Internet Information Services）的大门时会发生什么事情呢？涉及的各种步骤如图 8-2 所示。

　　URL 路由 HTTP 模块截获任何无法由托管环境（通常是 IIS）处理的应用程序请求。如果 URL 指向物理文件（如 ASPX 文件），URL 路由 HTTP 模块就会忽略这个请求，除非单独配置。在其他情况下，URL 路由 HTTP 模块会尝试匹配请求 URL 到任何应用程序定义的路由。如果匹配得上，这个请求就会进入 ASP.NET MVC 领域，通过调用控制器类来处理。如果匹配不上，它就会由标准 ASP.NET

运行时按照最佳方式处理，通常的结果是 HTTP 404 错误。

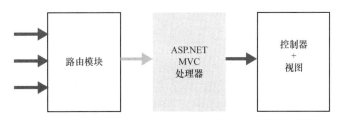

图 8-2　ASP.NET MVC 中的 URL 路由 HTTP 模块的角色

最终，只有匹配预定义 URL 模式（也叫作路由）的请求才允许享受 ASP.NET MVC 运行时。所有这些请求都会路由到一个公共的 HTTP 处理器，它会实例化控制器类并调用在它上面定义的方法。接着，这个控制器方法会选择一个视图组件来生成实际响应。

2. 研究 URL 路由 HTTP 模块的内部结构

在实现方面，应该指出的是，URL 路由引擎是一个连接 PostResolveRequestCache 事件的 HTTP 模块。这个事件会在检查到 ASP.NET 缓存中的请求没有对应响应之后触发。

HTTP 模块匹配请求 URL 到其中一个用户定义的 URL 路由，同时设置 HTTP 上下文使用 ASP.NET MVC 标准 HTTP 处理器来处理这个请求。开发者不太可能直接处理 URL 路由 HTTP 模块。这个模块是系统提供的，不需要你执行任何特定的配置。你负责提供应用程序支持且 URL 路由 HTTP 模块将会实际使用的路由。

8.1.3　使用应用程序路由

如前所述，在 ASP.NET MVC 中，用户通过发出请求来处理资源。但是，这个框架没有强制用于描述资源和动作的语法。我知道"处理资源"这个说法可能让你想到 REST（Representational State Transfer）。当然，你这么想也不太离谱。

虽然你肯定可以在 ASP.NET MVC 应用程序中使用纯 REST 方案，但 ASP.NET MVC 和 REST 关系不大，它拥有资源和动作等概念，但你可以自由使用自己的语法来表达和实现资源和动作。举个例子，在纯 REST 解决方案中，你使用 HTTP 动词（GET、POST、PUT 和 DELETE）来表达动作，使用 URL 来标识资源。在 ASP.NET MVC 中实现纯 REST 解决方案是可以的，但会增加你的工作。

ASP.NET MVC 中的默认行为是使用自定义 URL，而你负责用来指定动作和资源的语法。这个语法通过一组 URL 模式（也叫作路由）来表达。

1. 使用 URL 模式和路由

路由是表示 URL 绝对路径（即没有协议、服务器和端口信息的 URL 字符串）的模式匹配字符串。路由可能是常量字符串，但通常会包含一些占位符。以下是一个路由示例。

```
/home/test
```

这个路由是一个常量字符串，并且只匹配绝对路径为/home/test 的 URL。但大多数时候，你处理带有参数的路由，它包含一个或多个占位符，示例如下。

```
/{resource}/{action}
/Customer/{action}
```

两个路由都能匹配任何正好包含两个部分的 URL。但后者需要第一个部分等于 Customer 字符串。而前者没有对各个部分的内容施加特定约束。

占位符通常叫作 **URL 参数**，是一个包含在花括号（{}）中的名字。一个路由可以有多个占位符，只要它们有常量或分隔符分开就行了。斜杠（/）字符充当路由各个部分之间的分隔符。占位符的名字（如 action）是你在代码中通过编程的方式从实际 URL 获取对应部分内容的键。

ASP.NET MVC 应用程序的默认路由如下。

```
{controller}/{action}/{id}
```

在这种情况下，这个示例路由包含由分隔符分开的三个占位符。以下 URL 匹配前面的路由。

```
/Customers/Edit/ALFKI
```

想要多少路由和占位符，就添加多少，甚至可以移除默认路由。

2．定义应用程序路由

应用程序的路由通常在 global.asax 文件中注册，在应用程序启动时处理。下面看看 global.asax 文件处理路由的部分。

```
public class MvcApplication : HttpApplication
{
    protected void Application_Start()
    {
        RouteConfig.RegisterRoutes(RouteTable.Routes);

        // Other code
        ...
    }
}
```

RegisterRoutes 是在 RouteConfig 类上的一个方法，这个类定义在一个单独的文件夹中，通常是 App_Start（但你可以在需要时重命名这个文件夹）。以下是这个类的实现。

```
public class RouteConfig
{
    public static void RegisterRoutes(RouteCollection routes)
    {
        // Other code
        ...

        // Listing routes
        routes.MapRoute(
            "Default",
```

```
            "{controller}/{action}/{id}",
            new {
                controller = "Home",
                action = "Index",
                id = UrlParameter.Optional
            });
    }
}
```

如上所示，Application_Start 事件处理器会调用一个名叫 RegisterRoutes 的静态方法来列出所有路由。注意，RegisterRoutes 方法的名字以及这个原型不是固定的，如果有合理的理由可以改变。

支持的路由必须添加到由 ASP.NET MVC 管理的 Route 对象的静态集合。这个集合是 RouteTable.Routes。通常你可以使用方便的 MapRoute 方法来填充这个集合。MapRoute 方法提供各种重载，适用于大多数情况。但是，它无法让你配置路由对象每个可能的方面。如果你需要在路由上设置的内容 MapRoute 不支持，你可能要使用以下代码。

```
// Create a new route and add it to the system collection
var route = new Route(...);
RouteTable.Routes.Add("NameOfTheRoute", route);
```

一个路由包含几个特征，名字、URL 模式、默认值、约束、数据符号和路由处理器。大多数时候，设置的特征是名字、URL 模式和默认值。下面展开默认路由的代码。

```
routes.MapRoute(
        "Default",
        "{controller}/{action}/{id}",
        new {
            controller = "Home",
            action = "Index",
            id = UrlParameter.Optional
        });
```

第一个参数是路由的名字；每个路由都应该有一个唯一的名字。第二个参数是 URL 模式。第三个参数是为 URL 参数指定默认值的对象。

注意，URL 可以在不完整的时候匹配模式。考虑一下根 URL。乍看起来，这个 URL 不会匹配路由。但是，如果 URL 参数指定了默认值，这个部分就会看作可选。结果，对于前面的例子，当你请求根 URL 时，这个请求会通过调用 Home 控制器上的 Index 方法来处理。

3. 处理路由

ASP.NET URL 路由 HTTP 模块在尝试匹配传入请求 URL 到预定义路由时采用了一系列规则。最重要的规则是路由必须按照它们在 global.asax 中注册的顺序来检查。

要确保路由按照正确的顺序处理，你必须按照从具体到一般的顺序列举它们。记住，在任何情况下，搜索匹配路由总是在找到第一个匹配时结束。这意味着只把一个新的路由添加到列表末尾可能不行，也会为你带来麻烦。此外，值得注意的是，在列表顶部放置一个匹配一切的模式会导致其他模式（不管有多具体）悄悄地跳过。

除了出现的顺序，还有其他因素影响匹配 URL 到路由的处理。如前所述，一个是你可能提供给路由的默认值。默认值只是在 URL 没有提供特定值的时候自动赋给预定义占位符的值。考虑以下两个路由。

```
{Orders}/{Year}/{Month}
{Orders}/{Year}
```

如果在第一个路由中，你为{Year}和{Month}赋了默认值，第二个路由永远都不会求值，因为有了默认值，不管 URL 是否指定了年和月，第一个路由总能匹配。

末尾的斜杠（/）也是一个陷阱。{Orders}/{Year}和{Orders}/{Year}/是两个非常不同的路由。它们不会相互匹配，即使在逻辑上，至少从用户角度来看你会期望它们能匹配。

另一个影响 URL 到路由的匹配的因素是你额外为路由定义的约束。路由约束是给定的 URL 参数必须满足让这个 URL 匹配这个路由的额外条件。这个 URL 不但要兼容这个 URL 模式，还要包含兼容的数据。约束可以通过多种方式来定义，包括通过正则表达式。以下是带有约束的路由示例。

```
routes.MapRoute(
    "ProductInfo",
    "{controller}/{productId}/{locale}",
    new { controller = "Product", action = "Index", locale="en-us" },
    new { productId = @"\d{8}",
        locale = "[a-z]{2}-[a-z]{2}" });
```

具体来说，这个路由要求 productId 占位符是一个数字序列，而且恰好八位，而 locale 占位符必须是一对由中横线分隔的包含两个字母的字符串。约束不能确保所有非法的产品 ID 和区域设置都拒之门外，但至少为你节省大量工作。

4. 介绍路由处理器

路由定义了最低限度的规则集，路由模块根据它们来决定传入请求 URL 对于应用程序是否可接受。最终决定如何重新映射请求 URL 的组件是另一个，准确地说是路由处理器。路由处理器是处理任何匹配给定路由请求的对象。它唯一要做的是返回实际处理任何匹配请求的 HTTP 处理器。

技术上，路由处理器是一个实现了 IRouteHandler 接口的类。这个接口定义如下。

```
public interface IRouteHandler
{
    IHttpHandler GetHttpHandler(RequestContext requestContext);
}
```

RequestContext 类定义在 System.Web.Routing 命名空间，它封装了请求的 HTTP 上下文和任何可用的路由特定信息，如 Route 对象本身、URL 参数和产量。这些数据放在 RouteData 对象中。以下是 RequestContext 类的声明。

```
public class RequestContext
{
    public RequestContext(HttpContextBase httpContext, RouteData routeData);

    // Properties
    public HttpContextBase HttpContext { get; set; }
```

```
    public RouteData RouteData { get; set; }
}
```

ASP.NET MVC 框架并未提供很多内置路由处理器，这可能意味着使用自定义路由处理器的需求并不常见。但这个扩展点是存在的，如果需要就可以使用。稍后我会回到自定义路由处理器并提供一个例子。

5. 处理物理文件的请求

路由系统的另一个有助于成功匹配 URL 到路由的配置方面是，路由系统是否需要处理匹配物理文件的请求。

默认情况下，ASP.NET 路由系统会忽略那些 URL 可以映射到服务器上的物理文件的请求。**注意，如果这个服务器文件存在，路由系统会忽略这个请求，即使这个请求匹配一个路由。**

如果需要，你可以把 RouteCollection 对象的 RouteExistingFiles 属性设为 true，来强制路由系统处理所有请求，如下所示。

```
// In global.asax.cs
public static void RegisterRoutes(RouteCollection routes)
{
    routes.RouteExistingFiles = true;
    ...
}
```

注意，通过路由处理所有请求可能会在 ASP.NET MVC 应用程序中导致一些问题。比如，如果把前面的代码添加到示例 ASP.NET MVC 应用程序的 global.asax 文件，然后运行它，你马上会在访问 default.aspx 时碰到 HTTP 404 错误。

6. 防止路由到指定 URL

ASP.NET URL 路由 HTTP 模块没有限制维护一组可接受 URL 模式，也允许你把某些 URL 排除在路由机制之外。你可以通过两步阻止路由系统处理某些 URL。

首先，为那些 URL 定义一个模式，然后保存到一个路由。其次，你把这个路由连接到一个特殊的路由处理器——StopRoutingHandler 类。它所做的就是在 GetHttpHandler 方法被调用时抛出 NotSuported 异常。

例如，以下代码告诉路由系统忽略任何.axd 请求。

```
// In global.asax.cs
public static void RegisterRoutes(RouteCollection routes)
{
    routes.IgnoreRoute("{resource}.axd/{*pathInfo}");
    ...
}
```

IgnoreRoute 所做的就是把 StopRoutingHandler 路由处理器关联到根据特定 URL 模式构建的路由。

最后，URL 中的{*pathInfo}占位符需要稍微解释一下。pathInfo 符号只是一个用来表示.axd URL

后面任何内容的占位符。星号（*）表示最后的参数应该匹配 URL 剩余部分。换句话说，.axd 扩展名后面的任何东西都会到 pathInfo 参数中。这种参数叫作万能匹配（catch-all）参数。

7．使用基于特性的路由

在经典路由中，每当一个请求进来，这个 URL 就会和已经注册的路由模板匹配。如果匹配到，就会确定处理这个请求的对应控制器和动作方法；如果匹配不到，这个请求就会拒绝，通常得到 404 消息。现在，在大型应用程序中，甚至在具有强 REST 风格的中型应用程序中，路由的数量非常大——很容易就上百了。

你可能很快就会发现，经典路由变得有点难以控制。特性路由是一个替代方案，它直接在控制器动作上通过特性定义路由，如下所示。

```
[HttpGet("orders/{orderId}/show")]
public ActionResult GetOrderById(int orderId)
{
    ...
}
```

这个代码把 GetOrderById 方法设成只要 URL 模板匹配特定模式就可以通过 HTTP GET 调用。路由参数（orderId 符号）必须匹配方法签名中定义的其中一个参数。还有其他特性（对应每个 HTTP 动词）可以使用，但特性路由的要点全在这里了。

更强大的特性还有 Route、RoutePrefix 和 RouteArea。你可以在控制器方法和动作方法级别使用 Route 特性。如果你在控制器级别使用，路由定义会影响所有方法，但每个方法可以针对每个动词定制路由，如下所示。

```
[Route("info/[controller]")]
public class NewsController : Controller
{
    [HttpGet("{id}")]
    public ActionResult Get(int id)
    {
        ...
    }
}
```

Get 方法现在可以通过 URL info/news/{id} 来调用。RouteArea 特性和 RoutePrefix 特性通常用来加快配置。这是因为它们可以针对单个控制器添加来作为区域名称的字符串以及用于所有方法的前缀，便于通过 Route 及其他动词特定的特性扩展。最后，值得注意的是，ASP.NET MVC 中的特性路由必须显式启用。以下是启用它的常用方式。

```
public static void RegisterRoutes(RouteCollection routes)
{
    routes.IgnoreRoute("{resource}.axd/{*pathInfo}");
    routes.MapMvcAttributeRoutes();

    // Classic convention-based routes
    ...
}
```

如果你同时使用特性路由和经典路由，你也要在启用特征路由的地方定义路由规则。

■ **注意**：在 ASP.NET MVC 中，区域只是一个用来标识一组想与其他区域和应用程序的其他部分区分开的控制器和视图的名字。在某种程度上，定义一个区域就像在应用程序中创建一个逻辑上的子应用程序。之所以说"逻辑上的子应用程序"，是因为最终你会把它部署成单个完整的应用程序。你在 global.asax 中通过调用 RegisterAllAreas 方法注册一个区域，同时创建一个匹配的项目文件夹，来包含它自己的控制器和视图文件夹子集。

8.2　探索控制器类

如果路由模块是处理请求的地方，那么控制器类就是开发者编写实际处理请求的代码的地方。让我们简单了解控制器类的一些特点，包括实现细节。

8.2.1　了解控制器的各个方面

作为 ASP.NET MVC 应用程序的核心，控制器是这个设计脆弱的部分。控制器的粒度影响了项目的组织、代码的分布和用例的实现。控制器持有（或不持有）状态可能影响操作的编码方式，在某种程度上甚至影响应用程序的可伸缩性和可测试性。

最后，仅仅因为 ASP.NET MVC 框架受到 MVC 模式的启发，并不意味着你就有一个完美的分层系统。这边还有很多工作需要做，还有大量的前期思考。

1. 聊聊控制器的粒度

ASP.NET MVC 应用程序通常由各种控制器类组成。应该有多少个控制器类，实际数字取决于你想如何组织应用程序的动作。事实上，没有什么可以阻止你把应用程序设计成单个控制器类包含用于任何请求的方法。

常见的做法是让应用程序实现的任何重大功能都有一个控制器类。但定义"重大功能"的真实含义可能会有问题。建议是，首先为你实现的每个用例创建一个控制器类。比如，在一个电商系统中，你可能会有一个控制器负责所有登录和会员操作，一个控制器处理订单或购物车，还有一个控制器让客户编辑他们的个人信息。你还应该有一个控制器类处理在库产品。另一个看待控制器粒度的方式是，你期望在应用程序主菜单中每个菜单项都有一个类。

一般来说，控制器粒度是用户界面粒度的函数，为你提供的用户界面可能有的每个重大请求源，创建一个控制器。

■ **注意**：一个应用程序的控制器类没有客观正确的数量。你可以使用单个控制器类或一大堆只包含一个方法的控制器类来构建任何应用程序。类的"正确"数量是减少维护工作，同时又尽可能接近你正在暴露的实际业务逻辑的数量。

2．聊聊控制器类的无状态性

有一个很重要的东西需要记住，Web 与生俱来是无状态的，因而控制器类也是。每当一个新的请求被路由模块捕获并映射到控制器动作，选中的控制器类的一个新实例就会创建出来。

因此，你添加到这个类的任何状态都跟拥有相同生命周期的请求绑定起来。接着，这个控制器类必须从 HTTP 请求流和 HTTP 上下文获取它需要处理的任何数据。控制器类依赖于 HTTP 上下文，因此，它可以访问跟这个上下文绑定的任何信息，不管是来自这个请求的新信息还是保存在 ASP.NET 基础设施中的，如会话状态或缓存信息。

一般来说，让控制器类依赖于状态会降低应用程序的可伸缩性，因为它会让在云环境中增加新的服务器更加困难、不及时。

3．决定是否进一步分层

通常将 ASP.NET MVC 和控制器类看作一根魔法棒，你可以挥动它来编写更干净更容易阅读和维护的分层代码。控制器类的无状态本性也在这方面提供很大帮助，但这还不够。

在 ASP.NET MVC 中，控制器与触发请求的用户界面和为浏览器产生视图的引擎是隔离开来的。控制器位于视图和系统后端之间。虽然这种与视图隔离的做法很受欢迎，也修复了 ASP.NET Web Forms 的一个弱点，但它本身无法确保代码遵循神圣的关注点分离（SoC）原则。

设计上，这个系统只提供与视图的最低限度隔离，其他一切都取决于你。需要记住的是，没有什么可以阻止你在控制器类中直接调用 ADO.NET 和使用 T-SQL 语句，即使 ASP.NET MVC 也不会阻止你这样做。控制器类不是系统后端，也不是业务层。它应该被看作 MVC 中与 Web Forms 的代码隐藏（code-behind）类对应的东西。鉴于此，它肯定属于表现层，而非业务层。

4．研究控制器的可测试性

控制器与生俱来的无状态性及其与视图的严格分离，使控制器类具备易于测试的潜力。但是，控制器类实际的可测试性应该针对它的有效分层来衡量，下面来看图 8-3。

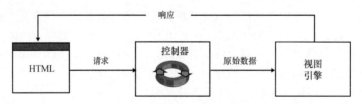

图 8-3　ASP.NET MVC 中的控制器和视图

虽然你很容易给控制器类提供固定输入，断言它的输出也没什么大问题，但动作方法的内部结构就没有什么规定了。这些方法的实现越是跟外部资源绑定（如数据库、服务或组件），测试控制器就越是不便捷容易。

你将会在第 10 章中看到，构建控制器类的理想方式是把所有编排逻辑放入单独的类（应用程序层的类）并让控制器类尽可能薄。这样做的好处是，控制器类成了你跟 HTTP 上下文绑定的唯一地方。应用程序层的类以及每个请求背后的工作流都不用担心测试了，因为没有对周围环境的依赖。

测试控制器就不是必需的了。你不一定需要测试它，除非有你想测试的特殊的控制器特性（如响应和动作过滤器）。大多数时候，针对应用程序层的类编写测试已经够了。

8.2.2 编写控制器类

控制器类的编写可以总结为两个简单步骤：创建一个（直接或间接）继承自 Controller 的类，添加一堆公共方法。

1. 把动作映射到方法

传入请求经过 ASP.NET MVC 通道之后将会得到一对元素，包含要实例化的控制器类的名称和要在它上面执行的动作的名称。在一个控制器上执行一个动作会调用这个控制器类上的一个公共方法。但是，把一个动作的名称映射到一个类的方法有多种方式。

核心规则是，一个控制器类上的任何公共方法都是一个具有相同名字的公共动作。比如，一个名为 Index 的公共方法对应一个名为 Index 的动作。有时候，你需要在一个控制器类上创建一个公共方法，但不想它作为一个动作从外面调用。在这种情况下，你要做的就是用 NonAction 特性来装饰这个方法。

最后，你可以把一个动作的名称关联到任何公共方法，这样把方法的名称和动作的名称解耦开来。在这种情况下，你可以用 ActionName 特性来装饰这个方法。以下是一个例子。

```
public class HomeController : Controller
{
    // Implicit action name: Index
    public ActionResult Index()
    {
        ...
    }

    [NonAction]
    public ActionResult About()
    {
        ...
    }

    [ActionName("About")]
    public ActionResult LoveGermanShepherds()
    {
        ...
    }
}
```

Index 方法是公共的，但没有使用任何特性装饰，因此隐式地绑到一个具有相同名字的动作。About 方法是公共的，但 NonAction 特性使之对外不可见。你可以在应用程序的服务器端代码中调用它，但它没有跟任何可以从浏览器和 JavaScript 代码调用的动作绑定。

这个示例类中的第三个公共方法有一个奇幻的名字，但 ActionName 特性显式地把它绑到 About 动作。最终的效果是，用户每次请求 About 动作，LoveGermanShepherds 方法就会运行。

另一个方法到动作映射的级别是 HTTP 动词。

2. 把动作映射到 HTTP 动词

ASP.NET MVC 非常灵活，可以让你把一个方法绑到一个只针对特定 HTTP 动词的动作。要把一个控制器方法关联到一个 HTTP 动词，你要么使用参数化的 AcceptVerbs 特性，要么直接使用 HttpGet、HttpPost 和 HttpPut 等特性。AcceptVerbs 特性允许你指定哪个 HTTP 动词用来执行给定方法。考虑以下例子。

```
[AcceptVerbs(HttpVerbs.Post)]
public ActionResult Edit(Customer customer)
{
    ...
}
```

对于这个代码，Edit 方法不能使用 GET 调用。还有个地方需要注意，你不能在单个方法上使用多个 AcceptVerbs 特性。如果把多个 AcceptVerbs 特性（或者类似的直接 HTTP 动词特性）添加到一个动作方法上，你的代码将不能编译。

AcceptVerbs 特性接受 HttpVerbs 枚举类型的任何值。

```
public enum HttpVerbs
{
    Get = 1,
    Post = 2,
    Put = 4,
    Delete = 8,
    Head = 0x10
}
```

HttpVerbs 枚举使用 Flags 特性装饰。因此，你可以使用按位或（|）运算符组合这个枚举的多个值来获得另一个 HttpVerbs 值。

```
[AcceptVerbs(HttpVerbs.Post|HttpVerbs.Put)]
public ActionResult Edit(Customer customer)
{
    ...
}
```

使用 AcceptVerbs 还是多个单独特性，如 HttpGet 或 HttpPost，完全是个人偏好。以下代码是完全等效的。

```
[HttpPost]
[HttpPut]
public ActionResult Edit(Customer customer)
{
    ...
}
```

在 Web 上，点击一个链接或者在地址栏中输入 URL 时，你会执行一个 HTTP GET 命令。当提交一个 HTML 表单的内容时，你会执行一个 HTTP POST。其他任何 HTTP 命令都可以从 Web 通过

AJAX 执行，或者从发送请求到 ASP.NET MVC 应用程序的 Microsoft Windows 客户端执行。这里有个常见的场景，在几乎每个涉及 HTML 表单的 HTML 场景中你都会碰到。你需要一个方法渲染显示表单的视图，还需要一个方法来处理提交的值，如何处理？

一种做法是创建一个绑到任何可能 HTTP 动词的方法。

```
public ActionResult Edit(Customer customer)
{
    ...
}
```

在这个方法体内，应设法搞清楚用户是要显示表单还是处理提交的值。没有太多信息可以搞清楚这一点；最好的源头是从 Request 对象得到的 HTTP 动词。

```
[HttpGet]
public ActionResult Edit(Customer customer)
{
    ...
}

[HttpPost]
public ActionResult Edit(Customer customer)
{
    ...
}
```

现在有两个方法绑到不同动作。这对于 ASP.NET MVC 来说是可以接受的，它会根据这个动词调用合适的方法。但这对于 Microsoft C#编译器来说是不能接受的，它不会允许在同一个类中有两个名字和签名都相同的方法。下面对此进行重写。

```
[HttpGet]
[ActionName("edit")]
public ActionResult DisplayEditForm(Customer customer)
{
    ...
}

[HttpPost]
[ActionName("edit")]
public ActionResult SaveEditForm(Customer customer)
{
    ...
}
```

这些方法现在有不同的名字了，但都绑到同一个动作，尽管动词不同。

3. 动作方法

下面来看一个示例控制器类，它有几个简单能用的动作方法。

```
public class HomeController : Controller
{
```

117

```
public ActionResult Index()
{
    // Process input data
    ...

    // Perform expected task
    ...
    // Generate the result of the action
    return View();
}

public ActionResult About()
{
    // Process input data
    ...

    // Perform expected task
    var results = ...

    // Generate the response from calculated results
    return View(results);
}
}
```

动作方法使用任何标准 HTTP 通道收集可用输入数据。接着，它会执行某个动作，可能涉及应用程序的中间层。动作方法的模板可以总结如下。

- **处理输入数据**：动作方法可以从多个源头获得输入参数，包括 Request 对象暴露的集合。ASP.NET MVC 没有强制动作方法使用特定签名。但是，由于可测试性的原因，强烈建议任何输入参数都通过签名接收。如果计划测试控制器类，这在大多数时候是没必要的，你应该避免通过编程的方式从 Request 或者其他源头获取输入数据。在这方面，你可以利用后面将会讨论的模型绑定层服务。
- **执行任务**：动作方法根据输入参数来做它的工作并试图获取预期结果。在这种情况下，这个方法可能需要与中间层交互。这里建议任何交互都通过专门的应用程序层服务进行。在任务最后，任何（计算的或引用的）应该集成到响应中的值都要根据情况打包。如果这个方法返回 JSON，数据就要编入可序列化成 JSON 的对象中。如果这个方法返回 HTML，数据就要打包进容器对象，发送到视图引擎。这个容器对象通常叫作视图模型，它可以是一个包含键值对的普通字典或者视图特定的强类型类。
- **生成结果**：在 ASP.NET MVC 中，控制器的方法不负责生成响应本身，但负责触发一个流程，使用不同的对象（通常是视图对象）来把渲染内容传递到输出流。这个方法确定响应类型（文件、纯数据、HTML、JavaScript 或者 JSON），然后根据情况建立 ActionResult 对象。

控制器的方法需要返回 ActionResult 对象或者任何从 ActionResult 类继承的对象。但通常控制器的方法不会直接实例化 ActionResult 对象。相反，它会使用动作辅助器，这是一个在内部实例化并返回 ActionResult 对象的对象。

8.3 处理输入数据

控制器动作方法的签名是不固定的。如果定义无参方法，就要负责通过编程的方式获取代码需要的任何输入数据。如果向方法的签名添加参数，ASP.NET MVC 会提供自动参数解析。

本节中，我将讨论如何用控制器动作方法手动检索输入数据，然后通过模型绑定器来实现自动参数解析——这是 ASP 中最常见的选择。

8.3.1 手动参数绑定

控制器动作方法可以访问任何通过 HTTP 请求提交的输入数据。输入数据可以从各种源头获取，包括表单数据、查询字符串、cookie、路由值和提交文件。下面详细了解一下。

1. 从 Request 对象获取输入数据

在编写动作方法体时，你可以通过熟悉的 Request 对象及其子集合，如 Form、Cookies、ServerVariables 和 QueryString，直接访问任何输入数据。正如即将看到的，ASP.NET MVC 提供了很有吸引力的工具（如模型绑定器），你可以通过它们来使代码更干净、紧凑、易测试。话虽如此，没有什么可以阻止你像下面这样编写老式的基于 Request 的代码。

```
public ActionResult Echo()
{
    // Capture data in a manual way
    var data = Request.Params["today"] ?? String.Empty;
    ...
}
```

在 ASP.NET 中，Request.Params 字典由四个不同之处合成：QueryString、Form、Cookies 和 ServerVariables。也可以使用 Request 对象的 Item 索引器属性，它提供相同的功能并按照以下顺序从字典中搜索匹配条目：QueryString、Form、Cookies 和 ServerVariables。以下代码和上面展示的完全等效。

```
public ActionResult Echo()
{
    // Capture data in a manual way
    var data = Request["today"] ?? String.Empty;
    ...
}
```

注意，搜索匹配条目是大小写不敏感的。

2. 从路由获取输入数据

在 ASP.NET MVC 中，一般通过 URL 提供参数。路由模块会捕获这些参数，然后提供给应用程序。路由值并不通过 Request 对象提供给应用程序。你需要用一种稍微不同的方式来编程获取它们。

```
public ActionResult Echo()
{
    // Capture data in a manual way
    var data = RouteData.Values["data"] ?? String.Empty;
    ...
}
```

路由数据通过 Controller 类的 RouteData 属性暴露。在这种情况下，搜索匹配条目也是大小写不敏感的。

■ **注意**：RouteData.Values 字典是一个 String/Object 字典。这个字典大多数时候只包含字符串。但是，如果你通过编程填充它（比如通过自定义路由处理器），它就可能包含其他类型的值。在这种情况下，你要负责任何必要的类型转换。

8.3.2 模型绑定

使用输入数据的原生请求集合是可以的，但从可读性和可维护性的角度来看并不理想。你会发现使用专门的模型向控制器暴露数据更好。这个模型通常又叫作输入模型。ASP.NET MVC 提供自动绑定层，它用内置规则把原始请求数据从任何值提供者映射到输入模型类的属性。开发者主要负责设计输入模型类。

■ **注意**：大多数时候，模型绑定层的内置映射规则对于控制器来说已经足够获取干净可用的数据了。但是，绑定层的逻辑在很大程度上可以自定义，因而在处理输入数据方面提供了前所未有的灵活性。

1．默认模型绑定器

任何请求都会通过跟 DefaultModelBinder 类实例相关的内置绑定器对象引擎。图 8-4 概览了参数绑定流程。

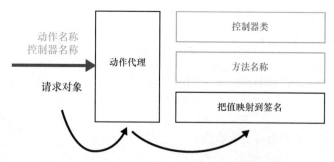

图 8-4　把请求值映射到控制器方法的签名的流程

动作调用器是 ASP.NET MVC 的内部通道组件，它的目的是把动作和控制器的名称转成对控制器类实例上方法的调用。在这种情况下，它需要分析控制器方法的签名，查看正式的参数名称来匹配通过请求上传的数据名称，不管是通过查询字符串、表单、路由还是 cookie。

模型绑定器使用约定逻辑把提交的值的名称匹配到控制器方法中的参数名。DefaultModelBinder 类知道如何处理基元类型、复杂类型、集合以及字典。鉴于此，默认的绑定器大多数时间都没问题。

2. 绑定基元类型

不可否认，一开始这听起来好像有魔法，但模型绑定背后没有魔法师。模型绑定的关键是让你集中精力在想让控制器方法接收的数据上，完全忽略如何接收那些数据，不管它来自查询字符串还是路由。

假设需要一个控制器方法来重复给定的字符串给定的次数，所需要的输入数据是一个字符串和一个数字，那么你要这样做：

```
public class BindingController : Controller
{
    public ActionResult Repeat(string text, int number)
    {
        ...
    }
}
```

按照这种方式设计，你就没有必要访问 HTTP 上下文来收集数据了。text 和 number 的值从哪里来呢？哪个组件会把它们读到 text 和 number 参数中呢？

实际的值从请求上下文读取，而默认的模型绑定器对象负责这件事。具体来说，默认的绑定器尝试把正式的参数名（在这里是 text 和 number）匹配到通过请求提交的命名值。换句话说，如果这个请求有一个表单字段、查询字符串字段或者路由参数叫作 text，这个值就会自动绑定到 text 参数。只要参数类型和实际值兼容就能成功映射。如果转换无法执行，就会抛出参数异常。下面这个 URL 没问题：

http://server/binding/repeat?text=Dino&number=2

相反，下面这个 URL 会导致异常。

http://server/binding/repeat?text=Dino&number=true

查询字符串字段 text 包含 Dino，成功映射到 Repeat 方法上的 string 参数 text。但是，查询字符串字段 number 包含 true，它不能成功映射到一个 int 参数。模型绑定器返回一个参数字典，其中 number 的条目包含 null。因为这个参数的类型是 int，这是一个非空类型，所以调用器会抛出参数异常。

3. 处理可选值

注意，导致参数异常是因为非法值的传递没有在控制器级别检测出来。这个异常是在执行流程到达控制器之前触发的。这意味着你不能在 try/catch 代码块中捕获它。

如果默认的模型绑定器不能找到一个提交的值匹配所需的方法参数，它会在返回给动作调用器的参数字典中放入 null 值。这样的话，如果 null 值对于这个参数的类型来说是不可接受的，参数异常就会在控制器方法调用之前抛出。

如果方法参数是可选的呢？

一种做法是把参数的类型改成可空类型，如下所示。

```
public ActionResult Repeat(string text, Nullable<int> number)
{
    var model = new RepeatViewModel {Number = number.GetValueOrDefault(), Text = text};
    return View(model);
}
```

另一种做法是给这个参数一个默认值。

```
public ActionResult Repeat(String text, Int32 number=4)
{
    var model = new RepeatViewModel {Number = number, Text = text};
    return View(model);
}
```

控制器方法采用什么签名取决于你。一般来说，你可能想用非常接近通过请求上传的真实数据的类型。比如，使用 Object 类型的参数可以让你免受参数异常的困扰，但会很难编写干净的代码来处理输入数据。

默认的绑定器可以映射所有基元类型，如 string、int、double、decimal、bool、DateTime 以及相关的集合。要在一个 URL 中表达 Boolean 类型，你要使用 true 和 false 字符串。这些字符串会使用.NET Framework 原生的 Boolean 解析函数来解析，它们能以大小写不敏感的方式识别 true 和 false 字符串。如果使用 yes/no 这种字符串来表示 Boolean，默认的绑定器无法理解你的意图，会在参数字典中放入 null 值，这会导致参数异常。

4．绑定复杂类型

方法的签名上参数数目没有限制。但是，容器类通常比一长串单个参数更好。对于默认的模型绑定器来说，你使用一串参数或者只用一个复杂类型的参数几乎是一样的。两种场景都是完全支持的。下面看个例子。

```
public class ComplexController : Controller
{
    public ActionResult Repeat(RepeatText inputModel)
    {
        var model = new RepeatViewModel
                        {
                          Title = "Repeating text",
                          Text = inputModel.Text,
                          Number = inputModel.Number
                        };
        return View(model);
    }
}
```

控制器方法接收一个 RepeatText 类型的对象。这个类是一个普通的数据传输对象，定义如下。

```
public class RepeatText
{
    publ ic String Text { get; set; }
```

```
    public Int32 Number { get; set; }
}
```

如上所示，这个类的成员和你在前一个例子中以单独参数的方式传递的值相同。模型绑定器既能处理复杂类型，也能处理独立的值。

对于声明类型（在这里是 RepeatText）中的每个公共属性，模型绑定器都会查找键名所匹配属性名的提交值。匹配过程是大小写不敏感的。以下示例 URL 兼容 RepeatText 参数类型。

```
http://server/Complex/Repeat?text=ASP.NET%20MVC&number=5
```

5. 绑定集合

如果控制器方法期望这个参数是一个集合呢？例如，你可以把提交的表单内容绑定到 IList<T> 参数吗？DefaultModelBinder 类可以做到，但这需要你这边做些事情。下面来看图 8-5。

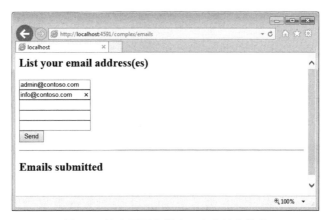

图 8-5　这个页面会提交一个字符串数组

当用户单击 Send 按钮时，这个表单会提交它的内容。具体而言，它会发送各个文本框的内容。如果这些文本框拥有不同的 ID，提交的内容就是以下形式。

```
TextBox1=admin@contoso.com&TextBox2=info@contoso.com&TextBox3=&TextBox4=&TextBox5=
```

在经典 ASP.NET 中，这是唯一可能的方式，因为不能把同一个 ID 赋给多个控件。但是，如果自己管理 HTML，就没有什么可以阻止你把同一个 ID 赋值给图 8-5 中的五个文本框了。事实上，HTML DOM 完全支持这种场景（虽然不推荐）。因此，以下标记在 ASP.NET MVC 中完全合法，会产生能在所有浏览器上工作的 HTML。

```
@using (Html.BeginForm())
{
    <h2>List your email address(es)</h2>
    foreach(var email in Model.Emails)
    {
        <input type="text" name="email" value="@email" />
        <br />
```

```
    }
    <input type="submit" value="Send" />
}
```

那么处理在这个表单中输入电子邮件地址的控制器方法的签名应该是怎样的呢？是这样的。

```
public ActionResult Emails(IList<String> email)
{
    ...
}
```

多亏了默认的绑定器类，这个字符串数组能正确地传给这个方法，如图 8-6 所示。

图 8-6　已经提交的字符串数组

最后，要确保一组值传给一个控制器方法，你需要让这些使用同一个 ID 的元素都写入响应流。接着，这个 ID 要按照绑定器的标准规则匹配控制器方法的签名。

8.4　产生操作结果

动作方法可以产生各种结果。比如，动作方法可以只充当 Web 服务，在请求响应中返回纯字符串或 JSON 字符串。同样的，动作方法可以决定不返回内容或者重定向到另一个 URL。在这两种情况下，浏览器获得的响应没有主体内容。这就是说，产生动作的原始结果是一回事（例如从中间层收集值），处理这个原始结果、为浏览器生成实际 HTTP 响应是另一回事。

8.4.1　包装结果

动作方法通常返回 ActionResult 类型的对象。但 ActionResult 类型不是一个数据容器。确切地说，它是一个抽象类，提供通用编程接口，代替动作方法执行某些后续操作。这些后续操作与为发送请求的浏览器生成某种响应有关。

1. 了解 ActionResult 类的内部

下面是 ActionResult 类在 ASP.NET MVC 框架中给出的定义。

```
public abstract class ActionResult
{
    protected ActionResult()
    {
```

```
    }

    public abstract void ExecuteResult(ControllerContext context);
}
```

通过重写 ExecuteResult 方法，派生类可以访问执行这个动作方法产生的任何数据并触发某个后续动作。一般来说，这个后续动作与为浏览器生成响应有关。因为 ActionResult 是一个抽象类，每个动作方法实际上需要返回更具体的类型的实例。

表 8-1 列出所有预定义的 ActionResult 类型。

表 8-1　ASP.NET MVC 中预定义的 ActionResult 类型

类　型	描　述
ContentResult	向浏览器发送原始内容（不一定是 HTML）。这个类的 ExecuteResult 方法会序列化它接收的任何内容
EmptyResult	不向浏览器发送内容。这个类的 ExecuteResult 方法不做任何事情
FileContentResult	向浏览器发送文件的内容。这个文件的内容以字节数组的方式表示。ExecuteResult 方法只是把字节数组写入输出流
FilePathResult	向浏览器发送文件的内容。这个文件通过它的路径和内容类型标识。ExecuteResult 方法会调用 HttpResponse 上的 TransmitFile 方法
FileStreamResult	向浏览器发送文件的内容。这个文件的内容通过 Stream 对象表示。ExecuteResult 方法会把提供的文件流复制到输出流
HttpNotFoundResult	向浏览器发送 HTTP 404 响应代码。这个 HTTP 状态代码表示因为请求的资源没找到所以请求失败
HttpUnauthorizedResult	向浏览器发送 HTTP 401 响应代码。这个 HTTP 状态代码表示未授权请求
JavaScriptResult	向浏览器发送 JavaScript 文本。这个类的 ExecuteResult 方法写入脚本并根据情况设置内容类型
JsonResult	向浏览器发送 JSON 字符串。这个类的 ExecuteResult 方法会把内容类型设为 application/json，同时调用 JavaScript 序列化器把任何提供的托管对象序列化成 JSON
PartialViewResult	向浏览器发送表示整个页面视图的一部分的 HTML 内容。ASP.NET MVC 中的分部视图是一个类似于 Web Forms 中用户控件的概念
RedirectResult	向浏览器发送 HTTP 302 响应代码，把浏览器重定向到特定 URL。这个类的 ExecuteResult 方法只调用 Response.Redirect
RedirectToRouteResult	和 RedirectResult 类似，它向浏览器发送 HTTP 302 代码以及要导航到的新 URL。区别在于逻辑和用来决定目标 URL 的输入数据。在这里，这个 URL 是根据动作/控制器或者路由名来构建的
ViewResult	向浏览器发送表示完整页面视图的 HTML 内容

注意，FileContentResult、FilePathResult 和 FileStreamResult 都从同一个基类 FileResult 派生而来的。如果在回复一个请求时要下载某个文件内容或者某些以字节数组方式表示的纯二进制内容，那么可以使用这些动作结果对象中的任何一个。PartialViewResult 和 ViewResult 都继承自 ViewResultBase 并返回 HTML 内容。最后，HttpUnauthorizedResult 和 HttpNotFoundResult 分别用来

表示未授权访问和缺失资源的响应。二者都从一个可以进一步扩展的类 HttpStatusCodeResult 派生。

2. 研究执行动作结果的机制

为了更好地理解动作结果类的机制，让我们详细研究其中一个预定义的类。我选择 JavaScript-Result 类，它提供了有用的行为又不会太复杂。JavaScriptResult 类表示把某个脚本返回给浏览器的动作。以下是一个返回 JavaScript 代码的动作方法。

```
public JavaScriptResult GetScript()
{
    var script = "alert('Hello')";
    return JavaScript(script);
}
```

在本例中，JavaScript 是 Controller 类中的一个辅助方法，充当 JavaScriptResult 对象的工厂，其实现类似于这样。

```
protected JavaScriptResult JavaScript(string script)
{
    return new JavaScriptResult() { Script = script };
}
```

JavaScriptResult 类提供一个公共属性（Script 属性），它包含了要写到输出流的脚本代码。以下是它的实现。

```
public class JavaScriptResult : ActionResult
{
    public String Script { get; set; }

    public override void ExecuteResult(ControllerContext context)
    {
        if (context == null)
            throw new ArgumentNullException("context");

        // Prepare the response
        HttpResponseBase response = context.HttpContext.Response;
        response.ContentType = "application/x-javascript";
        if (Script != null)
            response.Write(Script);
    }
}
```

如上所示，ActionResult 类的终极目标是准备要返回给浏览器的 HttpResponse 对象。这包括设置内容类型、过期策略、报头和内容。

8.4.2 返回 HTML 标记内容

大多数 ASP.NET MVC 请求都需要把 HTML 标记内容返回给浏览器。在 ASP.NET MVC 中，动作方法为用户产生原始结果，视图引擎把原始结果写入 HTML 模板，最后，生成最终结果用作请求的响应。

1．研究视图引擎的结构

视图引擎是为浏览器实际构建 HTML 输出的组件，当请求最终促使控制器动作返回 HTML 时就会启动视图引擎。它通过整合视图模板和控制器传入的数据来准备输出。这个模板使用一种引擎特定的标记语言（如 Razor）来表达；数据会装在字典或强类型对象中传递。图 8-7 说明了视图引擎和控制器如何协同工作。

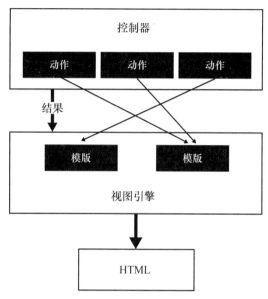

图 8-7　控制器和视图引擎

在 ASP.NET MVC 中，视图引擎只是一个实现固定接口（IViewEngine 接口）的类。每个应用程序都可以有一个或多个视图引擎并在不同的视图中使用它们。在 ASP.NET MVC 中，每个应用程序默认都有两个视图引擎：Razor 和 ASPX。视图引擎对开发影响最大之处是它支持的用来定义视图模板的语法。ASPX 视图引擎使用和 Web Forms 相同的代码块语法。但最常用的引擎是 Razor。Razor 语法远比 ASPX 干净高效。

2．探索 Razor 视图引擎的一般特性

在 Razor 中，视图模板本质上就是带有一些占位符的 HTML 页面。每个占位符都包含一个可执行表达式（很像一个代码段）这个代码段会在渲染这个视图时计算，产生的标记内容会集成到 HTML 模板中。

Razor 引擎从磁盘上的物理路径读取视图模板。这个路径是使用 ASP.NET 的虚拟路径提供器获取的。任何 ASP.NET MVC 项目都有一个 Views 根文件夹，里面的视图模板按照特定子目录结构存储。Views 文件夹通常有一些子文件夹——每个都用现有的控制器命名。每个控制器特定子目录包含的物理文件名字都匹配动作的名字。对于 Razor 视图引擎，扩展名必须是.cshtml。（如果使用 Microsoft

Visual Basic 编写 ASP.NET MVC 应用程序，扩展名必须是.vbhtml。）ASP.NET MVC 要求你把每个视图模板放在使用它的控制器的目录下。如果有多个控制器调用同一个视图，要把这个视图模板移到 Shared 文件夹下。

注意，Views 文件夹下的目录结构在项目级别必须和在生产环境服务器上部署该网站一样。Razor 视图引擎定义了一些属性，你可以通过它们控制视图模板定位。要让 Razor 视图引擎运作起来，你需要为主视图、常规视图和分部视图提供默认项目配置和使用区域时的默认位置。表 8-2 列出了 Razor 视图引擎支持的位置属性以及预定义值。

表 8-2　Razor 视图引擎的默认路径格式

属　　性	默认路径格式
AreaMasterLocationFormats	~/Areas/{2}/Views/{1}/{0} cshtml
	~/Areas/{2}/Views/Shared/{0} cshtml
	~/Areas/{2}/Views/{1}/{0} vbhtml
	~/Areas/{2}/Views/Shared/{0} vbhtml
AreaPartialViewLocationFormats	~/Areas/{2}/Views/{1}/{0} cshtml
	~/Areas/{2}/Views/{1}/{0} vbhtml
	~/Areas/{2}/Views/Shared/{0} cshtml
	~/Areas/{2}/Views/Shared/{0} vbhtml
AreaViewLocationFormats	~/Areas/{2}/Views/{1}/{0} cshtml
	~/Areas/{2}/Views/{1}/{0} vbhtml
	~/Areas/{2}/Views/Shared/{0} cshtml
	~/Areas/{2}/Views/Shared/{0} vbhtml
MasterLocationFormats	~/Views/{1}/{0} cshtml
	~/Views/Shared/{0} cshtml
	~/Views/{1}/{0} vbhtml
	~/Views/Shared/{0} vbhtml
PartialViewLocationFormats	~/Views/{1}/{0} cshtml
	~/Views/{1}/{0} vbhtml
	~/Views/Shared/{0}.cshtml
	~/Views/Shared/{0}.vbhtml
ViewLocationFormats	~/Views/{1}/{0}.cshtml
	~/Views/{1}/{0}.vbhtml
	~/Views/Shared/{0}.cshtml
	~/Views/Shared/{0}.vbhtml
FileExtensions	.cshtml, .vbhtml

可以看到，这些位置不是全限定路径，但它们可以包含最多三个占位符。占位符{0}表示视图的名字，它是从控制器方法调用的。占位符{1}表示控制器的名字，它用在 URL 中。最后，如果指定了控制器{2}，它表示区域的名字。

3. 调用视图引擎

在控制器方法中，你可以通过调用 View 方法来调用视图引擎，如下所示。

```
public ActionResult Index()
{
    return View(); // same as View("index");
}
```

View 方法是一个负责创建 ViewResult 对象的辅助方法。ViewResult 对象需要知道视图模板、可选的主视图以及将集成到最终 HTML 中的原始数据。这个代码段总的 View 方法没有参数并不意味着实际上没有传递数据。以下是这个方法的完整签名。

```
protected ViewResult View(String viewName, String masterViewName, Object viewModel)
```

以下是控制器方法的常见模式：

```
public ActionResult Index(...)
{
    var model = GetRawDataForTheView(...);
    return View(model);
}
```

在这种情况下，视图的名字默认为动作的名字，不论是从方法的名字隐式推断还是通过 ActionName 特性显式设置。主视图默认为_Layout.cshtml。最后，变量 model 表示将会集成到最终 HTML 中的数据模型。

主视图是常规视图基于的公共模板。主视图文件放在 Shared 文件夹中。它的最简单形式如下所示。

```
<html>
  <head>
    <link href="@Url.Content("~/Content/site.css")" rel="stylesheet" type="text/css" />
    <script src="@Url.Content("~/Scripts/jquery.js")" type="text/javascript"></script>
  </head>
  <body>
    @RenderBody()
  </body>
</html>
```

@RenderBody 的调用表示特定视图注入主模板的插入点。@Url.Content 表达式是一个用网站的根路径补全这个相对 URL 的工具。事实上，波浪符号只表示网站的根。

任何在这个视图中使用的数据模型都必须通过@model 指令声明。

```
@model MySite.Models.ViewModel
<html>
<head>
    <title>@Model.Title</title>
</head>
<body>
    @RenderBody()
```

```
    </body>
</html>
```

这个指令中声明的类型必须兼容你在控制器调用 View 方法时传入的对象的类型。在视图的主体中，你可以用@Model.XXX 语法引用视图模型对象的属性。

下面深入了解 Razor 视图或主模板中的@字符。

4．使用 Razor 代码段

在 Razor 模板中，普通的 HTML 标记一字不差地在那里，还有一些代码段。@字符表示 Razor 代码段的开始。有趣的是，在 Razor 中，需要表明代码段的开始，之后内部解析器会用 Visual Basic 或 C#的解析逻辑来找出一行代码结束的地方。以下是一个例子。

```
<html>
<head>
    <title>@ViewBag.Title</title>
</head>
<body>
    ...
</body>
</html>
```

在这个代码段中，ViewBag.Title 表达式展示了从控制器传递数据的另一种方式。ViewBag 是一个从控制器构建出来的包含要在视图中使用数据的动态对象。

```
public ActionResult Index(...)
{
    // Get data for the view
    ...

    // Package data for the view
    ViewBag.Title = ...;
    ViewBag.Xxx = ...;
    ...

    // ViewBag is implicitly passed to the view engine
    return View();
}
```

ViewBag 是一个类型为 dynamic 的对象，这意味着任何调用它的表达式都不会预先编译，而是在运行时解析。

任何 Razor 代码段都可以和普通标记混用，即使这个代码段包含了控制流语句，如 if/else 或 for/foreach。以下这个简单的例子演示了如何构建一个 HTML 表格。

```
<body>
    <h2>My favorite cities</h2>
    <hr />
    <table>
        <thead>
            <th>City</th>
```

```
                <th>Country</th>
                <th>Ever been there?</th>
            </thead>
        @foreach (var city in ViewBag.Cities) {
            <tr>
                <td>@city.Name</td>
                <td>@city.Country</td>
                <td>@city.Visited ?"Yes" :"No"</td>
            </tr>
        }
        </table>
    </body>
```

注意，放在代码中间的右花括号（可以在@foreach 这行看到）可以被解析器正确识别和解析。

在 Razor 模板中，可以使用任何 C#或 Visual Basic 指令，只要这个表达式带有@前缀。下面这个例子演示了如何导入一个命名空间并创建一个表单块。

```
@using MyApp.Components;
...
<body>
    @using (Html.BeginForm()) {
        <div class="editor-field">
            <span>...</span>
        </div>
    }
</body>
```

可以像下面这样通过包装在@{code}代码块中任何地方插入包含多行的完整代码段。

```
@{
    var user = "Dino";
}
...
<p>@user</p>
```

创建的任何变量都可以在后面获取和使用，就像这些代码都在一个代码块一样。多个符号（如标记和代码）可以在同一个表达式中用圆括号组合。

```
<p> @("Welcome, " + user) </p>
```

任何由 Razor 处理的内容都会自动编码，因此不必处理。如果代码返回 HTML 标记内容，你想不经过自动编码原样写入，应该使用 Html.Raw 辅助方法。

```
@Html.Raw(Strings.HtmlMessage)
```

最后，在使用@{...}的多行代码段中，要用 C#或 Visual Basic 语言语法来添加注释。可以用@*...*@来注释掉整个 Razor 代码块，如下所示。

```
@*
<div> Some Razor markup </div>
*@
```

基于 C#的 Razor 视图和基于 Visual Basic 语言之间有一些小区别。在 Visual Basic 中，你可以在原代码中直接书写 XML 字面量；这会给某些 Razor 标记的解析带来歧义。以下表达式在 C#中是可以接受的，但不能直接移植到 Visual Basic。

```
@if (isHelloWorld) {
    <h1> Hello world <h1>
}
```

在 Visual Basic 中，需要给 HTML 字面量加上@符号前缀，如下所示。

```
@If (isHelloWorld) Then
    @<h1>Hello world</h1>
End If
```

你可能知道，大多数 Visual Basic 构造都需要一个结束标记（tag），For..Each、If、Using 等都是这样。结束标记不需要@符号前缀。

5. 分部视图

有时候，把一些公共的 Razor 标记内容隔离到单独的文件，再从主视图或常规视图连接它是很有用的。如果熟悉 ASP.NET Web Forms 编程，就会知道这和用户控件提供的是同一个服务。在 ASP.NET MVC 中，通过 Html 内部对象上的 Partial 辅助方法可以实现相同效果。

```
@Html.Partial("name_of_the_view")
```

Partial 方法返回一个字符串，它会集成到视图引擎正在操作的流中。分部视图是一个和视图或模板有着相同结构和语法的普通文件。分部视图的典型位置是 Views 下的 Shared 文件夹。但你也可以把分部视图保存在控制器特定的文件夹下。这样做的前提是这个分部视图不再给定控制器处理的视图范围之外使用。

8.4.3　返回 JSON 内容

ASP.NET MVC 很合适实现在 Ajax 中从 jQuery 代码回调的简单 Web 服务。你所要做的就是设置一个或多个动作方法返回 JSON 字符串而不是 HTML。举例如下。

```
public JsonResult GetCustomers()
{
    // Grab some data to return
    var customers = _customerRepository.GetAll();

    // Serialize to JSON and return
    return Json(customers);
}
```

Json 辅助方法获取一个普通.NET CLR 对象，然后使用内置的 JavaScriptSerializer 类把它序列化成字符串。

■ **注意**：如果控制器动作方法不返回 ActionResult 类型呢？首先，也是最重要的，这不会抛出异

常。原因很简单，ASP.NET MVC 把动作方法的任何返回值（数字、字符串或自定义对象）封装成 ContentResult 对象。ContentResult 对象的执行会把这个值序列化给浏览器。例如，一个返回整数或者字符串的动作会给你一个原样显示数据的浏览器页面。另外，返回自定义对象会显示从这个对象的 ToString 方法的实现得到的任何字符串。如果这个方法返回 HTML 字符串，任何标记内容都不会自动编码，浏览器也可能无法恰当解析它。最后，void 返回值实际上会映射到 EmptyResult 对象，它的执行结果就是什么都不做。

控制器中的异步操作

控制器的主要目的是服务用户界面的需要。你需要实现的任何服务器端函数都应该映射到控制器方法并从用户界面触发。在执行自己的任务之后，控制器的方法会选择下一个视图，打包一些数据，然后让它去渲染。

这是控制器的行为本质。但是，控制器通常也需要其他特质，尤其是在具有特别需求（如长时间运行的请求）的大型复杂应用程序中使用控制器。在 ASP.NET MVC 的早期版本中，要遵循特定模式才能实现控制器方法的异步行为。在 ASP.NET 和.NET Framework 的最新版本中，你可以利用 async/await 语言工具以及底层的.NET Framework 机制。下面示范如何编写带有一个或多个异步方法的控制器类。

```
public class HomeController : AsyncController
{
    public async Task<ActionResult> Rss()
    {
        // Run the potentially lengthy operation
        var client = new HttpClient();
        var rss = await client.GetStringAsync(someRssUrl);

        // Parse RSS and build the view model
        var model = new HomeIndexModel();
        model.News = ParseRssInternal(rss);
        return model;
    }
}
```

注意，使用异步控制器方法并不会为方法本身带来好处，它不会因此而运行得更快。但会为整个应用程序带来极大好处，因为它不会阻塞任何 ASP.NET 线程而等待某个可能要执行很长时间的任务完成。如果你使用异步控制器方法，整个应用程序会更具响应性。

8.5 小结

ASP.NET MVC 的一个典型特征是它不把 URL 匹配到磁盘文件；而是解析这个 URL 来确定要执行的下一个请求动作。接着，动作会映射到控制器类上的方法。每个方法的执行结束时都会有一个结果序列化回请求的浏览器。动作结果的最常见类型是 HTML 视图，但其他类型响应也是有可能的，包括 JSON、纯文本、二进制数据以及重定向。

在本章中，我提到了组成一个典型 ASP.NET MVC 请求工作流的组件。首先，URL 路由 HTTP 模块会检查传入请求，确定将会处理它的控制器以及正在调用的方法。接着，绑定层加入并把正在提交的数据（如查询字符串、表单、Cookie、报头或者路由）映射到控制器方法的签名。如果映射成功，控制器方法将会运行并产生原始结果。原始结果是你要向用户展示的任何数据——集合、字符串、数字、日期等。最后，视图引擎会挑选视图模板并为浏览器生成 HTML。控制器没有限制只能返回 HTML。在 ASP.NET MVC 中，控制器很容易返回以 XML、纯文本或 JSON 方式序列化的任何类型数据。

虽然本章只涉及了 ASP.NET MVC 的皮毛，但概述了其中的原理。在第 9 章中，我将会解释 Twitter Bootstrap，一个你可以用来有效筹划 HTML 视图的布局和用户界面的 CSS 和图形库。从第 11 章开始，我将会回到 Razor，讨论在视图中展示和编辑数据的常见方式。

■ ■ ■

Bootstrap 的精髓

计算机非人性的一部分表现是，一旦完成编译并且顺利运行，它将忠实地完成工作。
—— 艾萨克·阿西莫夫

Bootstrap 是一个 CSS 和 JavaScript 库，它致力于简化现代网页的构建，原本是 Twitter 开发给内部使用的。但是，"现代网页"到底是什么呢？

非常简单，现代网页是按照现在大多数用户想要的样子构建的网页。HTML 语言仍然是网页的基础和核心语言。但是，HTML 标记语言的构造越来越不能快速直接地表达构成现代网页的复杂和成熟。比如，下拉菜单、分段选项按钮、标签栏、可折叠标签和模态对话框都是大多数页面的常见元素，却没有现成的 HTML 元素。

Bootstrap 提供直接的方式，把 HTML 块变成现代网站所需的更加成熟的可视化元素。

9.1　Bootstrap 概览

Bootstrap 是一个模块化的 Web 库，由 CSS 和 JavaScript 文件组成。CSS 文件包含了重新设计常见 HTML 元素的类，使它们看上去不一样，或许更好看。JavaScript 文件是一组 jQuery 插件，支持更加复杂的特性，这些特性无法单纯通过 CSS 实现。

Bootstrap 最初开发成一组 LESS 文件，你仍然能够以 LESS 文件的方式获取 CSS 部分。一般来说，有组成 Bootstrap 库的每个模块的 LESS 或 CSS 文件：表单、按钮、导航栏、对话框等。在深入 Bootstrap 库之前，下面先来看看 LESS。

9.1.1　LESS 和 Bootstrap 基础

LESS 文件是构建在普通 CSS 语法之上的一个抽象层，让开发者可以声明一个 CSS 文件最终将会如何使用。你可以把 LESS 看作一门编程语言，一旦编译就会产生 CSS。在 LESS 文件里，可以使用变量、函数和运算符，因此极大地提高了创建和维护大型复杂 CSS 样式表的流程效率。

1．变量

开发者使用 LESS 解决的一大问题是信息的重复。软件开发者可能深谙"自己不要重复"（Don't Repeat Yourself, DRY）原则并且每天践行。DRY 的最大好处是减少相同信息保存位置的个数，因而减少应该更新的位置的个数。在普通 CSS 里，无法做到 DRY。比如，如果特定颜色在多个 CSS 类里使用（某些时候要更新），除了在每个出现的地方更新，你可能没有更好的办法了。

　　CSS 类的问题在于它们在语义 HTML 元素的级别工作。在构建各种 CSS 类时，你通常需要重复小块信息，比如颜色或宽度。你无法轻易为每个可重复的小块信息创建一个类。即使每个可重复样式都有一个 CSS 类，如颜色和宽度，当把样式应用到语义元素（如容器）时，需要联合多个 CSS 类才能实现预期效果。

　　考虑以下 CSS 例子。

```
.container {
  color: #111;
}
.header {
  background-color: #111;
}
```

container 和 header 两个 CSS 类都使用相同的颜色。如果那个颜色需要改变，那么必须找出所有使用它的地方然后编辑。下面使用 LESS 重写相同的特性。

```
@black: #111;
.container {
  color: @black;
}
.header {
  background-color: @black;
}
```

　　现在，这个颜色定义在一个地方，作为全局变量。从这里来看，LESS 把程序员喜欢的概念添加到 CSS 编码了，如变量。但它能做的不止这些。

2. 导入

　　可以把 LESS 代码分割到多个文件，在需要的时候引用它们。假设创建一个 container.less 文件，它包含如下内容。

```
@black: #111;
.container {
  background-color: @black;
}
```

在另一个 LESS 文件里，比如 main.less，可以通过导入这个文件来引用整个 CSS。

```
@import "container";
.body { .container; }
```

如果 container.less 文件（扩展名不是必需的）放在另一个文件夹里，你应该在调用@import 时给出路径信息。

3. 混入（Mixins）

　　让 CSS 样式适配不同分辨率的能力是很重要的，尤其在网页必须适配不同屏幕大小时。比如，当按钮在平板上显示且针对粗粒度指针（如手指）时，开发者通常会增加按钮周围的边距（padding）。一般来说，如何使相同的 CSS 类根据某些运行时条件改变并且产生不同的显示效果，这就是 LESS 混入派上用场的地方了。

以下是几个混入示例。

```
.shadow(@color) {
  box-shadow: 3px 3px 2px @color;
}
.text-box(@width) {
  .shadow(#555);
  border: solid 1px #000;
  background-color: #dddd00;
  padding: 2px;
  width: @width;
}
```

可以从这里派生出更加具体的 CSS 类，如下所示。

```
.text-box-mini {
  .text-box(50px);
}
.text-box-normal {
  .text-box(100px);
}
.text-box-large {
  .text-box(200px);
}
```

这正是 Bootstrap 为了支持常见元素（如按钮和输入框）的不同风格在内部做的。

4. 把 LESS 变成 CSS

虽然 LESS 可以用作 CSS 的元语言，但 LESS 不是 CSS。它必须进行某种处理来生成普通 CSS。LESS 代码可以原样下载并在客户端通过 JavaScript 代码处理，或者也可以在服务器上预处理，然后把普通 CSS 下载到客户端。前者像在使用普通 CSS 文件：服务器端的更改会在下个页面刷新时应用到客户端。

但是，如果你有性能顾虑，而且要处理很大很复杂的 CSS 文件，服务器端预处理可能是个更好的选择。服务器端预处理会在你每次修改服务器上的 CSS 时发生。通常，你会在构建流程的最后通过命令行使用 LESS 编译器执行额外的步骤。Gulp 等工具可以使用 JavaScript 相关的步骤来扩展构建流程。另一个流行的工具是 Microsoft Web Essentials（一个 Visual Studio 插件），可以用来添加专门的菜单命令、处理 CSS 和脚本文件等 Web 资源。

但是，在 ASP.NET MVC 里，还有另一种做法。你可以通过捆绑和压缩机制整合整个 LESS 框架。在第 10 章里，你将会详细了解到，捆绑流程会把多个不同资源打包成单个可下载资源。比如，一个捆绑可能包含多个 JavaScript 和 CSS 文件，你可以通过向专门的终结点发送单个 HTTP 请求把它下载到本地机器。压缩是应用到资源的特殊转换。具体来说，压缩会从文本资源移除所有不必要的字符，但不会改变预期功能。这意味着移除注释、空白字符、换行符以及所有用于改善可读性但只占用空间的非功能性字符。

9.1.2　设置 Bootstrap

可以从 NuGet 获取 Bootstrap。这种情况下，可以只取框架中所需要的部分。Bootstrap 通常会用于整个网站，这样可以从主视图连接它，如下所示。

```
<meta name="viewport" content="width=device-width, initial-scale=1.0">
<link rel="stylesheet" src="@Url.Content("~/content/styles/bootstrap.min.css")">
```

viewport meta 标签把浏览器视口（Viewport）的宽度设为实际设备宽度并把放大级别设为标准。link 元素只是引入 Bootstrap 样式表的压缩版本。如果打算使用更高级的 Bootstrap 特性，鉴于这些特性需要 JavaScript，可以链接脚本文件以及它依赖的 jQuery 文件。

```
<script type="text/javascript"
        src="@Url.Content("~/content/scripts/jquery-2.1.4.min.js")"></script>
<script type="text/javascript"
        src="@Url.Content("~/content/scripts/bootstrap.min.js")"></script>
```

如果使用完整的 Bootstrap 库，一旦链接了 CSS 和脚本文件，就已经准备好了。如果只用 Bootstrap 库的部分，则必须确保需要的所有部分都正确链接。值得注意的是，Bootstrap 库的某些特性（比如工具提示和弹出界面）需要一些启动 JavaScript 代码，这些代码必须添加代码到每个页面。

■ **注意**：Bootstrap 不受老的 Internet Explorer 兼容模式支持。要确保页面在 Internet Explorer 下能以最佳渲染方式查看，最好的办法是在你的页面里添加以下 meta 标签。

```
<meta http-equiv="X-UA-Compatible" content="IE=edge">
```

Bootstrap 的 CSS 类使用了最新的 CSS 特性（如圆角效果），这可能不适用于老的浏览器。Internet Explorer 8 就是部分支持 Bootstrap 的老浏览器的好样板。

9.1.3　透析 Bootstrap

Twitter Bootstrap 在今天几乎是必备的，原因是它使得向现代网站添加高级特性变得快速容易。Bootstrap 的学习曲线比较短，很多基于它的模板都是免费的。但对于任何 Web 设计师而言，自定义基本 Bootstrap 模板实现独特的效果也不是什么难事。

Bootstrap 是否适合你的项目取决于外观的重要性。如果你的客户需要自己的外观，Bootstrap 可能不是理想的。在这种情况下，开发团队只收到图形模板并使用它。此外，Bootstrap 非常适合外观重要但不是根本的快速项目。

换句话说，Bootstrap 是一个很好的产品，但无法取代很好的设计。同时，它无法取代为每个设备定义得很好的用户体验。很容易找到一些网站提供基于 Bootstrap 的免费或付费模板。如果你限制自己使用 Bootstrap 库的默认样式（不改变 CSS 或 LESS 源代码），那么面临的风险就是所有网站最终看起来都一样。

要不要使用 Bootstrap 是一个架构决定，必须在项目早期做，后期很难更改。把 Bootstrap 添加到正在进行的项目或者从中删除虽然不是不可能，但也通常有问题。最后，考虑到完整的 Bootstrap 库包含 100KB 的 CSS 和 30KB 的脚本，这不是很大的资源，但也不是轻量级资源，尤其是使用较慢连接的较小设备。

Bootstrap 的快速普及的其中一个关键原因是创建从不同类型设备看起来不错的页面成本很低。

> **注意**：正如你将在第 15 章中看到的，有两种截然不同的方式为多个设备设计网站。反应式 Web 设计是一种让一套 HTML 页面自动适配实际屏幕大小的方案。这是 Bootstrap 推广的方案。其他方案为一些关键设备创建一套单独的页面，最突出的是智能手机。我将会在第 16 章讲述这个话题。

9.2　反应式布局

今天，所有网站至少都应该反应托管屏幕的宽度变化。作为开发团队的一员，你有两种主要方式实现这个功能。你可以从供应商那里购买一个 HTML 反应式模板，坚持使用，让实现细节透明，或者自行开发这个模板。

在后一种情况中，你会使用哪个框架呢？Bootstrap 可能是人们应该考虑的第一个框架，但不是唯一的。其他同样热门和有效的响应式框架有 Foundation、Skeleton 和 Gumby。任何学习 Bootstrap 的方案都从它提供的赋予 HTML 视图响应式布局的服务开始。

9.2.1　网格系统

Bootstrap 有一个灵活的网格系统，它把水平可用空间分成 12 等份物理列。Bootstrap 提供预定义 CSS 类，让你可以通过创建逻辑列随意布局模板。换句话说，Bootstrap 让你可以通过一个范围从 1~12 个单位的测量系统来安排模板空间。Bootstrap 单位的实际大小取决于设备的实际屏幕大小。

屏幕大小实际上是视口——内容的可视化区域。在移动设备上，设备屏幕和视口一致，因为设备通常不支持可调整大小的窗口。而在台式机上，你可以把窗口的大小调整到比最大可用空间小。在这种情况下，Bootstrap 认为视口是可用渲染空间。

1．整体模板

任何 Bootstrap 内容要响应屏幕大小的改变都会基于行列矩阵。整体容器（这个矩阵）是一个样式设为 container 的 DIV 元素（见图 9-1）。

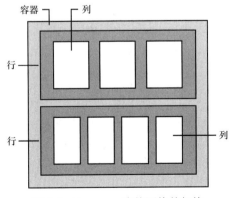

图 9-1　Bootstrap 流体网格的架构

2．容器和行

最外层的容器处理任何必要的对齐，也负责填充。如果你没有显式定义一行，就会假设这一行占满整个高度。任何用户界面内容都是放在列中的。**注意**，只有列允许成为行的直接子元素。Bootstrap 中的任何内容通常都会根据以下架构布局。

　　容器 > 行 > 列

前面代码中的每个单词都是你平常应用到 DIV 元素的 Bootstrap 类名。特别地，container 管理页面宽度和填充。row 样式确保内容放在同一行中，多行垂直堆叠。如果你的代码中没有行元素，容器中的任何内容都会水平排列，在碰到屏幕边缘时会换到下一行。

最后，column 元素表示行中的单个内容快。Bootstrap 为列定义了多个实际类。要定义行中的一个列，你可以根据这个模式使用类名：col-××-N。在这个模式中，××表示设备类型前缀，可以是表 9-1 中的任何值。很快就会看到，每个××代码都绑到以像素为单位的特定宽度，也叫断点（breakpoint）。

表 9-1　不同设备的 Bootstrap 代码

代　　码	通用屏幕大小
XS	更小设备
SM	小型设备
MD	中型设备
LG	大型设备

模式中的 N 是一个介于 1~12 的数字，它表示这列内容在这个虚拟的网格中实际占用多少列。下面来看一个例子。

```
<div class="container">
  <div class="row">
    <div class="col-xs-6 col-md-4"> First </div>
    <div class="col-xs-6 col-md-4"> Second </div>
    <div class="col-xs-6 col-md-4"> Third </div>
  </div>
</div>
```

在这种情况下，你想在 1 行中渲染 3 列布局。所有列都是一样大小，所有列在中型设备中显示成一行。col-md-4 样式让每列在虚拟 Bootstrap 网格系统里都占用 4 列宽度（一共 12 列）。

更小和更大的设备呢？

在 XS 设备上，这 3 列内容每个都会在渲染时占据半个屏幕宽度。你可能会想，如果每列都占据半个屏幕宽度，那么 3 列不可能放入整个屏幕宽度。在这里，第 3 列会溢出到下一行。同样的结果会发生在 SM 设备上。但在 LG 设备上会使用 MD 样式设置的规则。

原则上，流体行中的每列都可以使用多个设备的属性来为宽度设置样式。那些属性对于更大的设备总是适用的，直到出现更特定的设置。鉴于此，如果你不需要按照设备区分布局，最好一直使用 XS 样式。列样式中的 N 之和应该总是不超过 12。如果超过了，任何超出第 12 列的列都会溢出到下一行。

3. 容器和流体容器

到目前为止，我们只考虑把 container 类用于 DIV 元素。还有一个稍微不同的版本你可能在某些情况下会考虑到：container-fluid 类。普通容器的每个断点都是固定宽度的，只有用户调整浏览器大小时跨越了断点才会改变视口宽度。

而流体容器占据父元素的全部宽度，通常是 100% 的浏览器可用视口。视口宽度会在每次调整大小时重新计算和更新。在使用流体容器时，用户体验会更平滑，但使用流体容器通常对桌面设备更有意义。

9.2.2 基于屏幕大小的渲染

为什么要使用多列设置呢？答案通常取决于所要展示的实际内容。套用前面的例子，三列布局在中型大小的设备上可能没问题，但列的内容可能太多而不能在更小屏幕的三分之一上渲染。这就是为什么我把 col-xs-6 添加到 DIV 样式。最终的效果是，Bootstrap 会根据屏幕的实际大小改变最终行为。

在中型和大型设备上，你会有三列布局，在小型和更小设备上每行只有两列。第三列在小型和更小设备上会换到下一行。如果这不是你想要的，可以考虑在小型和更小设备上隐藏第三列。下面看看怎么做到。

1. 虚拟测量和实际屏幕大小

Bootstrap 中的整个网格系统和设备类型都是基于断点的，见表 9-2。如你所见，每个屏幕代码都关联了一个表示更小、小型、中型和大型设备预期宽度的断点。

表 9-2　用于断点的代码

代　码	断　点　像　素	设　备　类　型
XS	< 768	智能手机
SM	< 992	平板
MD	< 1200	桌面
LG	> 1200	大型桌面

如果不指定 col-xx-n 样式，会默认 XS 屏幕。对这些代码类别的常见反应是 Bootstrap 不能让你轻松处理这里列出的非常小的设备，即 768 像素或更小的宽度。老设备落入这个范围，它们可能需要和宽度大于 768 像素的更大设备不同的特定处理。

要监视 Bootstrap 如何改变页面布局，可以使用以下脚本代码，只要把它添加到一个网页就行了。

```
<script type="text/javascript">
    updateSize();
    $(window).resize(function() {
        updateSize();
    });

    function currentBootstrapScreenClass() {
```

```
        var screen = "LG";
        var width = $(window).width();
        if (width <= 768)
            screen = "XS";
        else if (width <= 992)
            screen = "SM";
        else if (width <= 1200)
            screen = "MD";
        return screen;
    }

    function updateSize() {
        var info = currentBootstrapScreenClass();
        $('#currentScreenWidth').text($(window).width() + "px");
        $('#currentViewport').text(info);
    }
</script>
```

显然，这个网页必须一些匹配一下 ID 的元素。

```
<span id="currentScreenWidth"></span>
<span id="currentViewport"></span>
```

效果如图 9-2 所示。

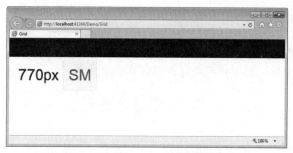

图 9-2 屏幕大小和 Bootstrap 类之间的关系

col-xx-n 类是 Bootstrap 提供的让页面布局适配屏幕大小的主要工具。还有更强大的工具可以针对特定屏幕大小隐藏和嵌套列。

2. 多分辨率视图

如前所述，就列布局而言，你可以把多个设置赋给容器和行。下面来看一个有趣的例子。

```
<div class="container">
    <div class="row">
        <div class="col-xs-6 col-md-4"> Column #1 <br /> Column #1 <br /></div>
        <div class="col-xs-6 col-md-4"> Column #2 </div>
        <div class="col-md-4"> Column #3 </div>
    </div>
</div>
```

第一列在 XS 和 SM 模式中占据了一半空间，在 MD 和 LG 模式中占据了三分之一。但是，第一列的内容包含了一些 BR 元素，让该列比其他列高。在 MD 和 LG 中，显示效果跟预期的完全一样，三列都在一行中。但在 XS 和 SM 中，第三列会在哪显示？看看图 9-3。

图 9-3 第三列浮在行的左侧占据任何可用的空间

在 XS 和 SM 模式中，前两列由于它们的 col-xs-6 类占据了整个屏幕。结果，第三列流到下一行。但是，在这个特例中，第一列比其他的高，这会留出右边的空间。Bootstrap 重用屏幕实际空间来放置换到下一行的列。

一般来说，每当使用 col-xx-n 类时候，实际上是把 CSS 的 float 属性设为 left（或 right）并让浏览器找出最左（或最右）可用空间来放置特定元素。注意，要向右对齐，你只需把 pull-right 类添加到目标元素。

3．特定大小的类

如果想强制第三列去到下一行最左呢？你要显式停用默认对齐，恢复 DIV 元素的区块性质。在纯 CSS 中，通过使用 clear:both 属性的空 DIV 可以实现这点。这在 Bootstrap 中对应 clearfix 类。

```
<div class="clearfix"></div>
```

图 9-4 展示了如果盲目使用 clearfix 类来强制第三列在下一行开始将会得到什么。

图 9-4 第三列现在从下一行最左边开始

如果调整浏览器的窗口大小到 XS 或 SM 模式，一切如常。但是，图 9-4 只展示了 MD 和 LG 模式的样子。如你所见，使用 clearfix 类会留出右边的空间，这里本来可以放得下第三列。理想情况下，你可能想清除 DIV 元素的浮动样式，但只针对 XS 和 SM 模式。

在 Bootstrap 中，visible-xx 类和 hidden-xx 类就是为此而来的。

```
<div class="clearfix visible-xs"></div>
```

现在的效果就是你想要的。使用 clearfix 类的 DIV 现在只会在 XS 和 SM 屏幕上才会出现。类似的，你可以使用 hidden-xx 类隐藏元素和整行。

注意：hidden-xx 类本身是 Bootstrap 提供的一个强大的工具，可以让你创建专门的响应式 Web模板，用来在用户调整视口时或者在较小的全屏设备上查看内容时调整这些内容。我将会在第 15

章详细讲述响应式 Web 设计的代价是隐藏不想要的内容。这个效果对于用户来说是好的，但对于应用程序来说是不必要的，尤其是在移动设备上使用 RWD。

4. 灵活渲染

下面简单看看使用 hidden-xx 类的具体例子。假设你有一个登录表单，在经典的用户名/密码表单周围有很多介绍文字和一幅图片。

```
<div class="container">
    <h1 class="hidden-xs">WELCOME to CONTOSO Industries</h1>
    <h4 class="visible-xs">WELCOME to CONTOSO</h4>
    <div class="col-md-4 hidden-xs hidden-sm">
        <div class="center">
            <img src="~/Content/Images/contoso.png" />
        </div>
    </div>
</div>
```

图 9-5 展示了这个登录表单在 LG 屏幕上的样子。

图 9-5　在 MD 和 LG 模式中显示的灵活登录表单

H1 元素只在 SM 和更大的设备上显示。但在 XS 设备上，H1 元素会替换成更小的 H4 元素。另外，图片只会在 MD 和 LG 屏幕上显示。你可以在调整浏览器窗口的大小时看到区别。

5. 偏移和把列往回拉

Bootstrap 网格系统也支持嵌套列。你要做的就是把子行嵌入一列中。除此之外，一切都按照到目前为止讨论的规则进行。列偏移也是支持的。它通过 col-XX-offset-N 类发挥作用。比如，col-md-offset-2 会在 MD 和更大的设备上跳过接下来两个网格列。

一般来说，列是按照它们在 HTML 代码中出现的顺序来渲染的。但是，col-XX-pull-N 类和 col-XX-push-N 类可以用来修改列的自然顺序，把列往前推或者往回拉。这有时候可以用来修改生产环节中的现有页面。事实上，如果还在开发中，你可以轻易在源代码中移动列并按照定义的自然顺序渲染。

注意：使用 Bootstrap 时，会假设使用四个预定义的可视化断点，即 XS、SM、MD 和 LG。这些断点在从页面链接的源 CSS 中定义，不需要重新定义。如果想修改，只需编辑 CSS 文件副本。

9.3 现今 Web 元素的分类体系

Bootstrap 是一个很大的库，不可能在一章中讲完。我强烈建议在浏览器中收藏 getbootstrap.com 链接，以便日后快速访问在线文档。总的来说，有两种方式使用这个库。一种是使用简单的单个 HTML 元素（如按钮和锚）并以不同的方式对它们进行样式设置。另一种是创建专门的 HTML 块，这是 Bootstrap CSS 和脚本代码的预定义组合，可以变成完全不同且能工作的用户界面。

总的来说，Bootstrap 促成了现代 Web 用户界面元素的分类体系的定义，包括基本元素（如输入字段和按钮）以及更复杂的组件，如导航栏、下拉列表、标签条和弹框。最后，还对核心 Bootstrap 库创建了一些扩展，这些在今天是难以忽略的。这当中有两个是自动完成库 typeahead 和日期选择器组件。

9.3.1 重塑基本 HTML 元素的样式

下面通过探讨专门用于定制输入字段、按钮、导航栏和文本元素的样式，来深入了解 Bootstrap HTML 编程。

1. 输入字段

输入字段通常用在 HTML 表单中。我说"通常"是因为某些现代 Web 应用程序倾向于通过 JavaScript 把内容提交到远程端点，并不一定要用 HTML 表单。如果你决定自己序列化要提交的内容，并不一定需要通过 HTML 表单收集内容。但是，不管你通过浏览器还是以编程的方式提交，HTML 表单都是输入字段的最常见容器。

以下是典型的 Bootstrap 输入表单，用于登录页面。

```
<form class="form-inline" method="post"
    action="@Url.Action("login", "account")">
  <div class="form-group">
    <div class="input-group">
      <label for="username">User name</label>
      <div class="input-group-addon">
        <span class="glyphicon glyphicon-user"></span>
      </div>
      <input type="text" class="form-control" id="username" name="username"
            maxlength="30" placeholder="User name">
    </div>
  </div>
  <div class="form-group">
    <div class="input-group">
      <label for="password">Password</label>
```

```
        <div class="input-group-addon">
            <span class="glyphicon glyphicon-lock"></span>
        </div>
        <input type="password" class="form-control" id="password" name="password"
            maxlength="30" placeholder="Password">
    </div>
</div>
...
</form>
```

这个 HTML 表单可以采用两个类：form-inline 或 form-horizontal。顾名思义，二者都会侧重通知这个库在一行上或者在多个水平行（标签和输入字段垂直排列）上优化子输入元素的渲染。

Bootstrap HTML 表单由多个分组组成。每个分组通常包含一个标签和一个输入字段，它可以是 text、date、password、checkbox、hidden 等。输入元素应该套用 form-control 类并用 input-lg 或 input-sm 类设置大小。

```
<input type="password" class="form-control input-lg" id="password">
```

其他可以用在输入字段上的所有属性（如 maxlength、placeholder、id、name 和 value）都正常使用和处理。

Bootstrap 中有一个有趣的特性是输入插件。输入插件是输入字段和按钮、静态文本的组合。单个输入分组中的所有元素 Bootstrap 都会看作同一个 HTML 元素，如图 9-6 所示。

图 9-6　使用插件的 Bootstrap 输入分组

以下是让 Bootstrap 生成图 9-6 所示的东西需要的全部标记内容。

```
<div class="input-group input-group-lg">
    <span class="input-group-addon">@</span>
    <input type="text" class="form-control" placeholder="Search for...">
    <span class="input-group-btn">
        <button class="btn btn-default" type="button">Action</button>
    </span>
    <div class="input-group-btn">
        <button type="button" class="btn btn-default dropdown-toggle"
data-toggle="dropdown">
            <span class="caret"></span>
        </button>
        <ul class="dropdown-menu">
            <li><a href="#">Action</a></li>
            ...
        </ul>
```

```
</div>
```

你可以使用 input-group-addon 类来创建文本占位符，使用 input-group-btn 类向输入字段田间按钮或菜单。caret 类应用到 SPAN 元素可以渲染出经典的向下三角形，表示更多内容。UL 元素定义了一组下拉项。caret 按钮使用 dropdown-toggle 样式来表示它可以按需显示内容。最后，data-toggle 类表示内容显示的方式，在这里是下拉显示。

▓　**重要：**仍然可以在应用了 Bootstrap 的页面中使用输入字段、按钮和 HTML 元素。只要不向这些元素添加 Bootstrap 特定的类，Bootstrap 就不会干涉浏览器的渲染。但是，整体外观效果可能会与页面的其他部分或者应用程序的其他页面冲突，导致用户不太满意。如果选择 Bootstrap，就应该在要创建的所有页面中使用它。

---

2. 按钮

在 Bootstrap 中，btn 类会把提交按钮、常规 HTML 按钮和锚变成可点击的方形区域。btn 类的效果是纯图形的，它所做的就是添加填充、边框、圆角和颜色。令人惊喜的是，把非文本内容添加到按钮的标题非常简单。

以下是使用 btn 类的最简单方式。

```
<button class="btn">
    Log in
</button>
<a href="#" class="btn" role="button">
    ...
</a>
```

btn 类附带一些辅助类可以定制按钮的大小和颜色。默认情况下，Bootstrap 按钮会使用渲染指派给它的内容所需空间加上常规填充。btn-xs 和 btn-lg 等类只是从默认 btn 移除或者添加额外填充。对于颜色，btn-primary、btn-danger、btn-alert、btn-success 和 btn-info 样式的按钮采用不同颜色来表示通过这个按钮实现的操作的重要程度。从开发者的角度来看，这是一种给页面更一致的设计便捷方式。

以下是定义 Bootstrap 按钮的常见方式（见图 9-7）。

```
<button class="btn">
    <span class="glyphicon glyphicon-ok"></span>
    Log in
</button>
```

图 9-7　示例 Bootstrap 按钮

如你所见，在按钮的标题中混用小图片和文字非常容易。对于 Bootstrap 按钮，通常使用 glyphicons，这是一个特殊的内嵌字体，由渲染图标和极小剪贴画的库附带。如果不用原生 Bootstrap 图标，你可以添加现有的图标库。一个最流行的图标库是 FontAwesome，你可以登录 fontawesome 官网了解到更多关于它的内容。一旦 FontAwesome 就绪，你可以像这样重写登录按钮。

```
<button class="btn">
    <i class="fa fa-lg fa-ok"></i>
```

```
    Log in
</button>
```

3. 分组按钮

通常，网页需要显示多个有着某种联系的按钮。当然你可以单独处理这些按钮，按照喜欢的方式来设置它们的样式。但是，几年前 iOS 用户界面引入了分段按钮（segmented button）的概念。现在，如果不是必须情况下，分段按钮成了想要的特性。分段按钮本质上是一组单独操作的按钮，但渲染成单个按钮条。最好看的效果是这个按钮条的第一个和最后一个按钮是圆角的，中间的按钮是完全四方的。在 Bootstrap 中，可以使用以下 HTML 标记。

```
<div class="btn-group">
  <button type="button" class="btn btn-success">Agree</button>
  <button type="button" class="btn btn-default">Not sure</button>
  <button type="button" class="btn btn-danger">Disagree</button>
</div>
```

每个按钮都有自己的点击处理器，显式通过 onclick 属性或悄悄通过 jQuery 添加。要创建按钮分组，你要做的就是把一组按钮包在一个使用 btn-group 样式的 DIV 元素中。

分组中的按钮大小可以通过额外的类 btn-group-lg 或 btn-group-xs 来控制。默认情况下，按钮是水平堆叠的。要垂直堆叠它们，只需把 btn-group-vertical 类添加到按钮分组。多个分组可以通过包装在按钮工具栏容器中并排放置。

```
<div>
  <div class="btn-group">...</div>
  <div class="btn-group">...</div>
  <div class="btn-group">...</div>
</div>
```

从图 9-6 来看，你可能觉得 Bootstrap 按钮也可以用来实现下拉菜单，以下示范如何做到。

```
<div class="btn-group">
  <button type="button" class="btn btn-default">One</button>
  <button type="button" class="btn btn-default">Two</button>
  <div class="btn-group">
    <button type="button" class="btn dropdown-toggle" data-toggle="dropdown">
      Numbers
      <span class="caret"></span>
    </button>
    <ul class="dropdown-menu">
      <li><a href="#">1</a></li>
      <li><a href="#">2</a></li>
      <li><a href="#">3</a></li>
    </ul>
  </div>
</div>
```

这个分组中前两项是普通按钮，接着是一个嵌套的下拉分组。这个按钮分组由一个按钮和一个附加的下拉菜单组成。有趣的是，按钮有一个 caret 分段，通过视觉的方式传递更多选项可以看的消息。通过把 dropup 类添加到包装这个列表的按钮分组，你可以使这个列表向上显示。

■ **重要**：在观察 Bootstrap 的下拉按钮时，你可能想到两个常见的用户界面元素：下拉菜单和下拉列表。按钮分组是普通下拉菜单。下拉列表（就像你在普通 HTML 中通过 SELECT/OPTION 元素获得的）是一个稍微不同的东西。对于选择操作，Bootstrap 没有内置工具。在表单中使用的 SELECT 元素会和其他可视化元素有着明显不同的样式，这会是个问题。让 SELECT 不同于普通菜单的是它跟踪选中的项并把它展示给用户和程序。

---

4. 单选按钮

很多用户界面中的一个常见元素是单选按钮。这是一组一起工作的互斥按钮：每次只能选择一个，选择新的会自动移除当前选择的按钮。HTML 为实现单选按钮提供输入元素的专门类型。借助 Bootstrap，你可以结合原生 HTML 输入单选按钮和分组按钮创建更好的用户界面。

下面演示如何创建一个单选按钮列表用来在用户个人资料编辑器中选择性别。

```
<div class="btn-group" data-toggle="buttons">
    <label class="btn btn-primary @active1">
        <input type="radio" id="gender" name="gender" value="X" @checked1>
        Don't show
    </label>
    <label class="btn btn-primary @active2">
            <input type="radio" id="gender" name="gender" value="M" @checked2>
            Male
        </label>
        <label class="btn btn-primary @active3">
            <input type="radio" id="gender" name="gender" value="F" @checked3>
            Female
        </label>
</div>
```

图 9-8 展示了结果。注意，按照设计，按钮不是一样大小的。你可以通过添加一些额外的自定义样式来做到。

图 9-8　Bootstrap 单选按钮

如前所述，Bootstrap 的分组按钮是并排的普通按钮。但单选按钮需要一些逻辑。你需要一些逻辑和分组按钮把单选按钮设成 Bootstrap 样式。在刚才展示的代码段中，你可以看到两组 Razor 变量在用。理想情况下，图 9-8 的标记内容前面会有以下代码。

```
@{
    var active1 = "";
    var active2 = "active";
    var active3 = "";

    var checked1 = "";
    var checked2 = "checked";
    var checked3 = "";
}
```

变量 active1、active2 和 active3 的目的是向表示当前选择的 label 元素添加 active 属性。active 属

性有可视化效果，会告诉 Bootstrap 把按钮的样式换成看起来像选中的样子。与此同时，你应该把单选按钮看作官方 HTML 输入元素。单选按钮列表通常托管在 HTML 表单中，在某一时刻，这个表单的内容会发送到服务器做进一步处理，但只会上传带有 checked 属性的单选按钮。checked1、checked2 和 checked3 变量跟踪每个按钮的选中状态，保证在页面渲染到浏览器时对应的按钮会显示成选中或活动状态。

5. 导航栏

大多数网站都有导航栏，通常在页面顶部。Bootstrap 提供一些工具，向网页添加标题。此外，Bootstrap 导航栏非常灵活，当视口宽度改变时会折叠或展开。在更小的视图中，导航栏会自动折叠成一个按钮，需要 JavaScript 的支持才能展开。如果出于某些原因禁用了 JavaScript，Bootstrap 导航栏折叠之后就不能展开了。

导航栏是纯 HTML 容器，通常是一个 DIV 元素。但建议你把标题包装在一个 NAV 元素中。

```
<div role="navigation">
  ...
</div>

<nav class="navbar navbar-default">
  ...
</nav>
```

role 属性定制了通用 DIV 元素，把它声明成屏幕上的导航组件。以下是导航栏的可能结构，里面包含两个链接列表和一个搜索栏。

```
<nav class="navbar navbar-default">
  <div class="container-fluid">
    <div class="navbar-header">
      <button type="button"
              class="navbar-toggle collapsed"
              data-toggle="collapse"
              data-target="#content">
       <span class="sr-only">More</span>
       <span class="icon-bar"></span>
       <span class="icon-bar"></span>
       <span class="icon-bar"></span>
      </button>
      <a class="navbar-brand" href="#">Home</a>
    </div>
    <div class="collapse navbar-collapse" id="content">
      <ul class="nav navbar-nav">
       <li> <a href=""> Button #1 </a> </li>
        ...
      </ul>

      <form class="navbar-form navbar-left">
        <div class="form-group">
          <input type="text" class="form-control" placeholder="Search for...">
        </div>
```

```
            <button type="submit" class="btn btn-primary">Find</button>
        </form>
        <ul class="nav navbar-nav navbar-right ">
          <li class="dropdown">
            <a href="#" class="dropdown-toggle" data-toggle="dropdown">
              I want to <span class="caret"></span>
            </a>
            <ul class="dropdown-menu">
              <li><a href="#">Create a record</a></li>
              ...
            </ul>
          </li>
        </ul>
      </div>
    </div>
</nav>
```

一个常见的导航栏由两个部分组成：折叠/展开基础设施和在更小的视口上可以隐藏的实际内容。

```
<nav class="navbar navbar-default">
  <div class="container-fluid">
      <div class="navbar-header">
        <!-- Collapse/Expand button to toggle on smaller viewports -->
      </div>

      <div class="collapse navbar-collapse" id="content">
        <!-- Actual content being collapsed on smaller viewports -->
    </div>
  </div>
</nav>
```

内容区域通过唯一的 ID 来标识（在本例中，这个 ID 是 content）。可折叠区域通过可点击按钮的 data-target 属性关联到折叠/展开基础设施，这个按钮实现了开关功能。接下来演示的三个 SPAN 元素渲染了标准的水平三横线作为这个折叠/展开按钮。

```
<div class="navbar-header">
    <button type="button"
            class="navbar-toggle collapsed"
            data-toggle="collapse"
            data-target="#content">
      <span class="sr-only">More</span>
      <span class="icon-bar"></span>
      <span class="icon-bar"></span>
      <span class="icon-bar"></span>
    </button>
</div>
```

内容区域可以包含你想要的任何东西，通常是快速访问按钮、下拉按钮和搜索表单。所有按钮通常都会渲染成 UL/LI 元素中的锚。

导航栏可以通过向 NAV 元素添加 navbar-fixed-top 类固定在页面顶部。注意，如果打算把标题固定在顶部，必须相应地填充页面的主体。换句话说，你必须把任何可见的主体内容向下移动导航栏占据的同量像素。如果不这样做，那些内容会被导航栏的绝对定位覆盖。

```
body { padding-top: 100px; }
```

虽然不如顶部对齐常见，但你也可以把导航栏放在页面底部，在这种情况下，只需向 NAV 元素添加 navbar-fixed-bottom 类就行了。

6. 文本元素

Bootstrap 提供三个工具来渲染结构化文本：面板、警报和方框（well）。面板由三个元素组成：标题、主体和底部。每个元素都会相应地设置样式。以下是一个示例面板。注意，标题和底部元素是可选的。

```
<div class="panel panel-info">
  <div class="panel-heading">
    <span class="panel-title">Title</span>
  </div>
  <div class="panel-body">
    Any content goes here
  </div>
  <div class="panel-footer">
    Footer
  </div>
</div>
```

这个面板可以使用为按钮标出的相同元类设置样式：panel-default、panel-primary、panel-info、panel-danger、panel-warning 等。你也可以创建自己的元类。

警报是带有 HTML 内容的普通 DIV 元素，除了它使用一些预定义的样式，其配置如下所示。

```
<div class="alert alert-success" role="alert">
  Any content goes here
</div>
```

另外，你可以在警报中使用不同的 Bootstrap 元类（成功、警告、危险、信息等）。在 Bootstrap 页面中，警报通常用来显示消息。一个有趣的特性是警报可以关闭的。

```
<div class="alert alert-warning alert-dismissible" role="alert" id="alert-id">
  <button type="button" class="close" data-dismiss="alert" aria-label="Close">
      <span>&times;</span>
  </button>
  <strong>Warning!</strong> This is message for you.
</div>
```

在这种情况下，这个警报有点大，右上角有个关闭按钮。用户可以通过单击按钮关闭这个 DIV，页面内容会浮现。另一个可以添加的好特性是计时器，它会在特定时间之后让警报滑出来。

```
window.setTimeout(function () {
    $("#alert-id").slideUp();
}, 4000);
```

■ **注意：** 如果要在警报中放置链接，你只要把 alert-link 类添加到锚就能让它的样式和父警报的上下文信息一致。

最后，方框是由边框和填充包围的纯文本。这是通过强调的方式展示某些文本的便捷方式。

```
<div class="well">
    ...
</div>
```

也可以在方框中使用调整大小的类，如 well-lg 和 well-xs。

9.3.2　重塑列表 HTML 元素的样式

作为 iOS 用户界面架构师认为的一个有创造性的需求，按相关项目分组的可滚动列表在短短的几年间蔓延设备领域并征服整个 Web。jQuery Mobile 首先实现分段值和可滚动列表并提供专门组建来构建它们。今天，Bootstrap 也提供专门 CSS 类，把普通无序 HTML 列表和普通锚标记列表渲染成模拟 iOS 列表的好看区块。

1. 列表

在 Bootstrap 页面中，普通列表项序列会自动变成带边框的表。来看以下标记内容：

```
<ul class="list-group">
  <li class="list-group-item">First item</li>
  <li class="list-group-item">Second item</li>
  <li class="list-group-item">Third item</li>
  <li class="list-group-item">Fourth item</li>
  <li class="list-group-item">Fifth item</li>
</ul>
```

list-group 类负责绘制内容周围的边框。list-group-item 类负责边距和字体。所有列表项都渲染成纯文本。list-group 的输出类似于老式列表框，里面展示了一组选项，一个或多个项会渲染成选中状态。要把一个列表项标记成选中，需要添加 active CSS 类。可以把这个类添加到任意多个列表项。

普通列表分组本质上是一个没有用户交互的静态列表。列表分组的一个有趣变体是链表分组。关键区别是链表中的项是锚而不是纯文本。

```
<li class="list-group-item">
    <a href="...">First item</a>
</li>
```

要防止一个或多个项被点击，可以使用 SPAN 元素而不是 A 元素，以下举例。

```
<div class="list-group">
    <span class="list-group-item list-header">Just Items</span>
    <a href="..." class="list-group-item">First item</a>
    <a href="..." class="list-group-item active">Second item</a>
```

```
</div>
```

可以使用不可点击元素创建列表标题。标题标识列表框中的分段，就像 iOS 允许你做的那样。和 iOS 用户界面一样，标记（badge）可以用来让每个项中的文字更丰富更好看。标记是彩色气球中的小文本，用来表示和页面相关的某个东西的计数，如收件箱的消息。要实现这个效果，只需使用 badge 类标记 SPAN 元素，如下所示。

```
<a href="..." class="list-group-item">
    First item <span class="badge">22</span>
</a>
```

在列表中使用的任何 A 元素的内容都可以随意定制。它可以是纯文本，也可以是 HTML 标记，还可以包含图像或媒体。

```
<a href="#" class="list-group-item">
    <p class="list-group-item-text">Some small text</p>
    <h4 class="list-group-item-heading">Some bigger text here</h4>
</a>
```

要实现更加统一的图形效果，可以使用预定义的样式，如 list-group-item-text 和 list-group-item-heading。但是，是否使用它们取决于你，因为这纯粹是审美的问题。

2. 媒体对象

大多数网页的另一个常见特性是一组由文本和媒体内容（通常是图像）组成的混合标记。对齐文本和图像通常很无聊。Bootstrap 尝试通过几个类让这个过程更平滑。

```
<div class="media">
  <div class="media-left">
    <a href="#">
      <img class="media-object" src="..." alt="...">
    </a>
  </div>
  <div class="media-body">
    <h4 class="media-heading">Title of the image</h4>
    <span>Description of the image</span>
  </div>
</div>
```

media-left 类让图像紧贴容器左边。你可以使用 media-right 类让图像紧贴右边。但如果打算这样做，那么应该把最右边的 DIV 放在标记中的媒体主体 DIV 之后。媒体内容默认的对齐方式是居上。可以通过向图像 DIV 添加 media-middle 或 media-bottom 类把对齐方式改成居中或居下。

也可以在列表中使用媒体内容，创建带有图像和文本的列表项。可以用 media 类来包装列表项并把 media-list 类用于整个列表。media-object 类放在 IMG 元素上。media-body 类装饰图像或者其他可能有的媒体对象（如视频）旁边的文本。示例如下：

```
<ul class="media-list">
  <li class="media">
    <div class="media-left">
```

```
      <a href="#">
        <img class="media-object" src="..." alt="...">
      </a>
    </div>
    <div class="media-body">
      <h4 class="media-heading">Title of the image</h4>
      <span>Description of the image</span>
    </div>
  </li>
  ...
</ul>
```

注意，不管有没有媒体内容，列表都很容易嵌入面板。

thumbnail 不需要额外标记就可以用来展示相关图像。以下示例布局在中型和大型屏幕中会展示四个图像，在小型屏幕中会展示两个或三个。

```
<div class="row">
  <div class="col-xs-6 col-sm-4 col-md-3">
    <a href="#" class="thumbnail">
      <img src="..." alt="...">
    </a>
    <div class="caption">
        <h3>Thumbnail label</h3>
        ...
    </div>
  </div>
  ...
</div>
```

3. 表格

多年来，开发者把纯 HTML 表格用作布局网页内容的工具。今天，DIV 元素和 CSS 定位属性更灵活地实现这个目的。但这并不意味着 HTML 表格就没用了。表格还是用来展示表格数据，例如，在数据网格中。

在 Bootstrap 中可以找到一些基本类来设置 HTML 表格的样式，尤其是控制填充和行的颜色。

```
<table class="table table-condensed">
  <tr> ... </tr>
</table>
```

table-condensed 可以让填充和边距保持最低限度。还有其他类用于更复杂但很常见的效果，例如，修改行的颜色和悬停。注意，Bootstrap 对于表格以及很多其他 HTML 构件都是单纯图形层面的。这意味着可以通过这些工具以特定方式渲染元素，但把样式绑到数据取决于你。如果没有更好的方式，把样式绑到实际数据的最佳方式是通过 Razor 变量和专门的类，甚至内联样式。

9.3.3 了解更高级的组件

即使 HTML 是 Web 的官方语言，甚至可能在不久的将来成为移动应用程序的通用语言，但它没有提供创建现代页面所需的全部语法元素。本章前面讲述了下拉菜单。如前所述，在 Bootstrap 中，你可以结合按钮和无序的 HTML 锚列表来创建下拉菜单，即使在 HTML5 中没有找到任何原生元素来构建下拉菜单。其他一些常见可视化元素也是如此，它们在页面中很流行，但没被 HTML 原生支持，至少没有在最小化标记内容的抽象级别上。在本章中，我会演示如何在 Bootstrap 中构建模态对话框、标签条和自定义工具提示。

1．模态对话框

模态窗口是显示在其他一切之上的窗口并在显示时捕获输入焦点。底下的元素只有在模态窗口关闭时才能重新获得输入焦点。模态窗口的一个好例子是浏览器在代码调用 window.alert JavaScript 方法时显示的消息框。但越来越多的页面通过渲染顶层富 DIV 元素来强调向用户展示的消息，或者作为不用完全刷新当前页面就能执行任务的方式。

总的来说，模态对话框的最常见场景是在当前页面的主体中实现输入表单。在第 12 章中，我将会回到通过模态对话框实现输入表单的话题，还会触及提交之后的动作的实现。但在本章中，我更多会专注于在 Bootstrap 中显示和填充模态对话框所需的步骤。

模态对话框由两个元素组成：触发器和内容。内容是由某些专门属性装饰普通 DIV，这些属性让这个 DIV 保持隐藏直到触发器触发为止。触发器通常是一个按钮或者使用一些特殊属性的锚。

下面举个例子。

```
<button class="btn btn-primary btn-lg"
        data-toggle="modal"
        data-target="#dialogBox">
    Launch modal
</button>
@Html.Partial("pv_rateitemmodal")
```

把 data-toggle 属性设为 modal 表示这个按钮是用来打开模态元素的。data-target 元素是选择要打开 DIV 元素的 CSS 表达式。要让前面例子中的触发器工作，当前 DOM 必须可以找到一个 DOM 子树，而且其根元素的 ID 是 dialogBox。模态内容的 DIV 可以放在当前页面中，或者通过 Html.Partial Razor 方法作为分部视图导入。最终的结果是一样的，但使用分部视图让你的 HTML 视图更简单更易维护。

以下是模态对话框的示例内容。

```
<div class="modal" id="dialogBox">
    <div class="modal-dialog">
        <div class="modal-content">
            <div class="modal-header">
                <button type="button" class="close" data-dismiss="modal"> &times; </button>
                <h4 class="modal-title">Rate the article</h4>
            </div>
            <div class="modal-body">
            </div>
            <div class="modal-footer">
                <button type="button" class="btn btn-default" data-dismiss="modal"> Close</button>
                <button type="button" class="btn btn-primary" onclick="...">Vote </button>
```

```
            </div>
        </div>
    </div>
</div>
```

模态对话框由三个层次的嵌套 DIV 元素组成。最外层 DIV 使用 modal 类设置样式。你可以在这里添加用于外观的特定样式，如 fade 或 slide 类。它的直接子元素设为 modal-dialog 样式。另一层 DIV 是 modal-content。在内容 DIV 中，你可以找到头部、主体和底部。头部和底部是可选的，但通常两者都有，而且用头部来给对话框添加标题和关闭按钮，而底部通常会放置关闭对话框的按钮。这些按钮要么直接关闭对话框，要么启动服务器端操作。

在本例中，底部有两个按钮：Close 和 Vote。由于 data-dismiss 属性的作用，Close 按钮只能用来关闭对话框。但 Vote 按钮通常会附加 onclick 处理器来执行某些 JavaScript 任务。

如果使用模态对话框来内联编辑记录，你需要一种方式把模态对话框的元素初始化为要显示的数据。如果这个模态对话框有一些固定的内容要显示，你可以把初始化逻辑放在生成模态对话框或者包含页面的 Razor 视图中。但如果你有一组记录，想在用户点击特定记录时显示一个模态对话框，就必须在客户端执行初始化来获取 JSON 数据。要做到这点，可以使用 JavaScript 处理模态 Bootstrap 组件触发的一些事件。

下面举个例子。

```
$('#dialogBox).on('show.bs.modal', function (e) {
        $.ajax({
            url: "...",
            cache: false
        }).done(function(json) {
            // Update the user interface
            // with downloaded data
        });
    });
```

模态组件一触发 show.bs.modal 事件（就在内容显示之前），就会发起 Ajax 调用到某个 URL 来下载数据。接着，对话框的用户界面会用新的内容更新，然后展示给用户。

> **注意**：如果只是寻找一个比系统警报消息框渲染起来更灵活的替代方案，你可以尝试 Toastr。Toastr 是一个 jQuery 插件，它显示颜色丰富的纯文本并提供定位和计时器方面的选项。以下代码演示如何使用它。

```
toastr.options.positionClass = "alert-center";
toastr.success("Isn't this popup much better than a plain alert()?", "Better alert!");
```

除了"success"，toastr 库还提供多种显示方法，每种都采用了不同图标和颜色。消息可以留在屏幕上直到用户关闭它，或者关联到一个计时器。showDuration 和 hideDuration 等属性表示显示和隐藏内容所需的毫秒数。内容通常由标题和文本消息组成。

2. 标签条

标签是一组每次只能显示一个的视图，可以通过顶部菜单选择。Bootstrap 支持标签的一些变体，包括经典的标签条和导航 Pill。所需的 HTML 模板是类似的。

下面先看经典的标签条。

```
<div class="tabbable">
    <ul class="nav nav-tabs" id="myTabStrip">
        <li><a class="btn btn-primary" href="#profile" data-toggle="tab">Profile</a></li>
        <li><a class="btn btn-primary" href="#preferences" data-toggle="tab"> Preferences
</a></li>
        <li><a class="btn btn-primary" href="#friends" data-toggle="tab">Friends</a></li>
    </ul>
</div>
```

第一个包装 UL 元素的 DIV 定义了可点击的标签列表。任何时候用户点击任何标签，当前内容就会隐藏，与被点击标签相关的内容就会显示。LI 元素的 href 属性表示保存标签内容的子 DIV 的路径。把 data-toggle 属性设为 tab 也是很重要的，因为它告诉这个组件按照标签的方式工作，按需隐藏和显示内容。

标签内容在同一个页面后面，一个接一个地排列。这些 DIV 是否可见由标签条组件附带的脚本代码自动管理。

```
<div class="tab-content">
    <div id="profile" class="tab-pane">
        ...
    </div>
    <div id="preferences" class="tab-pane">
        ...
    </div>
    <div id="friends" class="tab-pane">
        ...
    </div>
</div>
```

在标签的内容 DIV 元素中指定 tab-content 和 tab-pane CSS 类是很重要的。标签条从 Bootstrap 的默认配置中获取自己的样式。在外部，可以使用按钮样式来选择标签的颜色，如 btn-primary、btn-danger 等。但是，默认的 Bootstrap 样式可以在应用程序或单个页面的范围内重写。一开始选中的标签通过 active 类表示。

可能考虑的一个有趣的特性是添加 JavaScript 调用来移除边框，它通常在点击之后显示在可点击区域周围。你需要把以下调用添加到标签条的 LI 元素。

```
onclick="this.blur()"
```

标签条水平渲染，一个标签接一个。另一个稍微不同的视图是导航 Pill。在这种情况下，标签文字的渲染是没有边框和分隔符的，只有选中的 Pill 有填充和不同颜色。它的行为是一样的，只是外观不同。

```
<ul class="nav nav-pills" role="tablist">
    <li class="active">
        <a class="btn btn-primary" href="#profile" data-toggle="tab">Profile</a>
    </li>
    <li> ... </li>
```

```
    <li> ... </li>
</ul>
```

这些 Pill 也可以垂直堆叠。可以通过添加 nav-stacked 样式来实现。

3. 工具提示

工具提示自浏览器初期就已经可以在网页上使用了，但一直以来都没有改变。原生浏览器的工具提示自 20 世纪 90 年代至今都是一行很短的静态文字的弹窗。

只需把一些纯文本包装在带有 title 属性的 HTML 元素（甚至普通的 SPAN 元素）中，就可以显示工具提示了。工具提示由浏览器显示并受限于浏览器的实现，没有办法改变。jQuery 的出现激发了为实现好看的工具提示效果而创建各种插件。开发者的问题就变成了如何选择最好的最合适的工具提示插件。Bootstrap 的作者自行做了选择，把一些特性整合到这个库中。因此，今天，一旦选择 Bootstrap，你也会在这个包中找到很好的工具提示基础设施。

在 Bootstrap 中，工具提示是任何把 data-toggle 属性设为 tooltip 关键字的 HTML 元素。不必多说，HTML 元素也必须有 title 属性来表示要显示的文字。

下面举个例子。

```
<p>
    This is a message about
    <span data-toggle="tooltip" title="Some extra information">
        something
    </span>
    incorporated in the web page ...
</p>
```

把 data-toggle 属性设为 tooltip 关键字实现了这个效果。当用户在敏感的元素上悬停时，就会显示内容。但是，如果只把这段标记内容复制到使用 Bootstrap 的页面，什么都不会发生。原因是，按照设计，Bootstrap 架构师决定让工具提示成为选择加入功能。这意味着需要一些脚本来激活自定义工具提示。注意，只要找到默认的 title 属性，浏览器就会显示内置的工具提示用户界面。

在 Bootstrap 中，需要以下脚本代码来启用工具提示。你可能会在页面的 ready 事件处理器中运行这段代码。

```
$(document).ready(function () {
    $("[data-toggle=tooltip]").tooltip();
});
```

可以看到，这个代码不只启用一个特定的工具提示。它会扩展到覆盖页面中出现的所有工具提示。Bootstrap 工具提示支持各种常规浏览器工具提示中找不到的特性。首先，它允许添加一个箭头指示器并把工具提示放在它指向的文字周围的特定位置上，可以放在上边、左边、下边或者右边。如果选择 "auto"，框架会把它放在最适合的位置。

另一个有趣的特性是 HTML 内容。基本上，Bootstrap 允许在 title 属性中放置任何 HTML 内容。但是，只有在工具提示的选项中设置了 html 标记，才会把这些内容渲染成 HTML。

```
$("[data-toggle=tooltip]").tooltip({
    placement: 'auto',
```

```
    html: true
});
```

此外，可以用 trigger 选项来指定这个工具提示如何触发。默认情况下，当鼠标在这个元素上悬停以及这个元素获得焦点时，就会显示工具提示。可以改变或者添加通过点击触发它的选项。

```
$("[data-toggle=tooltip]").tooltip({
    placement: 'auto',
    html: true,
    trigger: 'click focus hover'
});
```

最后，工具提示可以通过方法编程控制并在显示或关闭时触发事件。

4. 弹框

工具提示和弹框密切相关，虽然有着不同的名字。在特定元素上悬停时，工具提示就会显示。弹框支持更丰富的格式化选项，可以通过各种方式触发，包括当用户在特定 HTML 元素上悬停时。一般来说，弹框是在一个元素附近显示成下拉框的 DIV 元素。让弹框特别有趣的是它们可以使用实时数据填充，如果你通过 JavaScript 添加一些数据绑定逻辑。

首先，创建一开始要隐藏的 DIV 元素，然后可以配置弹框的触发器：它可以是一个按钮或者一个可点击元素。这跟之前给工具提示做的很像。唯一的区别是，data-toggle 属性必须设为 popover。

```
<div id="popover-content" class="hidden">
    ...
</div>
```

接着，添加一些脚本从指定 DIV 元素的内容初始化这个弹框。

```
$("#sensitive").popover({
    html: true,
    title: "More Details",
    placement: 'right',
    trigger: 'click',
    content: function () {
        return $("#popover-content").html();
    }
});
```

在这段代码中，#sensitive 路径表示这个弹框指向的元素。基本上，这个代码会自动把名为 popover-content 的 DIV 元素内容附加到#sensitive 元素，每当点击该项时弹框就会显示。弹框有默认大小。你可以通过修改 Bootstrap 库中的.popover CSS 类来改变它。为弹框选择的触发器机制决定了关闭这个内容的方式。触发选项和工具提示的一样：hover、click 和 focus。

工具提示和弹框的优劣

工具提示和弹框的主要目标是显示一个页面元素的更多信息。但除此之外，决定何时使用工具提示是非常主观的。下面是一些常识性的规则。

首先，通过工具提示显示的文本不应该对用户决定做什么有根本性影响。工具提示中的文本应该是补充性的。如果工具提示的文本对于帮助用户决定如何行动很重要，你应该把这些文本直接放在用户界面上。其次，不应该使用工具提示显示错误或警告。警报框在这些情况下可能更适合。

此外，工具提示和弹框不应该分散用户的注意力或者打扰他们。展示的信息不应该重复或重述屏幕上已经存在的信息。

9.4 Bootstrap 扩展

Bootstrap 是一个完整的 CSS 和 HTML 库，它定义了现代网页的分类体系。但是，它提供的内置组件和类并未满足 Web 开发者的所有常见需求。从使用 Bootstrap 的经验来看，我看到三个主要部分目前是缺失的：自动完成、日期选择和下拉列表。对于前两个，可以使用一些基于 Bootstrap 的额外框架；但对于下拉列表，你应该对 Bootstrap 库创建你自己的自定义扩展。

9.4.1 自动完成

网页中的可用性越来越重要，其中一个最重要的可用性方面是简化数据输入和选择，尤其是有一长串选项。比如，与其向用户展示包含数百项的下拉列表，不如提供一个文本框，让用户输入他们想要的名字。这就是自动完成的角色。

1. typeahead 组件

使用 Bootstrap 实现自动完成的最佳方式是通过单独下载的 typeahead.js 库。下面添加最新 typeahead.js 库的 NuGet 包，看看如何组织一个简单的搜索表单。

```
<form action="@Url.Action("Query", "Home")" method="post">
    <input type="hidden" id="queryCode" name="queryCode" />
        <input type="text" name="queryString" id="queryString">
        <button id="queryButton" type="submit">Go get it!</button>
</form>
```

注意，要在网页上使用自动完成做一些有用的事，你还需要一个对应的隐藏字段来收集选中提示的某个唯一 ID。要使用这个库，你必须应用 jQuery 1.9.1 或者更新版本和 typeahead.js 脚本。一个使用 typeahead.js 的视图需要的最少代码如下。

```
var hints = new Bloodhound({
    datumTokenizer: Bloodhound.tokenizers.obj.whitespace('value'),
    queryTokenizer: Bloodhound.tokenizers.whitespace,
    remote: "/yourServer/...?query=%QUERY"
});
hints.initialize();
$('#queryText').typeahead(
    null,
    {
        displayKey: 'value',
        source: hints.ttAdapter()
```

```
});
```

虽然可以从任何 JavaScript 数组绑定数据，但使用自动完成通常是在数据从远程数据源下载时才有意义。从远程数据源下载会导致一堆问题——同源浏览器策略、预取（prefetch）和缓存等。typeahead.js 自带名为 Bloodhound 的提示引擎，它会为你透明地处理大多数事情。如果从 NuGet 获取 JavaScript 包文件，就可以开始调用 Bloodhound 而不必担心下载和安装了。

前面代码中的 hints 变量来自以下相对标准的 Bloodhound 初始化。

```
var hints = new Bloodhound({
    datumTokenizer: Bloodhound.tokenizers.obj.whitespace('value'),
    queryTokenizer: Bloodhound.tokenizers.whitespace,
    remote: "/yourServer/...?query=%QUERY"
});

hints.initialize();
```

留意 remote 属性，它引用的服务器端点负责返回要在下拉列表中显示的提示。另外留意%QUERY 语法，它表示用来发送给服务器获取提示的输入字段中的字符串。这个代码段假设下载的数据中有一个名为 value 的字段。如果不是这样，应该把 value 替换成感兴趣的下载字段的名字。

在 typeahead.js 的初始化中，给出两个关键信息：前面提到的由 Bloodhound 管理的一组提示，用来填充输入字段的显示字段。在刚才展示的代码段中，显示字段是"value"。默认情况下，一旦输入字符，typeahead.js 就会开始获取提示。如果想在自动提示开始之前等待字符进入缓冲，那么可以添加一个设置对象作为插件的第一个参数。

```
$('#queryString').typeahead(
    {
        minLength: 2,    // Wait for 2 characters to be typed
        limit: 15        // Don't return more than 15 hints
    },
    {
        displayKey: 'value',
        source: hints.ttAdapter()
    }
});
```

当缓冲足以开始远程调用时，Bloodhound 就会开始工作，下载 JSON 数据，让它适配显示。此时，就有一个几乎可以工作的自动完成引擎，它根据服务器上的某些逻辑弹出提示。但在真实页面中，有效使用自动完成之前还有很多工作要做。

远程断点（用于返回将显示的提示）是一组序列化成 JSON 的 C#类。你可以按照自己的方式打包提示数据，但所使用的类型至少要包含以下信息。

```
public class AutoCompleteItem
{
    public string id { get; set; }
    public string value { get; set; }
    public string label { get; set; }
}
```

id 属性包含唯一 ID，在提交时用于获取控制器。如果提示包含了用户通过名字查找的产品，id

可能只是产品 ID。value 属性是在下拉列表中显示的字符串内容以及复制到输入字段的文字。label 属性是可选的，你应该把它看作一种运输属性，用于想在客户端上使用的其他东西。大多数时候，忽略它是没问题的。有时候，我用它携带服务器为提示生成的 HTML 格式。

2. 修复 CSS

任何足够复杂的插件都需要一点 CSS 才会好看，typeahead.js 也不例外。这个插件自带默认用户界面，但如果把它和 Bootstrap 结合使用，你需要应用一些修复才能避免一些可视化小问题。此外，你还可能想定制一些可视化属性，如颜色和填充。

表 9-3 列出了一些你可能想尝试个性化 typeahead.js 组件的外观的 CSS 类。

表 9-3 定制 typeahead.js 需要编辑的 CSS 列表

CSS 类	描 述
twitter-typeahead	设置用户输入提示的输入字段的样式
tt-hint	设置你输入的东西和首个提示之间的差异文字的样式。这个类只在 hint 属性设为 true 时使用，默认设为 false
tt-dropdown-menu	设置列出提示的下拉弹框的样式
tt-cursor	设置下拉框中高亮提示的样式
tt-highlight	设置匹配查询字符串的那部分文字的样式

图 9-9 Bootstrap 单选按钮

图 9-9 展示了可以从自定义 CSS 类得到什么效果。

可以在本书附带的代码中找到有效使用 typeahead.js 和 Bootstrap 的常见 CSS 修复的完整列表。还有一点要注意，typeahead.js 提供了一个强大的原生机制来重写关键 CSS 样式。它是基于 classNames 设置的，如下所示。

```
$('.typeahead').typeahead({
  classNames: {
    input: 'Your-input-class',      // input field
    hint: 'Your-hint-class',        // list item
    highlight: 'Your-highlight-class'      // highlighted list items
  }
});
```

显然，赋予 classNames 条目的字符串必须匹配你的可用 CSS 类。

3. 调整提示模板

在图 9-9 中，列表项使用了一些额外的格式。具体来说，国家/地区的名字是粗体，实际显示的文字由多个数据属性组合。如果使用 typeahead.js，则需要一个单独的模板引擎来格式化列表项。一个流行的模板引擎是 Handlebars。下面演示如何使用它和 typeahead.js。

```
$('#queryString').typeahead(
```

```
    {
        minLength: 2,
        limit: 15
    },
    {
        displayKey: 'value',
        templates: {
            suggestion: Handlebars.compile('<p><strong>{{label}}</strong> -
{{id}}</p>')
        }
        source: hints.ttAdapter()
    }
});
```

Handlebars 表达式由包装在一对花括号中的属性名字组成。这个模板是一个包含一个或多个内嵌表达式的 HTML 文本。在前面的例子中，label 和 id 应该是表示要显示单个提示的 JSON 对象的属性。

刚才展示的代码段使用了 displayKey 和 templates 两个属性。实际上，这不完全正确。templates 属性替代 displayKey，并为下拉列表中渲染的提示内容设置自定义布局。

注意，typeahead.js 支持多种类型的模板，如表 9-4 所示。

表 9-4　typeahead 提示支持的模板

模　　版	描　　述
notFound	特定查询找不到提示时要用的模板
header	介绍一组提示的模板
footer	总结一组提示的模板
suggestion	单个提示的模板

模板可以是普通 HTML 字符串或者预编译模板。如果是模板，会传递和这个提示相关的 JSON 对象以及查询字符串，除了 suggestion 模板。模板会应用到为 typeahead.js 组件定义的每个数据集。

■ **注意：** 使用 Handlebars 不是强制的。可以使用喜欢的其他模板引擎（如 mustache.js），甚至可以以 JavaScript 函数的形式写自己的模板引擎。

4．处理多个数据集

数据集是和这个查询关联的所有相关提示的集合。在很多情况下，一个数据集就足够了，但以下代码示范了如何把多个数据集绑到特定输入字段。

```
$('#queryString').typeahead(
    {
        minLength: 2,
        limit: 15
    },
    {
        name: 'Dataset #1',
        displayKey: 'value',
        templates: {
```

```
        suggestion: Handlebars.compile('<p><strong>{{label}}</strong> - {{id}}</p>')
    }
    source: hints.ttAdapter()
  },
  {
    name: 'Dataset #2',
    displayKey: 'value',
    source: ...
  },
  {
    name: 'Dataset #3',
    displayKey: 'value',
    limit: 10,
    source: ...
  }
};
```

总的来说，在初始化 typeahead.js 组件时，要先传递通用设置，接着是所有数据集的列表。每个数据集都有一个名字、显示属性，或者一组模板，以及最大提示数。每个数据集都会在用户在这个输入字段中输入新文字时自动尝试刷新它的集合。

> ■ **提示：** 当输入字段是空的，用户通常看不到提示。但在某些情况下，最好提供一些默认提示，即使对于空的查询。可以通过把 minLength 选项设为 0 并让远程端点为空的查询返回提示来做到这一点。

5. 处理 Selected 事件

当要从上百个项中选择时，任何经典下拉列表都会很慢。因此，如果打算使用自动完成输入字段来选择特定的值，比如产品或客户的名字，单单 typeahead.js 插件是不够的，还需要一些绑定插件的 selected 事件的脚本代码，它保存用户的选择以备后用。

以下代码把选择保存到一个隐藏字段（#queryCode 路径），并使用一个本地变量跟踪是否作出选择。

```
<script type="text/javascript">
  var typeaheadItemSelected = false;
  $('#queryString').on('typeahead:selected', function (e, datum) {
      $("#queryCode").val(datum.id);
      typeaheadItemSelected = true;
  });
</script>
```

自动完成输入的主要好处是用户可以输入某个可理解的文字，系统理解并把它关联到一个唯一代码，如产品 ID。选中的代码必须妥善保存，以便将来上传时使用。事实上，大多数时候，需要把自动完成文本框当作包含很多项的下拉列表的特定形式来使用。

在 selected 事件处理器中，可以从 datum 对象获取 ID 信息并把它妥善保存在一个隐藏字段中。当自动完成输入字段所属的表单提交时，选中 ID 也会提交。datum 对象的结构（即从下拉列表选中的数据项）取决于你从服务器端获取的数据的结构。

6. 在输入字段中显示文字

那么在输入字段中显示的文字呢？大多数时候，只要在 typeahead.js 组件的配置中设置 displayKey 属性就行了。但不管怎样你也可以通过编程在输入字段中设置任何值。

```
$("#queryString").val(datum.label);
```

在某些情况下，自动完成文本框是 HTML 表单中的唯一元素。这意味着你可能想在数据选中时就做出处理。把以下代码添加到 typeahead.js 的 selected 事件处理器，模拟了点击表单的提交按钮。

```
$("#queryButton").click();
```

有时候，用户在输入字段中打字，接着停下来没有做出任何选择。当他们回来、输入字段重新获得焦点时，你应该做什么？这通常取决于输入字段的预期行为。如果只想把它当作下拉列表的特殊形式，强迫用户只在那里输入（有自动完成）特定字符串（如用户名字或产品），你最好在输入焦点回到那里时清空这个字段。

```
$('#queryString').on('input', function () {
    if (typeaheadItemSelected) {
        typeaheadItemSelected = false;
        $('#queryString').val('');
        $("#queryCode").val('');
    }
});
```

这个代码段重设了控制特定输入字段是否做出选择的 Boolean 标记，并清空这个输入字段以及保存选择值的相关隐藏字段。

■ **重要**：本例中使用本地 JavaScript 变量来保存特定输入字段的选择状态。只要每个视图只有一个自动完成输入字段就没问题。当有两个或更多时，你最好使用输入元素上的属性来跟踪它的选择状态。

9.4.2　日期选择

在 HTML5 中，有一个新的 date 类型的 INPUT 元素。在此基础上，你可能会期望所有浏览器都提供给几乎一样的体验并提供一个日期选择器工具。至少目前不是这样。一些浏览器通过箭头按钮向上和向下导航，一些浏览器甚至没有为日期提供任何特殊支持。这个体验在不同浏览器中很不同。

一个常见的应对方案是通过 Modernizr 做特征检测，如果浏览器不支持日期选择工具就插入某个外部组件。我更喜欢通过 Bootstrap 来提供一致体验。Bootstrap 没有提供原生日期选择器组件，但有一个外部框架可以和 Bootstrap 结合使用。让我们来看看如何使用。

1. Bootstrap date-picker 框架

从 NuGet 获得的 Bootstrap Date Picker 包包含一个 CSS 文件和多个 JavaScript 文件，里面有日期选择工具（bootstrap-datepicker.min.js）、辅助库 momnent.min.js 和用于本地化的专门文件。请确保按顺序引用 moment.js、日期选择器和区域设置文件。只需在生产环境中部署实际使用的区域设置文件。

```
<script type="text/javascript" src="~/content/scripts/moment.min.js")"></script>
<script type="text/javascript" src="~/content/scripts/bootstrap- datepicker.min.js")">
</script>
@foreach(var l in localesOfInterest)
{
    <script type="text/javascript" src="~/content/scripts/locales/" + l + "></script>
}
```

在这个代码段中，localesOfInterest 变量假定为一组以 bootstrap-datepicker.{0}.min.js 形式命名的文件名，其中的参数是区域性字符串，如 it、fr 或者 es。

2. 绑定选择器

下面来看一个用户可以输入可选日期的输入字段。可以在某个会员系统的个人资料页面中找到这个表单，而要输入的日期是生日。第一件要做的事是把 INPUT 元素 type 属性的 date 值删除。这会导致浏览器停止使用这种工具来支持日期选择。另一个要添加的属性是 contenteditable，把它设为 false 来防止手动编辑这个字段。这样的话，这个字段中的任何内容最终要么来自选择器，要么通过脚本插入。

以下标记代码生成在图 9-10 中看到的内容。

```
<div class="input-group">
    <input type="text" class="form-control" id="dateofbirth" name="dateofbirth"
        contenteditable="false"
        value="@Model.DateOfBirth.GetValueOrDefault().ToShortDateString()">
<span class="input-group-btn">
        <button class="btn btn-dark" type="button" onclick="setNoBirthDate()">
        Don't show
    </button>
    </span>
</div>
```

INPUT 元素的 value 属性绑定到包含要显示日期的视图模型的一个属性。日期类型假设为可空的，如果没有设置日期就会默认为空字符串。输入组中的按钮只是在点击时清空缓冲。

```
$("#dateofbirth").val("");
```

图 9-10　Bootstrap Date Picker 组件的效果

3. 配置日期选择器

就像很多其他富脚本的组件，日期选择器需要一些初始化才能正常工作。刚才展示的标记内容只是第一步；接下来是某个把逻辑和 DOM 元素绑在一起的脚本。按照 jQuery 插件的标准，可以通过一个无参调用把选择器附加到一个输入字段，同时接受所有默认设置或者指定偏好设置。

```
<script type="text/javascript">
    $(function () {
        $('#dateofbirth').datepicker();
    });
</script>
```

通过一个传给初始化器的对象指定偏好设置。

```
@{
    var startBirthDate = new DateTime(1915, 1, 1).ToString("d", culture);
    var endBirthDate = DateTime.Today.AddYears(-5).ToString("d", culture);
}
...

<script type="text/javascript">
    $(function () {
        $('#dateofbirth').datepicker({
            language: 'it',
            startDate: '@startBirthDate',
            endDate: '@endBirthDate'
        });
    });
</script>
```

最想定制的参数是语言、用户可以导航的开始日期和结束日期。尤其是用输入字段来收集生日，你可能想界定范围来避免没有意义的日期，比如，对于用户来说不是特定所需年龄的日期。

9.4.3　自定义组件

Bootstrap 不提供任何特定的预定义样式来修饰和强化下拉列表，获得用 SELECT / OPTION 元素时得到的效果。虽然下拉列表可以使用 CSS 设置轻易设置样式，但在 Bootstrap 用户界面中使用时看起来总是有点不一致。与此同时，Bootstrap 有很多工具可以用来创建下拉内容，因而创建下拉列表组件不是一件难事，所需的是一个专门的标记模板和一些 JavaScript。

1. 创建列表

以下代码段定义了 Bootstrap 的下拉菜单。它向用户展示一个可点击的按钮以及关联的下拉列表。这个按钮最初显示 Get one 文字后跟一个插入符号（caret symbol）。当用户点击这个按钮时，会显示一个填满列表项的菜单。

```
<div class="btn-group">
    <a class="btn btn-default dropdown-toggle"
```

```
        data-toggle="dropdown>
        Get one <span class="caret"></span></div>
    </a>
    <ul class="dropdown-menu">
        @foreach (var item in list)
        {
            <li><a href="#"><span>@item.Text</span></a></li>
        }
    </ul>
</div>
```

在 Bootstrap 中，下拉菜单只用来提供一组可以导航的超链接。但如果把一些 JavaScript 和刚才展示的标记内容打包起来，可以处理超链接上的点击，重写导航到用户界面的更改。要让 Bootstrap 下拉菜单变成经典下拉列表，很重要的一点是不应该在列表项上定义超链接。理想情况下，要把 LI 元素中的锚属性 href 设为#。如果为空，该项仍然可以点击，但鼠标指针改成是纯文本那样。

图 9-11 展示了下拉列表的整体行为。

图 9-11 在选中下拉项时改变按钮的标题

2. 添加选择逻辑

在 HTML 中，常规 SELECT 元素会看作为输入元素，浏览器在提交之前会查询它获取当前选中的元素。如果只是把 SELECT 元素换成 Bootstrap 的下拉按钮组就不会这样。至少，你需要添加一个带有唯一 ID 的隐藏输入字段。这个 ID 将会把这个下拉列表标识为一个整体。这个隐藏字段必须通过 JavaScript 填充。

下拉列表的标记内容稍微改变了，如下所示。

```
<div class="btn-group">
    <a class="btn btn-default dropdown-toggle"
        data-toggle="dropdown>
            <input type="hidden" name="Id" id="Id" value="..." />
        Get one <span class="caret"></span></div>
    </a>
    <ul>
      <li>
        <a href="#" data-value="Value"> Text </a>
      </li>
    </ul>
</div>
```

UL/LI 下拉结构中的每个锚元素都应该关联到以下代码从而对用户的点击做出反应。

```
$(".dropdown-menu li a").click(function () {
    // Grab the selected text
    var selected = $(this).text();
```

```
    // Display the selected text
    $(this).parents('.btn-group')
        .find('.dropdown-toggle')
        .text(selected + '<span class="caret"></span>');

    // Get the value associated with the selected element
    var dataValue = $(this).attr("data-value");
    // Store the value in the hidden field
    $(this).parents('.btn-group')
        .find('input[type=hidden]')
        .val(dataValue);
});
```

现在你有一个基本可以工作的解决方案，却要面临下一个挑战：如何在真实 HTML 页面中有效使用下拉组件。

3. 在真实页面中使用自定义下拉列表

Razor 允许把可重用的标记内容封装到 HTML 辅助方法中。大多数 Razor 辅助方法在代码中都定义成 HtmlHelper 类的扩展方法。这些组件通过 ASP.NET MVC 原生 TagBuilder 类或者单纯字符串连接来构建它们的 HTML 标记。但是，在 ASP.NET MVC 中，还可以创建基于标记的可重用组件。这种做法对于创建 Bootstrap 扩展来说似乎是完美的。

让我们在项目的 App_Code 文件夹中创建一个新的文件并把它命名为 BootstrapExtensions.cshtml（注意，这个文件名是随意的，但 App_Code 文件夹不是）。完整的源代码如下所示。

```
@using System.Web.Mvc
@helper DropDown(string id,
        string title,
        SelectList list,
        string buttonStyle="btn-default",
        string width="auto",
        string caret="caret")
{
    var selectedText = title;
    var selectedValue = (string) list.SelectedValue ?? "";
    if (!String.IsNullOrWhiteSpace(selectedValue))
    {
        selectedText = (from item in list
                        where item.Value == selectedValue
                        select item.Text).FirstOrDefault();
    }

    <div class="btn-group" style="width:@width">
        <a class="btn @buttonStyle dropdown-toggle"
            data-toggle="dropdown"
            style="width:100%">
            <input type="hidden" name="@id" id="@id" value="@selectedValue" />
            <div class="bext-dropdown-selected">@selectedText</div>
            <div style="float:right"><span class="@caret"></span></div>
```

```
        <div class="clearfix"></div>
    </a>
    <ul class="dropdown-menu" style="width:100%">
        @foreach (var item in list)
        {
            <li>
                <a href="#" data-value="@item.Value">@item.Text</a>
            </li>
        }
    </ul>
</div>
}
```

现在有一个新的组件叫作 DropDown，它可以在 Razor 视图中使用。构造函数接收一些参数，如下拉组件的 ID、没有项选中时显示的文字、要显示的一组项以及一些样式属性。在 Razor 文件中，你可以像这样使用代码。

```
@BootstrapExtensions.DropDown(
    "btn-select",
    "Get one",
    new SelectList(Model.Data, "Id", "Name"), "btn-primary btn-lg", "200px")
```

使用自定义下拉列表和使用任何预定义 Razor HTML 辅助方法（如 Html.CheckBox 或 Html.Partial）没有太大不同。

要通过编程的方式从 Bootstrap 派生的下拉列表中读取元素的值，可以使用以下脚本：

```
($("#btn-select").val()
```

#btn-select 表达式表示藏在标记结构中的隐藏字段。具体来说，btn-select 是你传给之前代码中的下拉辅助方法的第一个参数，通常不需要从下拉列表读取选中项的文字。但如果你就需要它，按照特定的标记结构，这是获取的方式。

```
$("#btn-select").next().text()
```

next()选择器假设隐藏字段在层次结构中位于包含显示文字的 DIV 之前。如果修改 HTML 模板，这个 JavaScript 代码也需要更新。

4. 研究复选框的奇怪情况

在普通 ASP.NET MVC 页面中，有两种方式使用复选框。你可以只添加原始 HTML 标记，也可以使用 Razor 辅助方法，如下所示。

```
<!-- Option #1 -->
<input type="checkbox" checked id="checkbox" name="checkbox" />

<!-- Option #2 -->
@Html.Checkbox("checkbox", true);
```

听起来可能很奇怪，当把它们用到真实网页中时，两种做法并不真的等效。原因是 ASP.NET MVC 模型绑定层在使用纯 INPUT 时无法解析浏览器提交的原始 HTML 信息。有鉴于此，Html.CheckBox 辅助方法包含了一个有着相同 ID 的隐藏字段，它会按照绑定层可以理解 Boolean 的格式提交数据。原则上，在 ASP.NET MVC 中，你应该使用 Html.CheckBox 而不是纯 INPUT 复选框元素。

更好的是，你可以创建自定义 Bootstrap 复选框，提供更加一致的外观。

9.5 小结

最终，我相信不在网站中使用 Bootstrap 的原因很少。使用它的一个很好的原因是，已经有一个模板让你在页面中使用的大多数构件都有统一的外观。菜单、下拉列表、按钮、复选框、标签栏和模态对话框等东西经常会在网页中看到，并且必须以某种（图形）形式展现。

Bootstrap 提供一些内置工具，但 Web 设计师可以做出同样的东西，同时使得网站的整体外观一致。这是不用 Bootstrap 的一个好理由。但同时，这是理解 Bootstrap 在现代 Web 中的能力和角色的好方式：要么使用它，要么你使用某个能做它所做的东西，只不过外观不同。

使用 Bootstrap，你会体验到一个相对短的学习曲线，有很多模板（Bootstrap 的变体）是免费的，还有很多只需要一笔很小的费用。如果你是一名 Web 设计师或者打算雇佣一名 Web 设计师，应该要求最终的模板是基于 Bootstrap 的。

本章概览了 Bootstrap，涵盖了它的主要特性和组件。我试着让大家看看真实的 Bootstrap 及其在真实网站的使用。但我不确定是否涵盖它的所有重要方面。我鼓励大家直接从 Bootstrap 的文档了解更多的组件、特性、样式和扩展。

最后有一点要记住的，Bootstrap 预示着一个响应式 Web 设计的时代，这个设计方法学旨在向用户提供理想的体验，不管屏幕大小如何。响应式 Web 设计肯定是个好主意，它的好在于让 Boostrap 模板适用于任何类型的移动设备。但是，就像 Bootstrap 未能免除对更好图形内容的需求，它也不能免除有时候要通过专门的移动网站以特定方式应对某些设备（尤其是智能手机和更老的手机）的需要。我将在第 15 章回到这一点。

第 10 章

ASP.NET MVC 项目的组织方式

> 智慧就是适应变化的能力。
> ——斯蒂芬·霍金

随着越来越多开发者使用各种风格的 ASP.NET Core 1.0，使用 Microsoft Visual Studio 来编写、编译和测试 ASP.NET MVC 应用程序成了一个可能的选择。当你在 Visual Studio 中创建一个新的 ASP.NET MVC 项目时，最终会执行某个向导，根据某个模板创建一个新的文件夹树。ASP.NET MVC 应用程序需要一些特定的文件夹和文件，如果这些文件夹缺失，就无法工作，或者以不同方式工作。所需文件夹的一个好例子是 Views 文件夹，它包含了 HTML 视图，并且生产环境必须和当前的一致，可以包含特定数量子文件夹，并且命名妥当。

然而，除了 Views 文件夹，项目的结构通常取决于开发团队。除非使用特定特性，如启动初始化或者自定义 HTML 辅助工具，否则你不必拘泥于规定的命名和文件夹。

但是，项目文件夹的结构是解决方案的重要部分。所需功能在二进制文件和类库中的分布也是一样。在本章中，我将会展示自己日常使用的一些做法。我不期望你同意我的每个观点，但希望通过阅读我的编程习惯至少可以提醒你重新考虑自己的习惯，从而直接或者间接地改进它们。

10.1 规划项目解决方案

ASP.NET MVC 项目交付的 Bin 文件夹中有一堆 DLL 文件。这些 DLL 文件有两种类型：自己应用程序的 DLL 文件和通过引用 NuGet 包带来的文件，包括 ASP.NET 平台的二进制文件。

需要多少应用程序二进制文件才能构建 ASP.NET MVC 应用程序？这取决于你预想的项目架构。

10.1.1 把项目映射到分层架构模式

在当前的云时代中，说到伸缩性，首先要考量代码在多大程度上适合复制。这一点表明需要把共享数据量限制在零或最低限度，并且避免跨进程连接。越是把东西保留在单个物理层中越好，换句话说，项目代码越紧凑就越好。

1. 总揽全局

在最低限度下，你需要一个项目生成 Web 服务器应用程序二进制文件。在第 5 章中，我认为逻辑层比物理层更好，因为它们更容易通过今天的架构和实践进行伸缩。分层架构模式给出四个关键逻辑层：表现、应用、领域和基础设施。

图 10-1 展示了在 ASP.NET MVC 解决方案中设立分层架构的可能方式。

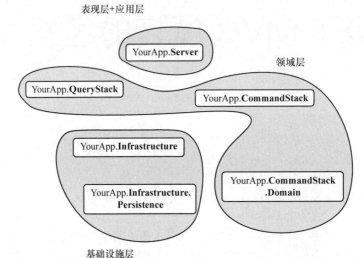

图 10-1　把 ASP.NET MVC 解决方案中的项目映射到分层架构模式

图 10-1 展示了一个实际的 ASP.NET MVC 解决方案及其全部项目。项目已经映射到逻辑层，由气球表示。每个气球表示一个代码中有的典型的逻辑层。YourApp.Server 项目是 ASP.NET MVC 项目，包含了表现层和应用程序层。领域层由三个不同的类库项目组成：查询栈、命令栈和领域模型。

> ■ **注意**：本例使用了命令查询职责分离（CQRS）方案。CQRS 的详情参见第 2 章。

最后，基础设施层包含两个类库——持久化和其他你可能需要的辅助组件，如缓存、密码散列、依赖注入、日志记录、外部服务等。

2．表现层和应用程序层

ASP.NET MVC 控制器类是浏览器和服务器端代码之间的首个连接点，因此，它们充当可能有的任何表现逻辑的仓库。你可以在控制器中编排自己需要的任何工作流，但复杂的工作流会使你的控制器类变得臃肿。

因为这一点，你可能想让控制器变得更薄，并把编排业务任务的代码挪到一个中间层——应用程序层。应用程序层肯定可以是一个独立的逻辑层，一个不同的类库项目。这完全取决于你。但是，今天常见的做法是尝试让代码尽可能紧凑。另外，让表现层和应用程序层放在同一个项目中完全可以接受，只是使用项目文件夹来分离内容。

3．领域层

正如本书第一部分讨论的，分离命令栈和查询栈很快就变成一个标准的架构方案。正如第 2 章解释的那样，它使事情变得简单，避免过于复杂。

如果选择 CQRS 设计，你可能想有一个类库用于查询栈，里面包含可能需要的任何数据传输对象。你也应该有另一个类库用于命令栈，里面放置大多数领域服务代码。你可能还有一个独立的类库用于领域模型。

4．基础设施层

基础设施层通常是针对持久化的包装层，数据通过关系型数据库或 NoSQL 数据库持久化。这一层的通常模式包含一个基础设施类库，并把持久化看作基础设施的一个方面，可能在另一个具体的类库中实现。但在简单的场景中，你可能只想把基础设施层简化成持久层。

10.1.2　应用程序启动

几乎每个 ASP.NET MVC 应用程序都有 global.asax 文件，用作系统级别事件的处理器容器。大多数常见事件都是应用程序启动问题和应用程序错误。你也可以在 global.asax 事件中处理与会话开始和结束相关的事件。

global.asax 文件是一个纯文本文件，它所做的就是引用一个包含处理器的自定义类。以下是一个典型的 global.asax 的标记。

```
<% @Application Codebehind="Global.asax.cs" Inherits="YourApp.MvcApplication"
Language="C#" %>
```

YourApp.MvcApplication 类包含实际的处理器并从系统定义的 HttpApplication 类继承。在 YourApp.MvcApplication 类中，你可以放置所有完整配置和适当初始化应用程序的代码。

1．注册区域

初始化应用程序的常见模式会在 global.asax 类的 Application_Start 方法中放置一堆调用。至少，你可以在启动处理器中找到以下代码（注意，这个代码和 ASP.NET Core 1.0 和新的运行时环境中的有点不同。）

```
protected void Application_Start()
{
    // Register ASP.NET MVC areas (if any)
    AreaRegistration.RegisterAllAreas();

    // Register routes for the application to listen
    RouteConfig.RegisterRoutes(RouteTable.Routes);
}
```

第一行处理 ASP.NET MVC 区域，如果有任何受这个特定应用程序支持的。否则，你就可以删除这个代码段中的第一个调用。ASP.NET MVC 区域是一个功能上独立于 ASP.NET MVC 应用程序的模块，通过名字识别。本质上，一个区域就是主应用程序中的子应用程序，模仿和父 MVC 应用程序相同的文件夹结构和约定。你可能想在大型应用程序中创建区域，来更好地管理大量控制器和视图。因此，区域是可选的。

每个区域都有一组自己的控制器、模型和视图。要在特定区域下调用控制器动作，你只需要在路由中把区域名字放在控制器名字前面。以下代码段展示了定义区域的类。

```
public class AdminAreaRegistration : AreaRegistration
{
    public override string AreaName
    {
        get { return "Admin"; }
    }
    public override void RegisterArea(AreaRegistrationContext context)
    {
        context.MapRoute(
            "Admin_default",
            "Admin/{controller}/{action}/{id}",
            new { action = "Index", id = UrlParameter.Optional }
        );
    }
}
```

在 Visual Studio 中，你可以使用解决方案框的专门菜单项来创建区域。这个菜单项会打开一个对话框，在里面指定区域的名字，创建合适的目录结构，然后自动生成一个和前面展示的那个相似的类。你可以编辑这个类来自定义这个区域的路由。在 global.asax 中调用的 RegisterAllAreas 方法使用了一点反射进入项目程序集，找出包含从 AreaRegistration 类继承的类的程序集。对于这些类型中的每个，它都会调用 RegisterArea 方法。

2．注册路由

在第 8 章中详细讨论了应用程序路由以及它们是如何定义和管理的。global.asax 文件是这些路由加载到正在运行的应用程序中的地方。Application_Start 事件处理器中的调用确保所有必要的路由都在首个请求到达应用程序之前就绪。以下是默认的路由配置。

```
public class RouteConfig
{
    public static void RegisterRoutes(RouteCollection routes)
    {
        routes.IgnoreRoute("{resource}.axd/{*pathInfo}");
        routes.MapRoute(
            name: "Default",
            url: "{controller}/{action}/{id}",
            defaults: new { controller = "Home", action = "Index", id = UrlParameter.
Optional }
        );
    }
}
```

显然，你可以根据需要修改默认的路由，添加想要的新路由，另外，只要把 Route 类的实例添加到 RouteTable 类的 Routes 静态集合就行了。在 RouteConfig 类中使用 MapRoute 扩展方法来做是推荐模式，它和其他实现相同结果的代码是一样的。

■ **重要:** 需要记住的是，刚才展示的代码只在 ASP.NET Core 1.0 运行时环境之外的 ASP.NET MVC 版本中有效。正如第 7 章中讨论的，新的运行时环境支持一个稍微不同的语法，它不需要任何 RouteConfig 类，即使定义路由的语法是类似的。

3. 自定义配置

如何配置区域和路由是 ASP.NET 应用程序的常见问题。但每个应用程序都有额外的配置需要。如前所述，ASP.NET MVC 中的一个常用约定是在 xxxConfig 类中使用静态方法来执行与特定功能相关的初始化（如资源捆绑、Web API 路由、动作过滤器、本地化、控制反转（IoC）框架）以及特定组件的初始化（如设备检测框架或服务总线）。

在 Web 应用程序中需要配置的一个典型任务是从某种存储加载全局数据。一些通用设置可以直接在 web.config 文件中保存为键值对。这个方案通常针对只是偶尔改变的半常量值或者在特殊情况下需要启用或禁用的特性。

其他指定系统以特定方式工作的信息最好保存在独立的数据存储中，不管是单纯的 Microsoft SQL Server 数据库表还是某种云存储。理论上，所有配置数据都通过应用程序特定的 HttpApplication 对象暴露的全局静态属性提供。以下是一个例子。

```
public class YourApplication : HttpApplication
{
    public static YourAppVersion Version { get; private set; }
    public static YourAppSettings Settings { get; private set; }
    public static IList<INewsProvider> NewsProviders { get; private set; }
    ...

    protected void Application_Start()
    {
        AreaRegistration.RegisterAllAreas();
        RouteConfig.RegisterRoutes(RouteTable.Routes);

        Version = ApplicationConfig.LoadVersionInformation();
        Settings = ApplicationConfig.LoadGeneralSettings();
        NewsProviders = ApplicationConfig.SetupNewsProviders();
        ...
    }
    ...
}
```

完整的版本号可以从 web.config 文件读取，而设置和新闻提供者可以从存储读取。所有信息在应用程序的任何地方都是全局提供的。

■ **重要:** 当使用全局可访问数据时，你应该小心确认这是只读信息，至少对共享数据的任何更改不会导致非预期的副作用。

4. 多租户应用程序

多租户应用程序是一种特殊的 Web 应用程序，单个托管网站服务多个客户端或者租户，每个都从不同的 URL 发出请求。博客引擎是多租户应用程序的典范。假设你创建一个 WordPress 博客，付钱让它运行在自己域名上，并没有获得部署在自己服务器上的博客引擎副本。你很可能告诉博客的多租户基础设施把来自己知域名的任何请求映射到基于这个租户的设置和数据特殊配置的应用程序代码。

在配置方面，ASP.NET MVC 多租户应用程序还需要额外的一步。对于每个动作，控制器都会解析托管环境信息并加载数据，把这个应用程序实例配置成请求租户需要和预期的那样。除了在应用程序启动时设置的贡献配置，还要为每个请求执行一个额外的步骤。托管环境的名字是用来加载正确信息的判别标志。以下代码演示了控制器动作：

```
public class HomeController : Controller
{
    public ActionResult Index()
    {
        // Grab the name of the requesting host
        var host = Request.Url.DnsSafeHost;

        // Grab tenant-specific configuration
        var tenantSettings = TenantConfig.Load(host);

        // Incorporate the tenant-specific information in the response
        var model = DoSomeWorkAndGetViewModel(tenantSettings);
        return View(model);
    }
}
```

注意，每个动作都需要这些租户处理工作。有鉴于此，在真实场景中，你可能想把这些公共代码挪到控制器基类来减少工作量。

5. 理解 ASP.NET Core 1.0 配置

全新的.NET 执行环境（DNX）控制 ASP.NET Core 1.0 应用程序的执行。结果，每个 ASP.NET Core 1.0 项目都是一个 DNX 项目，遵循基于 JSON 的专门语法。ASP.NET Core 1.0 应用程序和 DNX 通道之间的连接点是 ASP.NET 应用程序托管包。这个包的核心是 Startup 类。该类是 ASP.NET Core 1.0 中使用的约定，用来初始化通道和完全配置应用程序，以便它能使用来自托管环境的信息。

```
public class Startup
{
    // Sets up middleware for the request pipeline (OWIN)
    public void Configure(IApplicationBuilder app)
    {
        ...
    }

    // Sets up services being used through the internal IoC infrastructure
    public void ConfigureServices(IServiceCollection services)
    {
        ...
    }
}
```

Configure 方法配置每个请求经过的通道。它引用正被用来处理请求的组件。引用是通过定义在 IApplicationBuilder 对象上的 UseXxx 扩展方法添加的。ASP.NET MVC 应用程序至少包含以下内容。

```
public void Configure(IApplicationBuilder app)
{
    app.UseMvc();
}
```

如果打算使用基于约定的路由，你在这里要指定支持的路由。

```
public void Configure(IApplicationBuilder app)
{
    app.UseMvc(routes => {
      routes.MapRoute(
        name: "Default",
        template: "{controller=Home}/{action=Index}/{id?}");
    });
}
```

ConfigureServices 方法中列出了正被应用程序使用的服务。同样，ASP.NET MVC 应用程序至少包含以下内容。

```
public void ConfigureServices(IServiceCollection services)
{
    // Reference Entity Framework and SQL Server
    services.AddEntityFramework()
    services.AddSqlServer();

    // Reference ASP.NET MVC binaries
    services.AddMvc();
}
```

在 ConfigureServices 方法中，也有代码使用内部的 IoC 框架并把接口解析成实际的类名。

10.1.3 研究应用程序服务

ASP.NET MVC 是一个生来就可测试的框架，它推崇一些重要的原则，如关注点分离（SoC）和依赖注入（DI）。ASP.NET MVC 期望应用程序分为控制器、视图和模型等已知部分。

被迫创建控制器类不意味着你会自动达到正确级别的 SoC，也肯定不意味着你在写可测试代码。ASP.NET MVC 给了你一个很好的开始，但后续（所需）的分层取决于你自己。

1. 使用"脱脂"控制器

任何请求都有可能触发一个工作流，有时候工作流很复杂。如果你在编排这个工作流时把它的所有错误处理和补偿逻辑都放在一个地方——控制器方法——你很可能会得到一个很长的方法，或许有 100 行甚至更多。这种长方法不是很合理。

我建议基于以下几点策略创建"脱脂"控制器。

- 把任何动作转发给控制器特定的工作者服务类。这个类是应用程序层的一部分，并不以重用为目标。

- 让工作者服务类的方法以模型绑定提供的方式接受数据。
- 让工作者服务类的方法以视图模型对象的方式返回数据，这些对象可以传给视图引擎。
- 通过特性收集异常。

让我们来看看如何构思工作者服务类。

2. 使用工作者服务类

工作者服务是一个和控制器一一对应的辅助类。你可能期望每个控制器都有一个不同的工作者服务类。另外，工作者服务只是控制器的扩展，它是为了把核心行为从控制器类转移到不同的可测试的类中。

ASP.NET MVC 的工作者服务类在架构中的位置如图 10-2 所示。

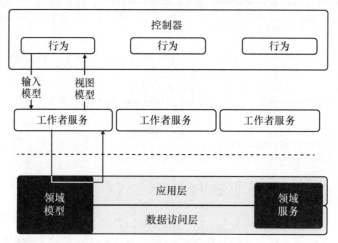

图 10-2　工作者服务和控制器

实现了工作者服务，控制器方法就变得像下面的代码这么简单了。

```
public class HomeService : IHomeService
{
    public IndexViewModel GetIndexViewModel()
    {
        ...
    }
    ...
}

public class HomeController : Controller
{
    private IHomeService _homeService = new HomeService();

    public ActionResult Index(...)
    {
        var model = _homeService.GetIndexViewModel(...);
```

```
        return View(model);
    }
}
```

是否把工作者服务类抽象到一个接口取决于你。抽象是一个很好的东西，如果它能带来具体的好处。前面的代码也没有使用任何依赖注入。手工依赖注入的示例如下。

```
public class HomeController : Controller
{
    private IHomeService _homeService
    public HomeController() : this(new HomeService()) {}
    public HomeController(IHomeService service)
    {
        _homeService = service;
    }

    public ActionResult Index(...)
    {
        var model = _homeService.GetIndexViewModel(...);
        return View(model);
    }
}
```

3．确定工作者服务类的位置

工作者服务类是表现层（如控制器）和中间层（如领域和基础设施）之间的连结点。这些工作者服务类组成了第 5 章中提到的应用程序层。

你可以把应用程序层实现成独立的类库，但大多数时候它可以放在 ASP.NET MVC 主项目的边界中。创建一个新的项目文件夹，把它命名为 Application 并把所有工作者服务类放在那里。因为工作者服务类最终会编译到单个二进制 DLL 中，你创建的任何文件结构都是可以接受的，如果适用的话。

10.1.4　加入其他资产

模型和资源是 ASP.NET MVC 应用程序中需要定义和使用的两种资产。有很多方式组织项目中的这些资产。下面总结了我在自己项目中的做法。

1．使用模型

一般来说，任何 Web 应用程序都要处理四种模型。输入模型是一组描述了要传给控制器动作的数据的类。视图模型包含了所有用来提供数据给视图渲染的类。接着，领域模型用于业务逻辑，最后是持久化模型，你通常会在使用 Entity Framework 时使用它。

领域模型和持久化模型有时候可能重叠，只要你没有太多复杂的逻辑，或者倾向于把业务逻辑的执行隔离到单独的组件中。如果你有两个模型，领域模型应该定义在领域层中，持久化模型应该定义在基础设施层中。输入模型和视图模型属于 ASP.NET MVC 主项目。

图 10-3 展示了一种把模型映射到层的方式。

图 10-3　把层映射到模型和 ASP.NET MVC 解决方案中的项目类型

2. 使用资源

Web 应用程序使用四种资源：CSS 类、脚本文件、图片和字体。任何资源的相对路径必须和生产环节的一致，只要这个资源是一个物理文件。

有很多方式可以组织 ASP.NET MVC 项目中的资源，至少，可以给每种资源创建一个文件夹：images、fonts、styles 和 scripts。我喜欢把这些文件夹放在 Content 文件夹中。

10.1.5　创建表现布局

ASP.NET MVC 应用程序生成的标记是通过一个叫作视图引擎的系统组件服务获得的。视图引擎获取使用 Razor 语言编写的 HTML 模板和一个特定的数据模型对象，然后生成最终的标记。特定模板可以分成更小的可重用的分部视图（partial view），这些模板的位置可以通过创建自定义视图引擎来定制。让我们看看它是怎么用的。

1. 把模板分层分部视图

在 ASP.NET MVC 中，分部视图只是单纯的 HTML 视图模板，除了它包含一些小块标记。每当把现有的更小视图集成到正在编写的视图模板中，你就可以使用分部视图。这个概念类似于 HTML 中的 IFRAME 元素。

分部视图通常放在 Views 文件夹下的 Shared 文件夹中。如果一个分部视图只有特定控制器使用，你可以把它保存在和控制器一样的视图文件夹中。但是，只有一个控制器创建的视图可以使用的分部视图限制有点大。

建议使用分部视图有两个主要原因。首先，它让你有可重用的用户界面。其次，它让你的视图模板更干净、更容易阅读和理解。以下是可以用来调用分部视图的代码。

```
@Html.Partial("pv_CustomerList")
```

使用前缀来区分分部视图和常规视图是一个常见的做法。一些开发者只是用下划线作为名字的前缀。我倾向于使用 pv_前缀。但比使用前缀更重要的是命名视图。使用纯字符串来命名 Razor 模板中的视图以及控制器方法是可以接受的，但这会使你的代码变得脆弱，建议使用常量来引用视图和分部视图的名字。

2. 自定义视图引擎

在一个大型 ASP.NET MVC 应用程序中，你会广泛使用分部视图，Views 下的 Shared 文件夹很快就会被分部视图淹没。当使用的分部视图文件很多时，编辑正确的那个可能会变得很烦人。

我喜欢自由地把所有分部视图放在 Views 文件夹下的单独文件夹中，并按照控制器的结构来组织它们。这并不是一个支持的特性。但也不尽然。它只是没有原生支持，但通过编写你自己的个性化版本的视图引擎，你可以从任何想要的地方加载分部视图。

有两种方式编写自定义视图引擎。你可以从 VirtualPathProviderViewEngine 基类继承，也可以从 Razor 引擎（RazorViewEngine 类）派生你的视图引擎。如果从 VirtualPathProviderViewEngine 继承，你必须自己实现视图和分部视图的渲染流程。你要负责定位模板内容（不管它来自物理文件还是数据库表），还要负责把它渲染成 HTML 视图。总之，我认为这个高级选项很少在真实世界用到，虽然它是一个很好的特性。

如果想做的只是从不同于平常的位置定位 Razor 分部视图（甚至布局和视图），你只需以下这个类，在构造器中，赋给三个属性新的值：PartialViewLocationFormats、ViewLocationFormats 和 MasterLocationFormats。

```
public class MyViewEngine : RazorViewEngine
{
    public MyViewEngine()
    {
        // Define the locations of partial views
        this.PartialViewLocationFormats = new string[]
        {
            "~/Views/{1}/{0}.cshtml",
            "~/Views/Shared/{0}.cshtml",
            "~/Views/Partial/{0}.cshtml",
            "~/Views/Partial/{1}/{0}.cshtml"
        };

        // Define the locations of views
        this.ViewLocationFormats = new string[]
        {
            "~/Views/{1}/{0}.cshtml",
            "~/Views/Shared/{0}.cshtml",
            "~/Views/Controller/{1}/{0}.cshtml"
        };
        // Define the locations of layouts
        this.MasterLocationFormats = new string[]
        {
            "~/Views/Shared/{0}.cshtml",
            "~/Views/Layout/{0}.cshtml"
        };
    }
}
```

{1}占位符表示控制器名字，{0}占位符表示视图名字。在 global.asax 中注册这个新的视图引擎如以下代码所示。你可以首先清空现有视图引擎，避免冲突，然后添加新引擎。

```
protected void Application_Start()
```

```
{
    RouteConfig.RegisterRoutes(RouteTable.Routes);
    ...
    ViewEngines.Engines.Clear();
    ViewEngines.Engines.Add(new MyViewEngine());
}
```

图 10-4 展示了使用自定义视图引擎的 ASP.NET MVC 项目的截图。可以看到，Views 文件夹的结构完全量身定做。现在有三个主要的子文件夹，每个类别的视图都有一个：Controller、Partial 和 Layout。

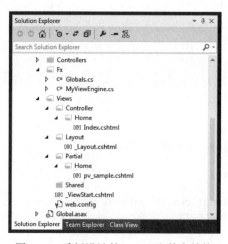

图 10-4　重新设计的 Views 文件夹结构

最后，值得注意的是，如果把布局文件放在默认的 Shared 文件夹之外，你必须编辑_ViewStart. cshtml 文件的内容，使它指向新的位置。_ViewStart.cshtml 文件包含了默认布局文件的路径，当没有布局文件传给视图引擎时就会用它。

10.2　更有效地提供资源

随着网页提供越来越丰富的可视化内容，下载相关资源（如 CSS、脚本文件和图片）的成本也显著提高。大多数时候，这些资源都可以被浏览器缓存到本地；但初始大小是很难维持的。对于脚本和 CSS 文件，GZIP 压缩可以结合打包（bundling）和简化（minification），这两项技术可以极大地压缩大小和下载的次数。

现在有很多框架都提供打包和简化服务，具备不同级别的可扩展性和不同特性集。大多数时候，它们都提供相同的功能，因此选择一个而不是另一个纯粹是一种偏好。如果正在编写 ASP.NET MVC 应用程序，你会很自然选择 Microsoft ASP.NET Web Optimization 框架来打包和简化，它通过 NuGet 包提供。

■ **注意**：你可以同时应用打包和简化，但它们是独立流程。根据需要，你可以决定只创建包或者简化个别文件，但是通常没有理由不在产品网站上打包和简化所有 CSS 和 JavaScript 文件。然而在调试时，这又是个完全不同的情况：经过简化或打包的资源很难读取和单步调试，所以不会启用打包和简化。

10.2.1　打包

打包（bundling）是一个把很多不同资源汇总到一个可下载资源中的流程。比如，一个包可能包含多个 JavaScript 或 CSS 文件。在布局和视图文件中，引用包的 URL 时，就会发生单次下载，但 DOM 最终会受到保存在包中所有内容的影响。

1. 打包相关 CSS 文件

通常，在 global.asax 中通过编程创建包。按照 ASP.NET MVC 初始化的约定，可以在 App_Start 文件夹中创建一个 BundleConfig 类并从中暴露一个静态初始化方法，如下所示。

```
BundleConfig.RegisterBundles(BundleTable.Bundles);
```

一个包只是一组文件，通常是样式表或者脚本文件。以下代码把两个 CSS 文件放到一个下载中。

```
public class BundleConfig
{
    publ ic static void RegisterBundles(BundleCollection bundles)
    {
        bundles.Add(new Bundle("~/site-css")
                .Include("~/content/styles/site1.css",
                         "~/content/styles/site2.css"));
    }
}
```

可以创建新的 Bundle 类，并把用来从视图或布局文件引用这个包的虚拟路径传给构造器。要把 CSS 文件关联到这个包，使用 Include 方法。这个方法接收一个字符串数组，每个表示一个虚拟路径。

```
bundles.Add(new Bundle("~/site-css")
        .Include("~/content/styles/*.css");
```

可以明确指定 CSS 文件，如第一个例子所示，也可以指定一个模式字符串，如上面的例子所示。注意，Bundle 类有一个 IncludeDirectory 方法，可以用来指定特定虚拟目录的路径，它还有一个模式匹配字符串和一个 Boolean 标记用来启用在子目录上搜索。

2. 启用包优化

打包是一种优化，因而通常适用于生产环境的网站。BundleTable 类上的 EnableOptimizations 属性是按照生产环境的要求启用打包的便捷方式。因此，需要注意的是，除非明确启用，否则打包不会运作。

```
public static void RegisterBundles(BundleCollection bundles)
{
```

```
bundles.Add(new Bundle("~/site-css").Include(
        "~/content/styles/site1.css",
        "~/content/styles/site2.css"));

    Bund leTable.EnableOptimizations = true;
}
```

就演示而言，假设 site1.css 有以下内容。

```
body {
    padding-top: 50px;
    padding-bottom: 20px;
}
/* Set padding to keep content from hitting the edges */
.body-content {
    padding-left: 15px;
    padding-right: 15px;
}
/* Set width on the form input elements since they're 100% wide by default */
input,
select,
textarea {
    max-width: 280px;
}
```

而 site2.css 文件包含以下内容。

```
.title {
    font-size: 3em;
}
```

如果不想在开发中测试打包，也可以像下面这样使用指令。

```
#if DEBUG
    BundleTable.EnableOptimizations = false;
#else
    BundleTable.EnableOptimizations = true;
#endif
```

下面看看在 Razor 视图中引用一个包需要什么。

3．在视图中引用 CSS 包

要在任何 Razor 视图中引用一个 CSS 包，可以使用以下代码。

```
@Styles.Render("~/site-css")
```

传给 Render 方法的字符串只是前面创建的 CSS 包的虚拟路径。在一个包中，可以轻易引用内容分发网络（CDN）路径。还有一点需要注意，选择使用包并没强迫你只使用包。事实上，在同一个视图中，可以有包和直接 CSS 请求，如下所示。

```
<head>
```

```
    <meta charset="utf-8" />
    <meta name="viewport" content="width=device-width, initial-scale=1.0">
    @Styles.Render("~/content/styles/bootstrap.min.css")
    @Styles.Render("~/site-css")
</head>
```

Bootstrap CSS 文件作为单个独立下载添加进来，其他 CSS 文件打包起来。

4. 打包脚本文件

要打包脚本文件，就要把 JavaScript 文件传给新创建的 Bundle 类的实例，如下所示。

```
bundles.Add(new Bundle("~/site-core-scripts")
        .Include("~/content/scripts/jquery-1.10.2.min.js",
                 "~/content/scripts/bootstrap.min.js"));
```

要在视图中引用一个脚本包，需要使用@Scripts 对象。

```
@Scripts.Render("~/site-core-scripts")
```

图 10-5 展示了在使用包时浏览器的活动细节。

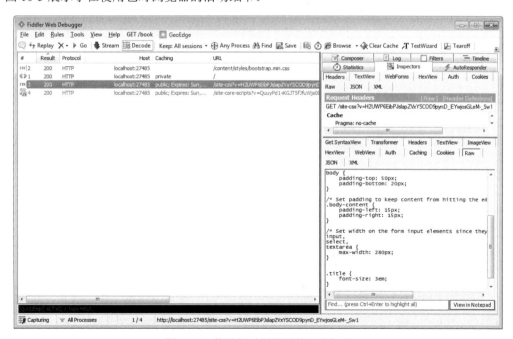

图 10-5 使用包时浏览器的活动细节

如果比较图中/site-css 请求的详细内容和前面 site1.css 和 site2.css 文件的声明内容，就会看到下载的内容就是两个文件的整合内容。

Bundle 类对于 CSS 或 JavaScript 文件没有什么区别。但是，BundleCollection 类有一些特性在打包脚本文件时非常有用：排序器和忽略列表。

5. 排序器和忽略列表

Bundle 类有一个类型为 IBundleOrderer 的 Orderer 属性。显然，排序器是一个负责确定文件打包下载的实际顺序的组件。

默认的排序器是 DefaultBundleOrderer 类。这个类打包文件的顺序取自 FileSetOrderList 属性的设置，这是 BundleCollection 的另一个属性。FileSetOrderList 属性是一个 BundleFileSetOrdering 类的集合。每个都定义了一个文件模式（如 jquery-*），而 BundleFileSetOrdering 实例的顺序决定了包中文件的实际顺序。比如，按照默认配置，所有 jQuery 文件总在 Modernizr 文件之前打包。常见文件（如 jQuery、jQuery UI 和 Modernizr）的排序是预先定义好的。可以在需要的时候通过编程重设和更新排序。

■ **注意**：DefaultBundleOrderer 类对 CSS 文件的影响比较有限，但不是没有。如果网站有一个 reset.css 文件，一个 normalize.css 文件，或者两个都有，它们会自动在其他 CSS 文件之前打包，而且 reset.css 总在 normalize.css 之前。

使用 reset/normalize 样式表的目的是为所有 HTML（reset）和 HTML5（normalize）元素提供标准样式属性集，这样页面就不会继承浏览器特定的设置，如字体、大小和边距。虽然这两个 CSS 文件有一些推荐内容，但实际内容取决于你。如果项目中有这些名字的文件，ASP.NET MVC 会采取额外措施确保它们在其他东西之前打包。

如果想覆盖默认排序器，忽略预先定义的包文件集排序，你有两个选择。首先，可以创建自己的排序器，这是在每个包的基础上工作的。以下例子就忽略了预先定义的排序。

```
public class SimpleOrderer : IBundleOrderer
{
    public IEnumerable<FileInfo> OrderFiles(
            BundleContext context, IEnumerable<FileInfo> files)
    {
        return files;
    }
}
```

按照这里演示的方式来使用。

```
var bundle = new Bundle("~/all-css");
bundle.Orderer = new SimpleOrderer();
```

此外，可以通过以下代码重设所有排序。

```
bundles.ResetAll();
```

在这种情况下，使用默认排序器和前面展示的简单排序器的效果是一样的。但注意，ResetAll 也会重设当前所有脚本排序。

另一个值得注意的特性是忽略列表。通过 BundleCollection 类的 IgnoreList 属性定义，它定义了包含在包中应该忽略的文件的模式匹配字符串。忽略列表最大的好处是，可以只在包中指定*.js，但使用忽略列表来跳过*.vsdoc.js 文件。IgnoreList 的默认配置会处理最常见的场景（包括*.vsdoc.js 文件），同时给你定制的机会。

10.2.2　使用简化

简化（minification）是一个应用到个别资源的转换过程。具体而言，简化会从文本资源移除所有不必要的字符，同时不会改变预期功能。这意味着移除注释、空格字符和换行符。一般来说，文本文件中的这些字符通常都是为了可读性，但占用了空间又不提供任何功能。

可读性在调试的时候对人来说很重要，但对浏览器来说没用。以下字符串是一个简化的 CSS 类。它不包括任何额外的字符，对浏览器来说是完全可以接受的。

```
html,body{font-family:'segoe ui';font-size:1.5em;} html,body {background-color:
#111;color: #48d1cc}
```

引用经过简化的 CSS 和 JavaScript 文件的方式和你引用包的一样。简化只是对现有包做的额外转换。因此，问题就来了：怎么简化 CSS 和 JavaScript 文件？

1. 简化 CSS 和脚本

到目前为止使用的 Bundle 类只关心把多个资源打包起来，以便它们一起下载或缓存。如果要简化，有两个选择。一个是把 Bundle 类换成更具体的类，如 StyleBundle 和 ScriptBundle 类。另一个是把转换组件添加到 Bundle 类的 Transforms 集合，这些组件只在 CSS 或脚本文件上执行简化。

以下是 StyleBundle 和 ScriptBundle 类的定义。二者都从 Bundle 继承并添加了不同的构造器。

```
public ScriptBundle(string virtualPath)
        : base(virtualPath, new IBundleTransform[] { new JsMinify() })
{
}
public StyleBundle(string virtualPath)
        : base(virtualPath, new IBundleTransform[] { new CssMinify() })
{
}
```

转换组件是实现 IBundleTransform 接口的类的实例。脚本简化是通过 JsMinify 类执行的。CSS 简化是通过 CssMinify 类执行的。注意，CssMinify 和 JsMinify 类是 ASP.NET MVC 中的默认简化器，都基于 WebGrease 框架——Microsoft ASP.NET Web Optimization 框架的一个元素。可以使用不同的简化器，只要有需要。简化器只是实现 IBundleTransform 接口的类。

如果不想使用 StyleBundle 和 ScriptBundle，而想使用相同的 Bundle 类，可以像下面这样添加转换器。

```
public class BundleConfig
{
    public static void RegisterBundles(BundleCollection bundles)
    {
        var cssBundle = new Bundle("~/site-css")
            .Include("~/content/styles/site1.css",
                "~/content/styles/site2.css");
        cssBundle.Transforms.Add(new CssMinify());
        bundles.Add(cssBundle);

        var scriptBundle = new Bundle("~/site-core-scripts")
```

```
        .Include("~/content/scripts/jquery-1.10.2.min.js",
            "~/content/scripts/bootstrap.min.js");
    scriptBundle.Transforms.Add(new JsMinify());
    bundles.Add(scriptBundle);

    BundleTable.EnableOptimizations = true;
    }
}
```

为一个包定义的多个转换器会按照它们出现的顺序应用。

2. 处理自定义转换器

自定义转换器的一个有趣的例子是 LESS 转换器，它把 LESS 脚本编译成 CSS，然后简化它。以下是示例代码。

```
var lessBundle = new Bundle("~/site-less")
        .IncludeDirectory("~/content/less", "*.less");
lessBundle.Transforms.Add(new LessTransform());
lessBundle.Transforms.Add(new CssMinify());
bundles.Add(lessBundle);
```

LessTransform 类负责把 LESS 转成纯 CSS。可以使用 dotless NuGet 包的服务通过编程做到。一旦安装了这个包，你可以这样做。

```
public class LessTransform : IBundleTransform
{
    public void Process(BundleContext context, BundleResponse response)
    {
        response.Content = dotless.Core.Less.Parse(response.Content);
        response.ContentType = "text/css";
    }
}
```

如果使用其他样式中间语言，如 CoffeeScript 和 SASS，就可以自己创建类似的类。

10.3　研究其他方面

所有应用程序都需要某种错误处理，很多应用程序都需要把内容的访问限制在授权用户。一般来说，开发者很关心错误处理和安全的最佳实践。每个开发团队都会认为他们的解决方案比他们碰到的其他选择都好。鉴于此，我不想花太多时间在本章中一步一步地讲解错误处理和用户验证。

我要做的是总结错误处理和用户验证的关键事实，用作你已经见过的或者你可以通过搜索 Google 和 StackOverflow 轻易找到的解决方案的检查清单。

10.3.1　研究错误处理

ASP.NET MVC 中的错误处理涉及两个重要区域：处理程序异常和路由异常。前者关心在控制器和视图中捕获错误，后者更关心重定向和 HTTP 错误。

1. 处理程序异常

ASP.NET MVC 应用程序中得到的任何堆栈跟踪都来自控制器类中的一个方法调用。因此，捕获程序异常就是捕获控制器类中的错误。你可以用 try/catch 代码块包围整个方法体。这能解决问题，但也很难看。更好的做法可能是从 Controller 基类重写 OnException 方法。另一个做法是在控制器类的级别上使用 HandleError 特性。更好的是，HandleError 特性归根结底是一个动作过滤器，可以全局地设在你有的每个控制器和动作上。

如果在任何控制器类中重写，以下方法会在每次动作方法出现未处理异常时调用。

```
protected override void OnException(ExceptionContext filterContext)
{
    // Switch to a view/layout that shows appropriate information about what happened.
    ...
}
```

注意，控制器之外的异常不会被 OnException 捕获。不被 OnException 捕获的异常的一个好例子是模型绑定层的空引用异常。另一个号例子是路由找不到异常。

如果不想显式重写 OnException，则可以使用 HandleError 特性装饰控制器类（或者个别方法）。

```
[HandleError]
public class HomeController
{
    ...
}
```

可以使用特性上的属性来选择要捕获的异常和重定向的视图。

```
[HandleError(ExceptionType=typeof(ArgumentException), View="generic")]
```

每个方法都可以多次使用这个特性，每次针对你感兴趣的一个异常。默认情况下，HandleError 会重定向到我前面提到的名叫 error 的视图。注意，这个视图是 Visual Studio 中的 ASP.NET MVC 模板特意创建的。

在开发期间使用 HandleError 时，需要注意这个特性不会产生任何效果，除非启用应用程序级别的自定义错误。

```
<customErrors mode="On">
</customErrors>
```

上线时，远程用户将会正确接收选中的错误页面，不管是否启用这个。但要测试这个特性，需要修改配置文件。

在 global.asax 中把 HandleError 注册为全局过滤器，它就会自动应用到任何控制器类的任何方法。

```
public class MvcApplication : System.Web.HttpApplication
{
    protected void Application_Start()
    {
```

```
    RegisterGlobalFilters(GlobalFilters.Filters);
    ...
}
public static void RegisterGlobalFilters(GlobalFilterCollection filters)
{
    filters.Add(new HandleErrorAttribute());
}
}
```

全局过滤器会在动作调用器调用任何动作方法之前自动加到过滤器列表。

2．处理路由异常

除了检测到的任何程序错误，应用程序也可能因为传入请求的 URL 没有匹配任何映射路由（不管是非法 URL 模式，即非法动作或控制器名称，还是违反了约束）抛出异常。在这种情况下，用户会收到 HTTP 404 错误。让用户接收默认的 404 ASP.NET 页面可能是你想避免的事情，原因可能很多，最主要的是要对用户友好。

ASP.NET 框架强制执行的典型方案是为常见的 HTTP 代码（如 404 和 403）定义自定义页面（或者 ASP.NET MVC 中的路由）。每当用户输入或者来到一个非法的 URL，他会被重定向到另一个提供有用信息（希望如此）的页面。以下是在 ASP.NET MVC 中注册专属路由的方法。

```
<customErrors mode="On">
    <error statusCode="404" redirect="/error/show" />
    ...
</customErrors>
```

这个做法有效，从纯功能的角度也没有理由质疑它。那么问题出在哪？

第一个问题是安全性。把 HTTP 错误映射到个别视图，黑客可以区分应用程序中出现的不同类型错误并使用这些信息来规划后续攻击。因而，要显式地把<customErrors>标记的 defaultRedirect 属性设为特定的固定 URL，确保没有按照每种状态代码设置。

基于每种状态代码的视图的第二个问题和搜索引擎优化（SEO）有关。假设一个搜索引擎请求一个实现了自定义错误路由的应用程序中不存在的 URL。这个应用程序首先发出 HTTP 302 代码，告诉调用方这个资源暂时转移到另一个位置了。同时，调用方发出另一个请求并最终到达错误页面。这个方案对于用户是很好的，因为最终会得到一个友好的消息；从 SEO 的角度来看就不够好了，因为它让搜索引擎认为这个内容根本没有缺失，只是很难获取而已。而错误页面会归类为常规内容并和类似内容关联。

另一方面，路由异常是一类特殊的错误，需要和程序错误不同的特殊策略。归根结底，路由异常是指某种缺失的内容。

3．看看其他可能的错误

不管在哪里设置捕获点，错误总能找到通向用户的道路。global.asax 中的 Applicaiton_Error 方法会在未处理异常到达 ASP.NET 代码的最外层时调用。它是出现死亡黄屏之前最后一次调用开发者的代码。可以在这个事件处理器中做一些有用的事，如发送邮件或者写事件日志。

```
void Application_Error(Object sender, EventArgs e)
{
    var exception = Server.GetLastError();
    if (exception == null) return;

    var mail = new MailMessage { From = new MailAddress("noreply@yourserver.com") };
    mail.To.Add(new MailAddress("administrator@yourserver.com"));
    mail.Subject = "Site Error at " + DateTime.Now;
    mail.Body = "Error Description: " + exception.Message;
    var server = new SmtpClient { Host = "your.smtp.server" };
    server.Send(mail);
    // Clear the error
    Server.ClearError();

    // Redirect to a landing page
    Response.Redirect("home/landing");
}
```

虽然可以自己写错误处理器，但 ASP.NET 开发者通常用的是错误日志模块和处理器（ELMAH）。ELMAH 是一个 HTTP 模块，一旦配置好了，就会截获应用程序级别的错误事件并根据后端仓库的配置记录它。最低限度上，使用 ELMAH，有多种方式处理错误，修改或添加动作也能事半功倍。ELMAH 也提供一些很好的工具，比如，可以使用一个网页查看所有记录下来的异常并展开了解它们的每个。

ELMAH 是开源项目，它也有很多扩展，多数都是仓库方面的。要把它集成到应用程序中，最容易的途径是使用 NuGet 包。

4．收集所有应用程序异常

一个常见的场景是收集单个仓库中的所有已处理的异常，然后在它们之上运行某些分析，来找出它们的频率以及它们对用户的影响。大多数情况下，异常处理代码是这样的。

```
try {
    // Some operation
}
catch(Exception exception) {
    // Step 1: Handle the exception
    // Step 2: Log the exception to some service
}
```

在 catch 代码块中，第一步是标准的恢复步骤。第二步会把异常信息上传到某个服务器端或者云端仓库。根据仓库 API 的功能，可能只需上传异常细节或者来自应用程序当前状态的更多数据。这样的好处是远程或云端服务可能提供一个可视化的仪表盘，来分析记录下来的异常。这种服务比较流行的一个是 Microsoft Application Insights。其他的有 Exceptionless 和 Raygun。ELMAH 也提供类似的日志记录功能。

10.3.2　配置用户验证

在 ASP.NET MVC 中，通过根 web.config 文件的<authentication>节点选择验证机制。子目录继承

了为应用程序选择的验证模式。默认情况下，ASP.NET MVC 应用程序是配置成使用 Forms 验证。以下代码段展示了 ASP.NET MVC 中自动生成的 web.config 文件的内容片段（我只编辑了登录 URL。）

```
<authentication mode="Forms">
    <forms loginUrl="~/Auth/LogOn" timeout="2880" />
</authentication>
```

经过这样配置，每次用户试图访问只对验证用户开放的 URL 时，应用程序都会把用户重定向到指定的登录 URL。在 ASP.NET MVC 中，每次有一个控制器方法只有"已知"用户可以调用时，你就可以使用 Authorize 特性。下面是使用 Authorize 特性的方法。

```
[Authorize]
public ActionResult Index()
{
    ...
}
```

可以把 Authorize 特性应用到个别方法和整个控制器类。如果把 Authorize 特性添加到控制器类，这个控制器上的任何动作方法都只对验证用户开放。AllowAnonymous 特性可以公开方法的访问，不管使用了什么控制器级别的设置。

1．比较验证用户的方式

要验证用户，需要某种会员系统，它提供管理用户账号的方法，包括检查指定凭证。构建会员系统意味着编写软件和用户界面来创建新的用户和更新或删除现有用户。也意味着编写软件编辑和用户相关的任何信息，如用户的电邮地址、密码和角色。这听起来工作量很大，任何可以简化这个任务的框架都会不胜感激。最新的框架（也可能是最受推荐的）是 Microsoft ASP.NET Identity。

但通常需要做的只是验证指定的用户名和密码是否匹配保存在某个数据库中的内容。如果验证通过，则创建验证 cookie；否则，需要就这个结果发送一个友好的回应。为这么简单的任务使用 Identity 框架或者编写自定义会员提供者坦白说有点大材小用。下面是一个更简单但同样有效的方法。

按照预期创建用户表并添加专属的仓库类来集中读写这个用户表，接着，可以在 ASP.NET MVC 应用程序中添加一个账户控制器，里面包含几个方法，如下所示。

```
public ActionResult Login(LoginViewModel input, String returnUrl)
{
    // Gets posted credentials and proceeds with
    // actual validation
    ...
}
public ActionResult Logout(String defaultAction="Index", String defaultController="Home")
{
    // Logs out and redirects to the home page
    FormsAuthentication.SignOut();
    return RedirectToAction(defaultAction, defaultController);
}
```

Login 方法会直接使用仓库并做简单查询，来判断表中是否存在匹配用户名和密码的记录。这个方法获取一个 Boolean 结果并在没找到的情况下决定向用户显示最合适的消息。如果用户存在，它就使用 ASP.NET（或 OWIN）API 创建验证 cookie。

```
FormsAuthentication.SetAuthCookie(userName, rememberMe);
```

出于隐私理由，开发者需要考虑在数据库中保存密码散列并通过服务来检查密码，如下所示。

```
// Check if user exists and credentials match
var found = _passwordHashingService.Validate(password, storedPassword);
if (!found)
{
    response.Message = Strings.AppLogin_InvalidCredentials;
    return response;
}
```

以下代码是一个密码散列服务的例子。

```
public class DefaultPasswordHasher : IHashingService
{
    public bool Validate(string clearPassword, string hashedPassword)
    {
        return String.Equals(HashInternal(clearPassword),
                             hashedPassword,
                             StringComparison.InvariantCulture);
    }

    public string Hash(string clearPassword)
    {
        return HashInternal(clearPassword);
    }

    private string HashInternal(string password)
    {
        const string defaultSalt = "112358";
        var md5 = new MD5CryptoServiceProvider();
        var digest = md5.ComputeHash(
                    Encoding.UTF8.GetBytes(string.Concat(password, defaultSalt)));
        var base64Digest = Convert.ToBase64String(digest, 0, digest.Length);
        return base64Digest.Substring(0, base64Digest.Length - 2);
    }
}
```

这种采用纯代码避免任何外部框架的做法对于简单情况是足够的。越需要支持高级特性，如角色、更改或重设密码、密码锁和二步验证，就越会使用内置这些特性的框架。在这一点上，ASP.NET Identity 是事实上的标准，即使你仍然可以使用老旧的 ASP.NET Web Forms 会员系统。

2. 使用社交验证

大多数社交网络使用 OAuth 协议来代替客户端应用程序执行验证。由于这个通用标准的协议，一些公司开始提供框架和服务来针对各种社交网络做 OAuth 验证。这对于开发者来说是好的，因为你可以直接声明想启用哪个社交网络来做验证，而且只需使用统一的 API 做一次代码验证，而不必处理 Twitter、Facebook、Instagram、LinkedIn 等不同的 API。

但在某些情况下，你可能只想针对单个社交网络验证。在我看来，这种情况最好遵循特定 OAuth API 的规则。以下代码可以用在 ASP.NET MVC 应用程序中执行 Facebook 验证。

```
public class LoginController : Controller
{
    public ActionResult Facebook()
    {
        var returnUri = new UriBuilder(Request.Url)
        {
            Path = Url.Action("FacebookAuthenticated", "Login")
        };

        var client = new FacebookClient();
        var fbLoginUri = client.GetLoginUrl(new
        {
            client_id = ConfigurationManager.AppSettings["fb_key"],
            redirect_uri = returnUri.Uri.AbsoluteUri,
            response_type = "code",
            display = "popup",
            scope = "email,publish_stream"
        });

        return Redirect(fbLoginUri.ToString());
    }

    public ActionResult FacebookAuthenticated(String returnUrl)
    {
        var redirectUri = new UriBuilder(Request.Url)
        {
            Path = Url.Action("FacebookAuthenticated", "Login")
        };
    var client = new FacebookClient();
    var oauthResult = client.ParseOAuthCallbackUrl(Request.Url);
    // Exchange the code for an access token
    dynamic result = client.Get("/oauth/access_token",
                        new
                        {
                            client_id = ConfigurationManager.AppSettings["fb_key"],
                            client_secret = ConfigurationManager.AppSettings
["fb_secret"],

                            redirect_uri = redirectUri.Uri.AbsoluteUri,
                            code = oauthResult.Code
                        });

        var token = result.access_token;
        SaveAccessTokenToSomeCookie(Response, token);

        // Query Facebook for EXTRA claims about the user
        dynamic user = client.Get("/me", new
            { fields = "first_name,last_name,email", access_token = token });
```

```
        var userName = String.Format("{0} {1}", user.first_name, user.last_name);
        var cookie = FormsAuthentication.GetAuthCookie(userName, true);
        Response.AppendCookie(cookie);
        return Redirect(returnUrl ?? "/");
    }

    public ActionResult Signout(String defaultAction = "Index", String defaultController
="Home")
    {
        FormsAuthentication.SignOut();
        DeleteCookieWithAccessToken(Request);
        return RedirectToAction(defaultAction, defaultController);
    }
}
```

要让前面的代码工作，需要满足两个前提条件。一个是要正确地注册 Facebook 应用程序，保存应用程序 ID 和秘密令牌。第二个前提条件是要在 ASP.NET MVC 应用程序中引用 Facebook C# SDK。在视图中放置一个登录按钮，同时使之指向 LoginController 类中的 Facebook 端点。

这个 Facebook 端点会为 Facebook 准备内部登录 URL，然后发送请求。如果请求成功（比如匹配的应用程序存在并正确配置），FacebookAuthenticated URL 就会回调。那么，代码就会从 Facebook 获得访问代码，在代替特定 Facebook 用户向 Facebook 发送验证请求时将会需要它。这个代码会缓存到私有 cookie（SaveAccessTokenToSomeCookie），然后用来获取用户信息。一旦获得用户信息，应用程序就会创建 ASP.NET 验证 cookie。在退出的过程中，ASP.NET 验证 cookie 和访问令牌 cookie 都会删除。

10.4　小结

本章展示了一些我平时构建 ASP.NET MVC 应用程序使用的做法。我从项目的文件夹组织开始讲起，接着讨论一些推荐的技术，如打包和错误处理，也提到用户验证和项目类型。

建议你把本章看作参考资料，在需要编程的某些方面的指导时查阅它。这里展示的做法是我个人经验的总结以及我对编程的看法。另外，你可能会明白，经验和看法不是每个人都一样的！

第 11 章

展示数据

> 我们需要能够梦想从未有过的东西的人。
>
> ——约翰·肯尼迪

只有很少的应用程序没有表现层或者觉得它不重要的。在大多数情况下，用户界面甚至用户体验，才是用户关心的东西。就 Web 应用程序而言，用户界面的效率还依赖于发生更改或请求更多信息时刷新视图所需的时间。完全刷新页面的问题可以通过基于 Ajax 的技术有效解决。

在本章中，我会先回顾 Razor 视图的结构——用于在 ASP.NET MVC 中组织 HTML 视图的模板语言——然后继续讨论如何显示一组数据和页面并在上面滚动。

11.1 组织 HTML 视图

正如在第 8 章中看到的，ASP.NET MVC 应用程序处理的视图可以通过 Razor 模板文件描述。Razor 模板可以通过各种方式获取要显示的数据，最全面通用的方式是通过视图模型对象。Razor 模板通常基于主版布局（master layout），而主版布局可以表示成多个能在派生视图中重写的区域。最后，如果你把它创建成分部视图，视图可以重用。从纯技术的角度来看，除了分部视图并不基于布局，它与视图并没有什么不同。分部视图不仅可以在多个视图和布局中重用，还能使视图和布局可以组合并且任何时候都更易编辑。

下面研究一下 ASP.NET MVC 中 HTML 视图的其他方面。

11.1.1 探索视图模型

视图模型是一个类，它携带特定 Razor 模板，将会处理和显示的所有数据。视图模型类是一个普通数据传输对象（DTO），通常由属性组成，几乎没有附带行为。但是，你是否把视图模型的方法暴露出去是一个设计决定，在某种程度上也是个人偏好。

视图模型类的属性以及相关类型应该主要满足视图的需要。这意味着任何属性都可能是字符串，相关内容也可以预先格式化成字符串。但这不是强制的。与此同时，应该清楚视图模型类有特定使命——为视图携带数据。视图模型类不同于领域模型类或持久化模型类，虽然在某些场景中，同一个类可以应对一切。区分各种模型有助于理解和更好地处理复杂的真实世界场景。

1. 定义公共基类

我建议你为所有应用程序的视图模型类定义一个公共基类。下面是一个很好的起步。

```
public class ViewModelBase
{
    public ViewModelBase()
    {
        Title = "Modern Web Applications";
    }

    public string Title { get; set; }
}
```

在最低限度下，这个基类会有一个用于视图标题的读写属性。在更现实的场景中，页面标题的编写会反映当前路径。以下是一个更复杂更现实的版本。

```
public class ViewModelBase
{
    public ViewModelBase()
    {
        Title = YourApplication.DefaultAppTitle;
        Menu = new Menu();
    }

    public string Title { get; private set; }
    public Menu MainMenu { get; set; }

    public ViewModelBase SetTitle(string extra)
    {
        Title = extra.IsNullOrWhitespace()
            ? YourApplication.DefaultAppTitle
            : String.Format("{0} [{1}]", YourApplication.DefaultAppTitle, extra);
        return this;
    }
}
```

这个标题通过一个方法来设置，它的逻辑编写的应用程序标题会以当前路径和状态为后缀。其他属性也可以添加，如 Menu，它包含要在视图中渲染的菜单项。一般来说，视图模型的基类定义了影响应用程序处理所有视图的所有属性，包括菜单、页眉和页脚等公共元素。

2. 创建视图模型类的实例

每当控制器方法请求渲染视图时，它会指定要渲染的 Razor 模板并传递视图模型实例。因此，视图模型类的实例是在控制器方法的掌控下创建的。因为控制器类最好尽可能精简，所以填充视图模型类就要外包给工作服务类了，如下所示。

```
public class HomeController : Controller
{
    private readonly HomeService _service = new HomeService();
```

```
public ActionResult Index()
{
    var model = _service.GetHomeViewModel();
    return View(model);
}
}
```

我在第 10 章中讲述了工作服务类带来的好处。一般来说，你可能想为每个 Razor 视图创建一个视图模型类，除非现成的类可以直接在多个视图中重用和共享。另外，可能会有工作服务类和控制器类一一对应。每个工作服务类都包含了可以编排任何请求任务和返回可以显示数据的方法。有时候，在调用视图之前需要在控制器端做进一步处理，但通常我们想让控制器像一个工作服务基本包装器那样精简。

下面示范如何实现返回视图模型对象的工作服务方法。

```
public class CountryService
{
    public CountryListViewModel GetCountryListViewModel()
    {
        // Load the list of countries/regions from storage
        var repository = new CountryRepository();
        var model = new CountryListViewModel
        {
            Countries = repository.All().ToList()
        };

        // Perform here further queries and aggregation of data for display purposes.
        // The view model object contains ALL information for the view
        return model;
    }
}
```

工作服务方法通常接受控制器方法级别的模型绑定得到的数据类型。如果请求特定数据对于任务的实现来说是必需的（如保存在缓存中的数据或会话状态），那些数据会由控制器以纯数据的方式显式传递。工作服务类应该与 HTTP 上下文无关。这样就确保它完全可测试了。

```
public ActionResult List()
{
    // Retrieve data from the session state
    var currentPageIndex = (int) (Session["CurrentPageIndex"]);

    // Use session state information with the worker service
    var model = _service.GetListOfCountriesByPage(currentPageIndex);
    return View(model);
}
```

最终，要保持控制器精简，需要创建一个应用程序层来分离表现层（控制器所在之处）和系统后端，业务逻辑就在这里。

11.1.2 研究页面布局

几乎每个 ASP.NET 应用程序的页面都基于一个固定布局。在 ASP.NET Web Forms 中，通常把这个布局叫作主版页面。相反，在 ASP.NET MVC 中，只有布局页面。

1. 设置布局页面

从控制器调用的来渲染 HTML 视图的 View 方法有多个重载。你可以使用其中一个重载来指定在渲染视图过程中要用的布局页面的名字。

```
[ActionName("List")]
public ActionResult IndexViaGet()
{
    var model = _service.GetCountryListViewModel();
    return View("index", model, "layout");
}
```

View 方法的第一个参数表示你想用作模板的 Razor 文件的名字。它必须是放在 Views 项目文件夹下的.cshtml 文件。如果省略，视图名字默认是控制器动作的名字。在刚刚展示的示例代码中，动作名字是 List。如果 ActionName 特性没有使用，动作名字默认是方法名字。如果 View 方法显式接受视图名字，这个设置将会覆盖任何默认值。

布局页面通过遵循和常规视图相同规则的名字指定。布局页面也必须是放在 Views 项目文件夹下的.cshtml 文件。多个视图通常会布局共享。因此，它们的通常路径是 Views 下的 Shared 文件夹。你也可以通过以下方式在视图中直接设置布局。

```
@{ Layout = "~/Views/Shared/YourLayout.cshtml"; }
```

最后，可以指定默认布局文件，它会在没有显式设置布局时应用到所有视图。要做到这一点，你可以把包含以下内容的_viewstart.cshtml 文件添加到 Views 文件夹。

```
@{ Layout = "~/Views/Shared/YourDefaultLayout.cshtml"; }
```

注意，在 Microsoft Visual Studio 生成的代码中，默认布局文件的名字是_Layout.cshtml。名字前面的下划线是一个用来表示布局和分部视图的约定。

2. 定义页面 Head 节点

布局页面负责视图的所有公共元素。布局引用公共样式表和脚本文件并添加公共元标记。这些都会出现在 HTML 页面的 HEAD 节点。以下是一个真实的例子。

```
<!DOCTYPE html>
<html>
<head>
    <meta charset="utf-8" />
    <meta name="viewport" content="width=device-width, initial-scale=1.0">
    <meta http-equiv="X-UA-Compatible" content="IE=edge">
    <meta name="description" content="What your web site is for ...">
    <meta name="author" content="Just you ...">
```

```
    <link rel="stylesheet" href="@Url.Content("~/content/styles/bootstrap.min.css")">
    <link rel="stylesheet" href="@Url.Content("~/content/styles/font-awesome. min.
css")">
    <link rel="stylesheet" href="@Url.Content("~/content/styles/yoursite.css")">
    <link rel="stylesheet" href="http://fonts.googleapis.com/css?family=Montserrat:400,
700">
    ...
</head>
...
</html>
```

鉴于移动浏览器的激增，如今向网站处理的任何页面添加 viewport 元标记都是强制的。此外，页面的 HEAD 节点会列出想从绑定这个布局的所有视图中引用的所有 CSS 文件。今天，这通常意味着引用 Bootstrap 库以及一个添加好看图标来设置按钮、菜单和链接样式的符号库。Bootstrap 自带符号图标集，但大多数网站喜欢添加其他图标集。布局页面的 HEAD 节点也是下载额外字体的理想地方。

■ **注意**：URL 中的波浪符（~）表示根路径。大多数时候你会在 Razor 中使用@Url.Content 函数把这个波浪符展开成网站的根路径。如果使用 ASP.NET MVC 4 之后的版本，那就没有必要这样做了。现在可以在各种 HTML 元素中把 URL 输入成"~/..."，Razor 引擎会为你转换。还要注意的是，波浪符的转换只有在你把网站部署到一个目录中才适用，更重要的是，它不适用于 JavaScript 代码。

---

3. 定义网站图标

一个没有图标的现代网站比有个小图标的看起来吸引力低很多。有图标不会让网站更实用，但因为添加图标没有成本，我认为没有理由不来一个。定义图标的标准方式如下所示。

```
<link rel="icon" href="~/yoursite.ico" type="image/x-icon">
```

对于波浪符的使用，只有使用 Razor 引擎处理标记才会发生自动转换。如果你把刚才展示的这一行添加到普通 HTML 页面，然后从浏览器查看，波浪符会被忽略或者按照浏览器特定的方式解析。

如果没有在页面中指定图标，出于向后兼容的目的，几乎所有浏览器都会在网站的根目录中查找 favicon.ico 文件，找到就会使用这个文件。因此，向网站添加图标的最快方式可能就是在根目录中放置一个.ico 文件。

以下定义网站图标的方式已经废弃了。

```
<link rel="shortcut icon" href="~/yoursite.ico" type="image/x-icon">
```

这种格式最初由 Internet Explorer 引入。但今天，只要 LINK 元素的 type 属性设为 image/x-icon，就会忽略 rel 属性中的专有值。

说到网站图标，你可能也想为移动浏览器添加图标。下面示范如何做到。

```
<link rel="icon" sizes="192x192" href="~/yoursite-192x192.png" type="image/png">
<link rel="apple-touch-icon" sizes="180x180" href="~/yoursite-apple-touch-icon-
180x180.png">
```

这是为了覆盖 Android 和 iOS 浏览器需要添加的最小配置。要获得完整的移动浏览器图标，你可以访问 favicon-generator 官网，收集它为你生成的文件，然后添加它建议的标记。这样保证覆盖最常见的移动场景。

4. 在合适的地方放置脚本

把越来越多的脚本放入网页意味着要下载的脚本文件会越来越多。浏览器总是同步下载脚本文件，有限度地支持并行。下载所有引用的脚本文件可能是一件很耗时的操作。更糟糕的是，SCRIPT 标记之后的任何内容都会在脚本下载、解析和执行后才处理。浏览器实现同步下载通常是为了安全。事实上，脚本文件通常可能包含可以修改当前 DOM 的状态的指令，如 JavaScript 的立刻执行函数或 document.write。

加速页面加载的一个常见技巧是把所有脚本引用放在页面最后，就在</body>标签前面。但通过这种方式得到的改善是用户觉得页面加载更快了；而真相是页面的可见元素更早显示，没有影响渲染的耗时下载则推到最后。

在我看来，这种通用做法需要重新考虑。重要的是搞清楚哪部分 DOM 会受哪组 JavaScript 文件影响，并据此组织视图的结构。即使把多个脚本放在下面，下载也是同步的。因此，页面很快加载和显示，但它可能有几秒没有响应，直到所有脚本都下载完毕。对于复杂的页面，我会回到老办法，把所有脚本放在 HEAD 节点中，只把执行 DOM 初始化的那些放在下面，如 jQuery 插件调用。

> **注意**：要加速页面的加载，也可以使用 async 和 defer 等 SCRIPT 特性，它们告诉浏览器异步下载脚本，这里会假设 DOM 元素和脚本之间没有依赖。当这种依赖存在且脚本文件之间的依赖也存在时，你可以考虑使用 RequireJS 等框架。

5. 创建布局的主体

布局设定了一组视图的骨架。这个骨架通常包含公共元素，如菜单、导航栏、标签栏、页眉、页脚、侧栏，以及除了视图的特定内容还需要向用户展示的其他东西。

在 ASP.NET MVC 中，视图每次都是从头渲染的，所有它需要的数据都会在每次请求通过某种方式获取。在 Web Forms 中，视图状态携带大部分来自当前显示页面的渲染数据。视图模型类是保存由多个页面共享的布局公共元素的理想地方。

在本章前面，我引入了 ViewModelBase 类作为所有视图模型类的父类。单个根类适合于单个布局用于整个应用程序的场景。在使用多个布局时，你最好增加一层视图模型基类——每个布局都有一个。

```
public class Layout1ModelBase : ViewModelBase { ... }
public class Layout2ModelBase : ViewModelBase { ... }
```

最低限度上，布局页面必须包含一个可替换节点，用于视图渲染自定义内容。这个节点通过 RenderBody 方法调用来标识。

```
<body>
    <header> ... </header>
    <div>
```

```
        @RenderBody()
    </div>
    <footer> ... </footer>
</body>
```

如果布局页面中没有找到 RenderBody 方法调用，就会抛出异常。

11.1.3 展示视图元素

RenderBody 方法定义了布局中的单个插入点。虽然这是一个常见的场景，但你可能需要把内容插入多个位置。这真是节点派上用场的地方。另外，每个节点都有多个分部视图组成，而分部视图可以引用 HTML 代码的小工厂，也叫作 HTML 辅助器，在最新的 ASP.NET MVC 6 中是标记辅助器。

1. 节点

在布局模板中，通过在想要这些节点出现的地方调用 RenderSection 来定义自定义插入点。

```
<body>
    <div class="page">
    @RenderBody()
    </div>
    <div id="footer">
        @RenderSection("footer")
    </div>
</body>
```

每个节点由名字标识，所有节点都是必需的，除非你把它们标记为可选。

```
<div id="footer">
  @RenderSection("footer", false)
</div>
```

RenderSection 方法接受一个可选的 Boolean 参数，表示这个节点是否必需。以下代码在功能上等同于前面的代码，但更具可读性。

```
<div id="footer">
    @RenderSection("footer", required:false)
</div>
```

每个节点都可以提供默认内容，如果这个节点没在派生视图中重写就会使用。

```
@section footer {
    <p>Written by Dino Esposito</p>
}
```

可以在 Razor 视图模板的任何地方定义节点内容。具体来说，自定义节点可以在 HEAD 元素中定义，并让派生视图添加专门的 CSS 文件和顶层脚本文件。另一个放置节点的好地方是 body 元素结束标记之前，用于延迟加载的脚本文件。

```
<head>
```

```
    ...
    @RenderSection("adhoc_css", required:false)
    @RenderSection("adhoc_script_top", required:false)
</head>
<body>
    ...
    @RenderSection("adhoc_script_bottom", required:false)
</body>
```

用节点来分割 CSS 和脚本依赖从性能的角度来看并不会带来太多好处，因为所有 CSS 和脚本文件很快就会被浏览器缓存到本地，不会一次又一次地花时间下载。但使用节点确实有助于保持代码整洁，清楚表明每个视图依赖的 CSS 和脚本文件。

2. 分部视图

分部视图是一个没有绑定布局的 Razor 视图。分部视图的本性使之成为一个由代码和标记组成的可重用组件。可以通过 Visual Studio 添加一个到自己的项目（见图 11-1）。如果熟悉 Web Forms，它和用户控件一样。

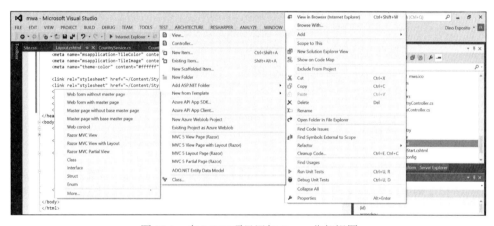

图 11-1　向 MVC 项目添加 Razor 分部视图

以下代码是一个简单但有效的分部视图。

```
<hr />
<footer>
    <p>&copy; @DateTime.Now.Year - Modern Web Applications with ASP.NET MVC</p>
</footer>
```

如果创建一个只包含以上标记和 C#代码的文件并把它命名为_Footer.cshtml，你可以像下面这样调用它。

```
<div class="container body-content">
    @RenderBody()
    @Html.Partial("_Footer")
</div>
```

可以使用 Partial 或 RenderPartial 辅助方法把一个分部视图插入一个父视图。两个方法都接受分部视图的名字作为参数。两者之间的唯一区别是 Partial 返回 HTML 编码字符串，而 RenderPartial 写入输出流并返回 void。因此，用法稍微不同。

```
@Html.Partial("_Footer")
@ { Html.RenderPartial("_Footer"); }
```

RenderPartial 可能快一点，但它不允许以字符串的方式进一步处理输出。当编写不同的独立的标记内容时，你可能想用 RenderPartial。当交互地拼接标记构建最终内容时，使用 Partial 是唯一的选择。稍后我将会通过一个例子阐明这一点。

分部视图通常的位置是 Views 下的 Shared 文件夹。这使得分部视图可以从任何控制器动作中调用。但是，也可以把分部视图保存在控制器特定的文件夹下。在这种情况下，只有特定控制器中触发的动作才能调用这个分部视图。

3. 向分部视图传递数据

默认情况下，分部视图收到与引擎传给父视图一样的视图模型和数据字典。这个行为可能（也可能不）是合适的。这取决于使用分部视图的目的。如果把分部视图用作子程序（subroutine），主要目的是保持代码干净和可维护，就不需要限制或定制传给它的数据。不久前我们考虑的页脚分部视图就属于这种情况。但现在来考虑一个不同的场景。

```
<table class="table table-condensed">
    @foreach (var country in Model.Countries)
    {
        @Html.Partial("_CountryItem", country)
    }
</table>
```

假设你正在构建一个表格，其中每行显示一个国家/地区的一些信息：首都、洲、名字等。父视图从控制器收到完整的国家/地区列表，但分部视图只处理具体一个。在这种情况下，你只需要向分部视图传递专门的数据。

以下是这个分部视图。

```
@model Mwa.Persistence.Model.Country
<tr>
    <td>@Model.CountryName</td>
    <td>@Model.Capital</td>
    <td>Model.Continent</td>
</tr>
```

注意，在这种情况下，你必须使用 Partial 来渲染这个视图。RenderPartial 在这里不行，因为需要通过迭代来构建你想发给输出流的实际标记内容。

4. 使用渲染动作

复杂的视图无可避免由各种子视图组成。当控制器方法触发视图的渲染时，它必须提供视图需要的用于主要结构和所有部分的全部数据。有时候，这需要控制器知道这个应用程序中该类本身没有牵涉到的部分的大量细节。举个例子。

假设你有一个菜单要在很多视图中渲染。不管执行应用程序的什么动作，菜单都要渲染。因此，渲染菜单是一个与正在进行的请求没有直接关系的动作。怎么处理？你可以把所有数据向下传给视图并用分部视图渲染菜单和侧栏，或者可以用渲染动作。

渲染动作是一个专门设计成在视图中调用的控制器方法。因此，渲染动作是控制器类上的一个常规方法，你可以使用其中一个 HTML 辅助方法从视图调用它——Action 或 RenderAction。举个例子。

```
@Html.Action("action")
```

Action 和 RenderAction 的行为大多数时候是一样的，唯一的区别是 Action 以字符串的方式返回标记，而 RenderAction 直接写入输出流。后面展示的示例方法触发特定渲染动作，它为要在视图中渲染的菜单提供数据：

```
public ActionResult Menu()
{
    var options = new MenuOptionsViewModel();
    options.Items.Add(new MenuOption {Url="...", Image="..."});
    options.Items.Add(new MenuOption {Url="...", Image="..."});
    return PartialView(options);
}
```

菜单的分部视图的内容在这里不重要；它所做的就是获取模型对象，然后渲染合适的标记内容。以下是你的应用程序中可能有的其中一个页面的视图源代码。

```
<div>
    ...
    @Html.RenderAction("Menu")
    ...
</div>
```

RenderAction 辅助方法调用特定控制器（或者要求渲染当前视图的控制器）上的 Menu 方法，同时把任何响应定向到输出流。这样你的代码粒度更细。视图只接收它需要的用于特定目的的数据，并回调控制器获取周围需要整合的标记内容。控制器只以独立方法的方式提供创建菜单和侧栏的逻辑。

■ **警告**：使用渲染动作可能很危险。假设你有多个小部件要渲染，如菜单、页眉、页脚、几个侧栏以及广告框。如果使用分部视图，通常需要安排单个事务来获取需要的所有数据并一次完成传递。如果为每个小部件使用渲染动作，你也要把数据获取分成多个步骤。如果处理不当，这个情况可能会导致多个事务和超负荷。

11.2　显示一组数据项

现在让我们来看看如何在 ASP.NET MVC 中完成一些与 Web 应用程序的表现层有关的常见任务。

第一个例子是渲染经典的数据网格。

11.2.1 创建网格视图

作为一个框架，ASP.NET MVC 让你完全控制正在渲染的 HTML。这不可避免地摧毁了使用富控件和智能控件的想法，如 GridView 或 ListView，它们提供高级模板选项以及内置的分页和排序功能。这意味着要做更多的事情才能得到这些结果，但同时在模板方面也有更多的自由。

1. 把数据渲染成普通网格

本质上，数据网格就是数据表。因此，在 ASP.NET MVC 中，以普通 HTML 表格的方式创建它，或许通过某些可选的 Bootstrap 样式使它更好看（见图 11-2）。

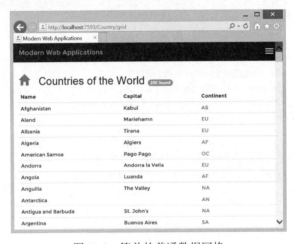

图 11-2　简单的普通数据网格

```
@model GridView.Models.View.CountryListViewModel
<h2>Countries of the World
    <span class="badge">@Model.Countries.Count found</span>
</h2>
<table class="table table-condensed">
    <thead>
        <th>Name</th>
        <th>Capital</th>
        <th>Continent</th>
    </thead>
    @foreach (var country in Model.Countries)
    {
        <tr>
            <td>@country.CountryName</td>
            <td>@country.Capital</td>
            <td>@country.Continent</td>
        </tr>
    }
</table>
```

整个网格，或者就每行，都可以移到一个分部视图，使这个解决方案更可维护。

```
@model GridView.Models.View.CountryListViewModel
<h2>Countries of the World
    <span class="badge">@Model.Countries.Count found</span>
</h2>
@{ Html.RenderPartial("_CountryGrid", Model.Countries); }
```

_CountryGrid 分部视图如下所示：

```
<table class="table table-condensed">
    <thead>
        <th>Name</th>
        <th>Capital</th>
        <th>Continent</th>
    </thead>
    @foreach (var country in Model)
    {
        @Html.Partial("_CountryItem", country)
    }
</table>
```

最后，_CountryItem 分部视图与前面讨论向分部视图传递数据的方式时展示的那个一样。

2. 以平铺的方式渲染数据

在 Web Forms 中，构建一个网格是一件很小的事，但把布局改成其他东西可能很麻烦，尤其是想做成某些流行网站中看到的那种专门视图。使用 ASP.NET MVC 完全控制 HTML，不用耗费太多精力（但不是完全不费精力）就可以构建几乎任何表现布局。

下面示范如何在给定的容器中平铺渲染相同的数据列表（见图 11-3）。

图 11-3　通过浮动 DIV 元素按顺序渲染数据

209

诀窍在于为遍历每个数据项做的事情。你可以像图 11-2 那样渲染一个表格，也可以创建浮动 DIV 元素。

```
<div id= "tile-container">
@foreach (var country in Model.Countries)
{
    // Create a floating DIV
    <div style="float: left; ...">
     ...
    </div>
}
</div>
<div class="clearfix"></div>
```

每个 DIV 元素渲染它的内容（图中的图片和文字），并通过把 float CSS 属性设为 left 来设置样式。float 属性的实际效果是 DIV 元素一个接一个水平排列，而不是渲染成区块（block）。应用到底部 DIV 的 clearfix 类是一个把 DIV 元素的渲染恢复成默认区块样式的 Bootstrap 类。如果不用 Bootstrap，下面是如何实现和 clearfix 类相同的效果。

```
<div style="clear: both" />
```

服务器控件很强大，可以加速开发，条件是接受一些预定义的布局，或者寻找专门的自定义控件。下面，我会展示一个更具代表性的例子。

3. 渲染逻辑分组中的数据

假设要显示的数据列表太长了，用户无法有效使用，因此，你想把它分成逻辑分组。要按照洲或者首字母来组织国家列表，最终就像分页，除了需要一些逻辑来创建和显式分组，一个可以使用的通用组件是标签列表。在 Bootstrap 中，你可以找到需要的所有低级别工具。

下面看看如何组织视图获得图 11-4 所示的效果。

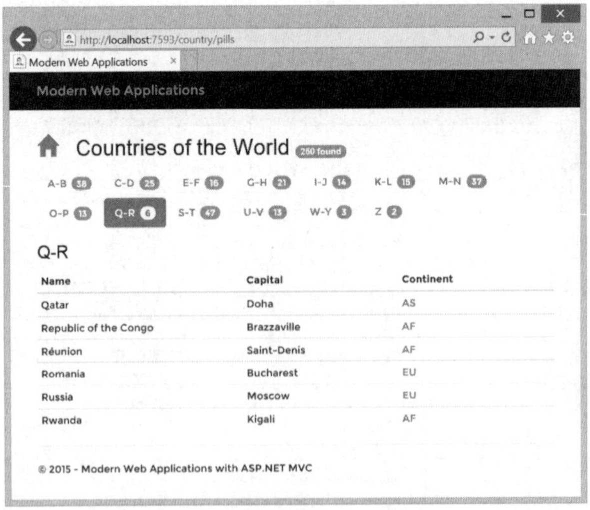

图 11-4　逻辑分组的数据

要获得图 11-4 所示的这种视图，你要让控制器向视图引擎传递专门的数据。这个视图必须接收标签标题以及每个标签要渲染的国家/地区列表。

```
public ActionResult Pills()
{
    var model = _service.GetCountryGroupsViewModel();
    return View(model);
}
```

这个工作服务返回的视图模型类定义如下。

```
public class CountryGroupsViewModel : ViewModelBase
{
    public CountryGroupsViewModel()
    {
        Groups = new List<CountryGroup>();
    }
    public IList<CountryGroup> Groups { get; set; }
}

public class CountryGroup
{
    public CountryGroup()
    {
        Header = "?";
        Countries = new List<Country>();
    }
    public string Header { get; set; }
    public IList<Country> Countries { get; set; }
}
```

Razor 视图使用一些 Bootstrap 类来构建标签条。UI 元素提供了 Pills 样式的可选择标签。

```
<ul class="nav nav-pills">
    @foreach (var g in Model.Groups)
    {
        var isActive = (g.Header.StartsWith("A") ? "active" : "");
        <li role="presentation" class="@isActive">
            <a href="#group_@g.Header" data-toggle="tab">
                @g.Header
                <span class="badge">@g.Countries.Count()</span>
            </a>
        </li>
    }
</ul>
```

以下 DIV 元素包含了子节点列表，每个都提供了标签的详细视图。

```
<div class="tab-content">
    @foreach (var g in Model.Groups)
    {
        var isActive = (g.Header.StartsWith("A") ? "active" : "");
        <div role="tabpanel" class="tab-pane @isActive" id="group_@g.Header">
```

```
            <h3>@g.Header</h3>
            @Html.Partial("_CountryGrid", g.Countries)
        </div>
    }
</div>
```

处理较低级别的抽象也意味着花更多时间思考合理组织要显示的数据和适合用户的导航体验。然而，当你有太强大的组件时，不可避免地会倾向于从工具的角度来看数据。这其实可以概括成：当你只有一个锤子时，看到的一切都是钉子。

11.2.2　添加页面功能

分页数据不是很复杂，但可能很枯燥，那些数据不会总是和预期一样可重用。你很快就会看到，分页数据的模式已经发展成熟了，也有一些高质量的 NuGet 包可以简化大部分任务。但是，总有一些工作需要在每次构建用户界面或提供专门端点手机数据页面的时候要做。

1．选择辅助工具包

本质上，分页就是从一个较大的数据集中选择一块数据。在这种情况下，你需要定义分页大小并跟踪当前索引，最后还需要一个分页工具条，让用户跳到上一页或下一页，或者直接跳到特定页面。在 Web Forms 中，分页是集成在富数据绑定控件中的，如 GridView 和 ListView。在 ASP.NET MVC 中，关于分页，有如下几个选择。

- 使用全 JavaScript 解决方案。
- 使用一些第三方 ASP.NET MVC 组件。
- 基于公共工具构建你自己的分页解决方案。

其中一个最好的百分之百 JavaScript 的数据网格分页解决方案是 Guriddo jqGrid。产品示例可以从 http://www.guriddo.net/demo/guriddojs 找到。这个库完全支持 Bootstrap，它需要支付许可费。把这个网格集成到视图中只需要一点 JavaScript。大体上，这个工作量相当于在 ASP.NET Web Forms 中配置 GridView。以下是这个页面的布局。

```
<table id="grid"></table>
<div id="pager"></div>
<script>
    $(document).ready(function() {
        $("#grid").jqGrid({
            url: ...,
            colModel: [
                { label: 'Name', name: 'CountryName', key: true, width: 200 },
                ...
            ],
            rowNum: 30,
            pager: "#pager"
        });
    });
</script>
```

这个组件会从特定 URL 查询一些 JSON 或 JSONP 数据并动态填充这个网格。这个页面也会根据下载数据集的大小合理填充。一旦这个视图完成了，分页和排序就已经好了。

另一个选择是看看 Telerik 等热门组件供应商的产品。

这里展示的解决方案基于一个叫作 PagedList 的 NuGet 包（见图 11-5）。

图 11-5　在示例项目中使用的 PagedList NuGet 包

2. 基于 URL 的分页

要基于 PagedList NuGet 包构建分页解决方案，你要做的最重要的事情是暴露一个为每个请求页面提供数据的控制器端点。一旦这个端点就绪，把图 11-2 所示的网格变成分页网格就像下面这样简单。

```
<div style="text-align:center">
    @Html.PagedListPager(
              Model.CountriesInPage,
              page => "/country/pagedgrid?p=" + page)
</div>
@{ Html.RenderPartial("_CountryGrid", Model.CountriesInPage.ToList()); }
```

_CountryGrid 分部视图和本章前面使用那个一样。唯一的区别是它现在只接受一页数据。Html.PagedListPager 是包中的一个渲染页面的函数（见图 11-6）。

分页器中的每个按钮都是一个锚定标记，指向特定控制器动作。这个控制器动作必须接受一些参数，如页面索引和页面大小。

```
public ActionResult PagedGrid(
    [Bind(Prefix = "p")] int pageIndex = 1,
    [Bind(Prefix = "s")] int pageSize = 20)
{
    var model = _service.GetPagedCountryListViewModel(pageIndex, pageSize);
```

```
    return View(model);
}
```

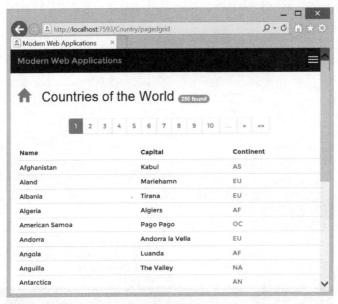

图 11-6　分页网格

繁重的工作由服务层方法完成，它负责填充视图模型，如下所示。

```
public class PagedCountryListViewModel : ViewModelBase
{
    public PagedList<Country> CountriesInPage { get; set; }
}
```

本例中的 PagedList 是定义在 NuGet 包中的一个专门集合类型。它包装了要渲染的数据项以及页面索引和大小的信息。在本例中，视图模型类只接收要在视图中渲染的数据项。

■ **重要**：说到分页，最重要的决定是如何获取每页的内容。缓存是实现优化性能的关键。根据要分页的整个数据集的大小以及存储类型，缓存可以通过两种主要方式实现。有时候可以一次过加载和缓存整个数据集，如果这样做，任何后续请求都会很快；如果数据集对于单次下载来说太大，你应该找到一种方式缓存个别页面的内容，避免重复查询。

---

3. 基于 Ajax 的分页

PagedList NuGet 包也可以结合 JavaScript 和 Ajax 获取后续页面。在使用 Ajax 分页数据集时，容器的整体布局如下所示。

```
<div id="pager">
    <img id="loader" style="display:none" src="@Url.Content("~/content/images/loading.
gif")" />
```

```
    <!-- dynamically populated upon page loading -->
</div>
<div id="grid">
    <!-- dynamically populated upon page loading -->
</div>

<script type="text/javascript">
    <!-- Load first page -->
</script>
```

控制器动作几乎和前面的一样。你仍然需要一个知道如何获取给定页面索引的视图模型的端点。但在这种情况下，还会碰到使用获取的数据刷新 DOM 的问题。在这个解决方案中，你可以在本书附带的代码中找到实现，页面及其分页器都在服务器渲染，然后在单个响应中返回给浏览器。客户端页面上某些专门的 JavaScript 代码会把分页器的标记和页面的标记分开并单独更新 DOM 部分。以下时控制器代码片段。

```
public ActionResult Page(
    [Bind(Prefix = "p")] int pageIndex = 1,
    [Bind(Prefix = "s")] int pageSize = 10)
{
    var model = _service.GetPagedCountryListViewModel(pageIndex, pageSize);

    // Store the view model for EACH partial view (if models are of different types)
    ViewData["_CountryGrid"] = model.CountriesInPage.ToList();
    ViewData["_CountryGridPager"] = model;

    return new MultipleViewResult(
        PartialView("_CountryGridPager"),
        PartialView("_CountryGrid"));
}
```

托管页面中的 JavaScript 代码如下所示。

```
// Load first page
_p(1, 20);

function _p(pageIndex, pageSize) {
    new Paginator({
        urlBase: "/country/page",
        pageIndex: pageIndex,
        pageSize: pageSize,
        loaderSelector: $("#loader"),
        updater: function(chunks) {
            $("#pager").html(chunks[0]);
            $("#grid").html(chunks[1]);
        }
    }).select();
}
```

Paginator JavaScript 对象也在这个项目中定义，它是对控制器分页动作的 Ajax 调用的包装。

```
var PaginatorSettings = function () {
```

```
        var that = {};
        that.urlBase = false;
        that.pageIndex = 1;
        that.pageSize = 10;
        that.loaderSelector = '';
        that.updater = '';
        return that;
    }

    var Paginator = function (options) {
        // Merge provided and default settings
        var settings = new PaginatorSettings();
        jQuery.extend(settings, options);

        this.select = function() {
            var url = settings.urlBase + "?p=" + settings.pageIndex + "&s=" + settings.
pageSize;
            $(settings.loaderSelector).show();
            $.ajax({ url: url })
                .done(function(response) {
                    $(settings.loaderSelector).hide();
                    window.location.hash = settings.pageIndex;

                    // Refresh page content and pager
                    var splitter = new MultipleViewResult();
                    var chunks = splitter.split(response);
                    settings.updater(chunks);
                });
        };
    }
```

你可能已经注意到，控制器页面动作合并了页面的分部视图和分页器的分部视图。_CountryGridPager分部视图内部使用了 PagedList 辅助方法来渲染分页器。

```
@Html.PagedListPager(
        Model.CountriesInPage,
        page => "javascript:_p(" + page + "," + Model.CountriesInPage.PageSize + ")")
```

总的来说，使用和不使用 Ajax 来手工创建分页网格都是可能的，从真实项目的经济效益来看，最好的选择是花钱买个专业组件，尤其是你的时间很紧时。

11.2.3　向页面元素添加滚动功能

现代网页很少是一整块的。它通常是由一些放在一起的 DIV 元素组成。有时候，一个 DIV 元素渲染成独立的区块，只是为了编程或重用。在其他情况下，DIV 放在那里是为了框定页面的一个区域，并且只在元素边界内显示给定内容。这就引出了滚动的需要了。滚动可以是水平或垂直的。

1．水平滚动

让 HTML DIV 水平滚动对于开发者来说从来都不是什么大问题。它不常用，因为大多数决策者认为它是一种可用性有限的（至少有争议）不良实践。随着移动设备的出现，在"滑动"手势变得自然时，水平滚动的整个看法完全改变了。虽然对于桌面设备的 Web 视图来说仍有争议，但扩大到整个屏幕宽度并让用户滑动获得更多内容的 DIV 对于平板和智能手机界面来说是一个强大的工具集。

下面回到这个网格例子，看看如何让国家/地区列表完全支持通过滑动手势横向滚动。

首先，也是最重要的，横向滚动需要把合适的 CSS 放在合适的位置。以下是可滚动元素的 Razor 结构。

```
<div class="country-container">
@foreach (var country in Model.Countries)
{
    <!-- Render the data item here -->
}
</div>
```

诀窍都在装饰 DIV 元素的 CSS 类中了。

```
.country-container {
    width: auto;
    height: 320px;
    border: 13px solid #555;
    overflow-x: scroll;
    overflow-y: hidden;
    white-space: nowrap;
    padding: 10px;
}
```

这个元素的宽度设为"auto"，这意味着它的大小由内容和容器元素决定。如果有太多内容，滚动条就会添加。它不会添加任何垂直滚动条，不管内容的实际高度是多少（见图 11-7）。

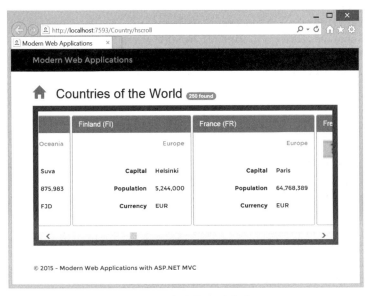

图 11-7　内容的水平滚动

2. 按需滚动

多年来，分页数据意味着给用户一组按钮，让他们通过点击获取更多内容。现在，一些热门网站（最突出的是 LinkedIn）引入一种不同的模式：当用户滚动超出容器底部时，就会下载更多内容并动态追加到现有视图。下面来看如何实现这种特性。

以下 Razor 代码渲染数据网格的第一页，让我们从这里开始吧。

```
@{
    const int maxInitialNumber = 40;
    const int chunkSize = 10;
}
<table id="list" class="table table-condensed" data-last="@maxInitialNumber">
    <thead>
        <th>Name</th>
        <th>Capital</th>
        <th>Continent</th>
    </thead>
    @Html.Partial("_CountryTableItems", Model.Countries.Take(maxInitialNumber).
ToList())
</table>
```

_CountryTableItems 分部视图只渲染表格的行。这个视图的标记已经和分部视图文件隔离开来了，因为你需要在用户滚动超出底部时返回额外的行集合。当这个代码运行时，用户会看到第一组行，可以使用浏览器的滚动条自由滚动。

现在添加一些脚本代码来检测页面底部。

```
<script type="text/javascript">
    $(window).on("scroll", function () {
        var scrollHeight = $(document).height();
        var scrollPosition = $(window).height() + $(window).scrollTop();
        if ((scrollHeight - scrollPosition) / scrollHeight === 0) {
            // Scrolling reached to the bottom of the page. Load more data...
            ...
        }
    });
</script>
```

按需滚动的工作方式是获取给定数量的额外数据项。具体来说，你可能只想获取当前显式的最后一项后面的数据项。最后一项的索引保存为可滚动元素（在这里是 HTML TABLE 元素）的自定义 data-last 属性。碰到底部时运行的脚本代码会计算最后一个元素的索引，然后发起对后端的调用。

```
var from = parseInt($("#list").attr("data-last"));
var size = @chunkSize;
var url = "/country/more?from=" + from + "&howMany=" + size;
$.ajax({ url: url })
```

```
    .done(function (markup) {
        // Add downloaded data items to the current view
    });
```

控制器动作是量身定做的，很可能接受一个起始索引以及要获取的项的数量。

```
public ActionResult More(int from, int howMany = 10)
{
    var model = _service.GetCountryListViewModel();
    return PartialView("_CountryTableItems", model.Countries.Skip(from).Take(howMany).
ToList());
}
```

最后一步是找到一种方式把标记动态追加到现有 DOM。实现这点的方式取决于可滚动元素的性质。如果是 TABLE 元素，以下代码可以使用。

```
$("#list").attr("data-last", from + size);
$("#list tr:last").after(markup);
```

你首先更新 data-last 属性，然后把更多的行追加到这个表格（见图 11-8）。

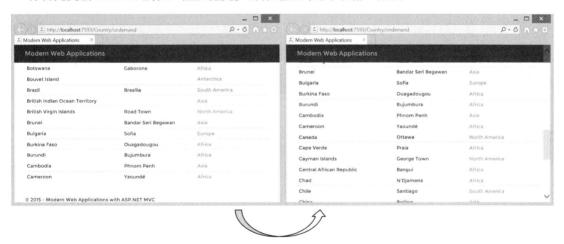

图 11-8 在滚动碰到页面底部时添加更多数据项

11.3 添加详细视图

主/从视图的标准实现需要让用户可以从主视图选择一个特定元素，然后跳到一个单独页面，上面提供这个特定记录的额外信息。这个模式用了多年，今天仍然有效，而唯一的问题是，如果这个网站很笨重，尤其是图形元素很多，那么对于用户来说可能很麻烦。在这种情况下，在主页面和详细页面之间来回跳转很快就会变成一种不愉快的经历。下面探讨几个替代方案。

11.3.1 弹框视图

Bootstrap 使得向页面元素添加弹框（popover）或富 HTML 工具提示变得特别容易。弹框包含额外信息，用于快速了解选中元素。注意，弹框并不完全替代完整的详细页面，但它是一种有效的折中方式，可以节省一些服务器往返。与此同时，弹框的覆盖特性不会导致用户界面被太多二级信息淹没。

使用 Bootstrap 的弹框工具需要两个步骤。首先，你的数据项列表必须包含触发弹框的开关元素；其次，要通过一行脚本显式加入弹框特性的使用。事实上，在 Bootstrap 中，弹框是一种侵入式特性，因此选择性加入就很有必要了。

1. 添加开关装置

弹框需要一个显式开关，用户通过操作它来显示和隐藏弹框窗口。这通常是一个锚定或按钮。如果只想让弹框在用户的鼠标指针停在任何页面元素上时显示，最好使用富 Bootstrap 工具提示。假设要进一步探索的数据线列表是渲染成 HTML 表格的。在这种情况下，你要做的就是添加额外的一列。

```
<td>
    <a tabindex="0"
        class="btn btn-xs btn-info"
        role="button"
        data-toggle="popover"
        data-trigger="focus"
        data-placement="left"
        data-content="@Model.ToPanel()">
        More info
    </a>
</td>
```

data-trigger 属性设置了预期交互模型。focus 值表示弹框会在开关元素获得或失去输入焦点时显示或消失。其他选择是 hover 或 click。data-placement 属性表示弹框相对于开关元素的显示位置。

2. 启用弹框

如前所述，Bootstrap 中的弹框和工具提示都是选择性加入特性。这意味着标记完全配置好之后，要处理以下脚本代码才能工作。

```
<script type="text/javascript">
    $('[data-toggle="popover"]').popover({
        html: true
    });
</script>
```

这个脚本放在页面底部，需要在页面 DOM 完全初始化之后运行。但它必须在 jQuery 和 Bootstrap 脚本引用之后。jQuery 选择器通常可以捕获页面中的所有或者特定弹框开关元素。

最后要考虑的方面是你想通过弹框显示的内容。如果想包含 HTML 格式化的文本，html 选项属性必须像本例那样设为 true。

3. 设置弹框内容

弹框是专门用来展示不适合（不管是什么原因）放在主用户界面中相对小块的二级信息的。换句话说，你不会在弹框显示时动态决定它的内容。但 Bootstrap 会在弹框即将显示、已经显示或已经关闭时触发相关事件。

在我看来，使用弹框的合适方式是通过与托管页面一起下载的预定义 HTML 文本（如果是 ASP.NET MVC 场景）或者在页面 DOM 中设置，如果它是单页应用程序（SPA）。你可以通过开关元素的 data-content 属性设置弹框内容，另外，也可以使用弹框插件的特定设置。

```
<script type="text/javascript">
    $('[data-toggle="popover"]').popover({
        html: true,
        content: function() {
            return "Some text";
        }
    });
</script>
```

通常，要显示的文字可以在 DOM 中找到，但只针对给定数据项。如何在插件中获取正在调用弹框的特定数据项呢？假设你想从每个数据项的隐藏 DIV 获取弹框内容，在开关元素中添加一个自定义属性，它包含唯一标识这个数据项的内容，如 data-id 属性。

```
<td>
    <a tabindex="0"
        ...
        data-toggle="popover"
        data-trigger="focus"
        data-id="@Model.CountryCode">
        More info
    </a>
</td>
```

接着，在插件配置中获取这个属性，并为 DIV 构建选择器。以下例子假设你数据项的额外 DIV 标识为 yourDiv_XXX，其中 XXX 是数据线的 ID。

```
<script type="text/javascript">
    $('[data-toggle="popover"]').popover({
        html: true,
        content: function() {
            var code = $(this).attr("data-id");
            return $("#yourDiv_" + code).html();
        }
    });
</script>
```

如图 11-9 所示为弹框效果。

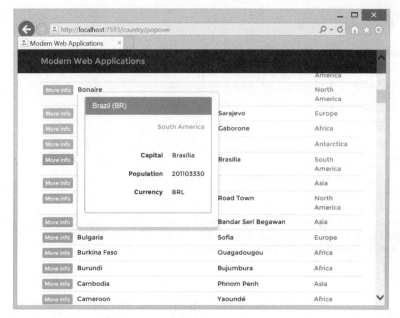

图 11-9 基于 Bootstrap 的弹框效果

11.3.2 向下追溯视图

详细视图的另一个常见例子是，点击给定项时，同一个页面的隐藏节点会显示，让用户向下追溯这个项。和弹框相比，向下追溯（drill-down）视图通常展示更复杂的布局，它没有为每个绑定数据项重复。有一个 DIV 表示这个查看器并在某项选中时动态获取要显示的信息。最后，这里展示的向下追溯视图类似于经典的主/从模式，除了没有发生浏览器主导的导航。

1. 准备列表

向下追溯视图由一个充当菜单的列表和一个用来展示选中项的独立查看器组成。这个列表必须包含可点击的元素。举例如下。

```
<table class="table table-condensed table-hover">
    @foreach (var country in Model.Countries)
    {
        <tr id="tr_@country.CountryCode" onclick="expand('@country.CountryCode')">
            <td>@country.CountryCode</td>
            <td>@country.CountryName</td>
        </tr>
    }
</table>
```

TR 元素都有唯一的 ID 和 click 事件处理器。点击表格的行上任何地方都会运行这个脚本，它读取 ID 属性并用它来发起远程调用获取更多细节。以下是示例脚本。

```
function expand(code) {
```

```
        $("tr").removeClass("active");
        $("#tr_" + code).addClass("active");

        var url = "/country/details/" + code;
        $.getJSON(url).done(function (data) {
            $("#code").html(code);
            $("#name").html(data.CountryName);
            $("#flag").attr("src", "/content/images/flags/" + code + ".png");
            $("#continent").html(data.ContinentName);
            $("#population").html(data.Population);
            $("#area").html(data.AreaInSqKm);
            $("#languages").html(data.Languages);
            $("#currency").html(data.CurrencyCode);
            $("#drilldownViewer").collapse('show');
        });
    }
```

这个脚本的前两行只是在选中的行上设置活动状态。剩下的代码发起对远程端点的调用，获取这个国家/地区的 JSON 数据，然后更新查看器区域的元素。

2. 构建查看器

查看器是一个普通 DIV 元素，它可以配置成 Bootstrap 可折叠元素。

```
<div id="drilldownViewer" class="collapse">
    <img id="flag"
        onerror="this.src='@Url.Content("~/content/images/flags/none.png")'" />
    <dl class="dl-horizontal">
        <dt>Name</dt>
        <dd><span id="name"></span></dd>
        <dt>Continent</dt>
        <dd><span id="continent"></span></dd>
        <dt>Population</dt>
        ...
    </dl>
</div>
```

数据获取通过 jQuery 来进行，利用 jQuery Ajax 框架内置的缓存功能。大多数时候，JSON 数据的实际请求都会通过访问浏览器的本地缓存来处理。这一点和性能有关（见图 11-10）。

但很显然，作为一名开发者，你既可以禁用 jQuery 自动 Ajax 缓存，也可以在服务器端设置合适的缓存策略，使下载内容在一段合适的时间之后过期。

■ **提示**：通常，数据项列表很长，超出页面的可视区域。这意味着当你滚动到特定数据项，向下追溯视图会被挤到屏幕之外。要避免这一点，只要把包含查看器的 DIV 元素的 position CSS 属性的值设为 fixed 就行了。

■ **注意**：实现详细视图的另一个可能的选项是模态对话框。我对于使用模态对话框来实现详细视

图持谨慎态度。这通常取决于请求详细视图的预期频率。在选择另一个元素之前需要关闭模态对话框。这使得这个解决方案对于用户来说有点麻烦。此外，模态对话框在平板和智能手机上的可用性并不是很好。事实上，弹框（模态对话框的轻量级形式）被引入 iPad 用户界面并非偶然。

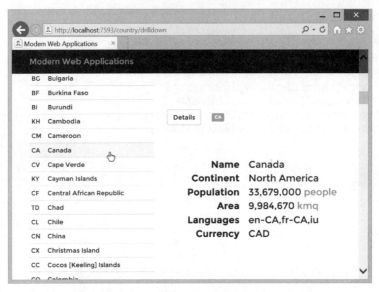

图 11-10　使用 jQuery 和 Bootstrap 构建的向下追溯视图

11.4　小结

　　展示数据是大多数网页通常所做的事情。展示数据也是一个网站向用户提供整体用户体验的关键方面。你必须小心处理导航和数据分页，也要小心处理排序和过滤——这些都是为了帮助用户快速有效地找到他们需要的信息。ASP.NET MVC 在这方面已经成了游戏规则的颠覆者，消灭了富服务器空间并推动了 HTML5 解决方案的手动构建。

　　本章讨论了一些常见的用来构建有效表现层的 ASP.NET MVC 技术。我通常依赖于 Bootstrap，但鼓励你使用专业组件来实现更好看更易用的用户界面。

■■■■

第 12 章

编辑数据

> 一个人的出身根本不重要，重要的是他成了什么样的人。
> ——J.K.罗琳

基本上，在 ASP.NET MVC 应用程序中编辑数据是很容易的。你要做的就是创建一个 HTML 表单，并从那里提交数据到某些 HTTP 端点。更确切地说，它可以归结为安排一个 POST HTTP 调用来传递所有必要数据。要发起一个 HTTP 调用，你可以使用 jQuery 或普通 Ajax 工具，但使用 HTML 表单仍然是使用最广泛的方案。

在本章中，我将会讲解一些用于提交数据到 Web 服务器和处理系统反馈的常见做法，不管这个反馈是简单的确认还是一系列错误。

12.1 用于登录页面的通用表单

在任何真实应用程序中，只有授权用户才可以编辑某些服务器保存的内容。在第 10 章的最后部分中，我讲述了 ASP.NET MVC 中的用户验证基础知识。

但我没有花太多时间解释登录页面的机制。具体来说，我对凭证验证流程和如何处理登录失败没有讲述太多。

12.1.1 展示表单

根据 web.config 文件中的信息，ASP.NET 运行时会重定向未验证用户到登录页面，返回 URL 会添加到查询字符串。用户接下来看到的是登录页面。

■ **注意**：如果需要验证或授权的方法也配置成支持输出缓存呢？输出缓存（具体来说就是 OutputCache 特性）告诉 ASP.NET MVC 不必每次都处理这个请求，而是在返回之前计算仍然有效（比如还没过期）的缓存响应。

如果输出缓存启用了，用户可能请求已经在缓存中的受保护 URL。ASP.NET MVC 确保 Authorize 特性的优先级高于输出缓存。特别地，输出缓存层只在用户已经验证和授权时才会返回受 Authorize 约束的方法的缓存响应。

1. 登录表单

登录页面是一个包含一些输入字段的普通 HTML 表单，比如，用户名或电邮地址的文本框、密码文本框以及用来决定验证 cookie 过期日期的复选框。

```
<form method="POST" action="@Url.Action("login", "account")">
    <input type="hidden" name="ReturnUrl" value="..." />

    <label for="username">Username</label>
    <input type="text" id="username" name="username" />

    <label for="username">Password</label>
    <input type="password" id="password" name="password" />

    <label>
        @Html.CheckBox("RememberMe")
        Remember me
    </label>
</form>
```

在 Razor 视图中，你可以把 HTML 元素输出成普通 HTML，或者通过一些提供更高层次语法的预定义辅助方法来输出它们。通常，辅助方法和普通 HTML 代码之间没有区别，除了所需的 HTML 代码包含多个元素。这正是 Html.CheckBox 的情况。复选框类型的核心 INPUT 元素不会上传 Boolean 值，如果复选框没有选中，也不会上传任何值。因此，为了保证 ASP.NET 绑定层（在第 8 章中有介绍）有效工作，需要一个额外的隐藏的 INPUT 字段，它的 ID 和复选框一样。这正是你在使用 Html.CheckBox 辅助方法时可以通过更紧凑的语法获得的结果。

另外，留意表单中添加的用来保存返回 URL 的隐藏字段。当 ASP.NET 运行时重定向用户到登录表单时，这个返回 URL（也就是原来请求的 URL）会添加到查询字符串。因此，在 Logic 方法上处理 GET 请求的控制器方法将会成功捕获这个返回 URL。通过把它保存在一个隐藏字段中，这个代码保证返回 URL 也能在处理登录页面的 POST 请求的控制器方法中访问。

2. 从登录表单发送 POST 请求

当登录表单通过 POST 发送它的内容时，控制器动作方法会收到提交的数据。第 8 章讲述的绑定机制让我们可以写出以下代码。

```
[HttpPost]
[ActionName("login")]
public ActionResult LoginPost(LoginInputModel input, string returnUrl)
{
    // Validate credentials
    ...

    // If any error occurred ...
    ...

    // Jump to the next page
    ...
}
```

注意，要让前面的代码工作，INPUT 字段需要设置 name 属性。只有 id 属性是不够的。

LoginInputModel 类是应用程序定义的类，它收集所有从登录表单流出、变成控制器动作输入的数据。如果验证流程成功结束，用户就会重定向到这个返回 URL 或者某个预定义 URL。否则，登录页面必须再次显示，包含一些额外的信息，如尝试登录的次数和错误消息。结果，在登录视图显示时流入的数据可能不同于输入模型。

12.1.2 处理提交数据

处理凭证只是拿用户名和密码跟保存的凭证比较。这个操作通常涉及访问数据库表和理解特定数据库架构。ASP.NET Identity 等完善的框架提供固定的数据库架构，但它们也提供抽象接口，你可以在不同的存储或不同的数据库架构之上重写它来提供相同功能。

一般来说，检查凭证的流程失败有两个原因。可能因为输入的凭证无效（比如空白、null、太短、太长或者格式不对），也可能因为给出的凭证与保存的凭证不匹配。根据失败的类型，实现一个计数器，在尝试失败超过特定次数之后禁用账号，或者报告尝试失败次数。

1. 显示登录错误

当验证凭证的过程出现错误时，你可能想通过消息来报告错误并把这个表单恢复到用户提交无效数据之前的样子。ASP.NET MVC 有一些有趣的工具可以实现这点，但这个特性不像在 ASP.NET Web Forms 中的那样没有代价。

假设以下方法体对应登录的 POST 动作。

```
[HttpPost]
[ActionName("login")]
public ActionResult LoginPost(LoginInputModel input, string returnUrl)
{
    // Validate credentials to see if they're valid
    if (String.IsNullOrWhiteSpace(input.UserName) ||
        String.IsNullOrWhiteSpace(input.Password))
    {

        ModelState.AddModelError("", "Incomplete credentials");
    }
    ...    // More checks possible here

    // Validate credentials to see if they match a known user
    if (ModelState.IsValid)
    {
        if (_service.TryAuthenticate(input))
            return Redirect(returnUrl ?? "/");
        ModelState.AddModelError("", "Invalid credentials");
    }

    // Error occurred
    return RedirectToAction("login");
}
```

你可以执行一些一致性检查，每次检查出问题都记录错误消息，把错误消息添加到 ModelState 系统字典。做完这些之后，只有在模型状态为空时才会继续进行安全检查。如果安全检查失败，在模型状态中记录另一个错误，并重定向到携带了收集到的反馈的原来页面。

不幸的是，刚刚展示的代码无法携带任何反馈。原因在于方法末尾的 RedirectToAction 指令。本章稍后将会分析这些原因，它们建议通过重定向调用而不是普通视图渲染来退出 POST 方法。就目前而言，只要指出，如果调用 View() 而不是 RedirectToAction，一切照常工作，收集到的反馈也会很好地展示。

2. 重定向到视图

调用 RedirectToAction 会引入额外的 HTTP 302 请求。因此，ModelState 的内容以及输入模型的内容都会丢失。要在两个连续的请求之间保留这些信息，必须使用 TempDate 字典。

```
// Error occurred
TempData["ModelState"] = ModelState;
return RedirectToAction("login");
```

TempData 字典是 ASP.NET MVC 基础设施的一部分。它会在两个连续的请求之间自动持久化在会话状态中，然后自动抛弃。这个字典添加到 ASP.NET MVC 是为了应对这种特定的编程模式——通过重定向结束 POST 语句。如果用在 POST 中，这个字典必须在 GET 中获取。

```
[HttpGet]
[ActionName("login")]
public ActionResult LoginGet(string returnUrl = "/")
{
    var state = TempData["ModelState"] as ModelStateDictionary;
    ModelState.Merge(state);

    // Set default input model for display
    var input = LoginInputModel();
    var model = new LoginViewModel(input) {ReturnUrl = returnUrl};
    return View(model);
}
```

在这个字典中保存数据项所用的名字是随意的。图 12-1 所示为提交不完整凭证的登录表单。

图 12-1　报告系统反馈的登录表单

■ **注意**：关于在表单提交的过程中向用户报告系统反馈的东西还有很多可以说。我会在本章剩下的部分讲述。

12.2　输入表单

不管怎样，登录表单和验证流程的讨论已经涵盖了很多用户通过输入表单和系统交互的内容了。你已经看到如何建立 HTML 表单以及当表单提交到控制器动作时会发生什么。模型绑定层会把请求参数（如查询字符串、路由和表单）转成易于控制器管理的合适的 C# 类。

控制器方法在输入数据上执行的任何动作都可能成功或者失败。如果失败，你需要使用系统的反馈和先存数据通知用户。它在登录表单中的工作方式和在数据输入表单中的一样。还剩一个要进一步探讨的是为什么要通过重定向结束 POST 请求。

12.2.1　Post-Redirect-Get 模式

假设用户填好表单并提交，浏览器拿到 HTML FORM 元素的指令并构建 POST 请求，服务器处理这个请求。除非采取了防范措施，控制器会通过选择 Razor 视图模板并告诉视图引擎把它渲染到输出流来结束处理过程。请求已经处理，用户收到一些 HTML。一切都很完美，每个人都很高兴。

直到用户尝试刷新这个页面。

1．F5 效应

当用户单击菜单的"刷新"按钮或者按下 F5 快捷键时，浏览器会重复最后一个动作。但是，在刚执行完 POST 操作之后刷新这个页面可能很危险。因此，所有浏览器都会向用户提示图 12-2 所示的确认消息。

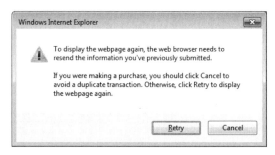

图 12-2　在重新提交表单时浏览器显示的确认消息

如果用户继续重试，就会重复最后一个操作，不知道会产生什么效果。用户收到一个异常（比如一条记录使用相同的唯一键添加），或者系统的状态被改得不一致了（比如添加了现有记录的副本）。

通过应用 Post-Redirect-Get（PRG）模式，可以保证最后一个动作总是 GET，这会消除图 12-2 所示对话框的问题。但这个模式的主要好处是它分离了命令动作和查询动作。应用程序的整个架构

2．应用 PRG 模式

把 PRG 应用到 ASP.NET MVC 应用程序的第一步是严格分离 POST 动作和 GET 动作。下面示范如何重写 Edit 动作。

```
[HttpGet]
[ActionName("edit")]
public ActionResult EditViaGet(String id)
{
    // Retrieve the data item and display
    var model = _service.GetModelForEdit(id);
    return View("edit", model);
}

[HttpPost]
[ActionName("edit")]
public ActionResult EditViaPost(String id)
{

    // Execute the command
    ...

    // Instead of calling View(...), just redirect to the entry
    // point responsible for displaying data
    return RedirectToAction("edit", new {id = id});
}
```

PRG 模式的另一个好处是显示的 URL 意义重大。只要理解 URL 的结构并输入，用户甚至可以导航到不同页面或者不同数据项。

3．PRG 模式的短板

PRG 模式只是一个模式，和其他模式一样，它也有优点和缺点。要使用它，你要稍微调整一些常见的编程习惯。要说服你考虑它，可能要先听听 PRG 的优点。从我的经验来看，PRG 模式在保持代码干净和架构简单上帮助很大。除了 F5 效应，这是我找到的主要好处和一直用它的主要原因。

使用 PRG，你在表单提交中执行的最后一个动作总是 GET。但因为这个表单提交始于 GET，你最终会发起额外的中间请求。从 HTTP 的机制来看，这会导致一些信息的丢失。尤其是，当你在 GET 操作中渲染视图时，POST 操作的状态不再可用。

你在重定向到一个视图页面而不是在控制器 POST 方法底部调用 View 时，丢失的信息基本上是你在提交的数据上可能执行的任何验证结果，包括你想做为反馈返回的任何信息和消息。那些信息只在你调用 View 而不是重定向时才会有。

除非你有静态的成功/失败页面，否则这会是个问题。修复这个问题的官方解决方案是使用 TempData 字典来持久化模型状态以及你在后续 GET 方法中不能通过其他方式获取的其他信息。TempData 字典的生命周期很短，每个键只会在两个连续的请求中保留。那么短板在哪？

使用 TempData 要求数据在某处序列化，以便在下一个请求中使用。TempData 的默认实现使用了会话状态。这对于单服务器应用程序来说不是什么大问题，但对于 Web 场和 Web 角色来说，越少使用会话状态，你的生活就越容易。

4. PRG 和 Web 场

长话短说，在 Web 场和云场景中，你需要分布式的会话状态存储（外部进程或 Microsoft SQL Server）。另外，你可以使用信息包或分布式缓存。ASP.NET MVC 包含简单的提供者机制，可以更改 TempData 的默认实现。TempData 实现是针对每个控制器的。你要做的就是在打算使用 PRG 的控制器类中重写以下方法。

```
protected override ITempDataProvider CreateTempDataProvider()
{
    return new YourTempDataProvider();
}
```

自定义 TempData 提供者是一个实现 ITempDataProvider 接口的类。

```
interface ITempDataProvider
{
    IDictionary<string, object> LoadTempData(ControllerContext controllerContext);
    void SaveTempData(ControllerContext controllerContext, IDictionary<string, object> values);
}
```

定制 TempData 字典的常见方式是使用信息包。但是，当你更改 TempData 的实现、开始向请求流添加信息包时，你应该确保信息包在没有后续请求使用时过期。关于这个话题的一个有趣讨论和示例代码的链接可以在 StackOverflow 上找到。

12.2.2 表单验证

当需要用户填写和提交表单时，你自己只负责接收有效数据。但在验证流程的最后，ASP.NET 留给你的问题是通知用户他们的输入哪里出错。此外，验证流程通常由两个阶段组成：检查结构方面（如类型、范围、长度和是否为空）和检查输入数据的业务一致性。结构方面至少可以通过某种声明式编程框架来检查。

在 ASP.NET MVC 中，这个框架叫作**数据标注**（data annotation），现在已经完成集成到 Microsoft .NET Framework 中了。

1. 引入数据标注

数据标注是一组可以用来标注任何.NET 类的公共属性的特性，以便所有感兴趣的客户端代码读取和使用。这些特性分成两个主要类别：显式和验证。在本书中，我们只关注验证特性。

在第 8 章中，你看到控制器如何通过模型绑定子系统接收它们的输入数据。模型绑定把请求数据映射到模型类，而且根据模型类上设置的验证属性验证输入的值。验证通过提供者进行。默认的验证提供者基于数据标注，是 DataAnnotationsModelValidatorProvider 类。下面看看有哪些默认的验证提供者思想的特性可以使用。

表 12-1 列出了最常用的在模型类上表达要验证的条件的数据标注特性。

表 12-1　用于验证的数据标注特性

特　　性	描　　述
Compare	检查模型中的两个指定属性是否有相同的值
CustomValidation	根据指定的自定义函数检查值
EnumDataType	检查这个值能否匹配指定枚举类型中的任何值
Range	检查这个值是否落在指定范围中。默认处理数字，但你也可以配置它处理日期范围
RegularExpression	检查这个值是否匹配指定表达式
Remote	通过 Ajax 调用服务器并检查这个值能否接受
Required	检查非空（non-null）值是否赋给这个属性。你可以配置它不接受空白字符串
StringLength	检查这个字符串的长度是否超过指定值

　　所有这些特性都从同一个基类派生：ValidationAttribute。你也可以使用这个基类来创建自己的自定义验证特性，使用这些特性来装饰用在输入表单中的类的成员。要让整个机制工作，你要让控制器方法把数据绑到这种数据类型。

```
[HttpPost]
public ActionResult Edit(CountryInputModel input)
{
    ...
}
```

　　对于任何正在映射到 CountryInputModel 类实例的无效提交值，绑定器都会自动在系统的 ModelState 字典中创建一个条目。提交值是否有效取决于当前注册的验证提供者返回的结果。默认的验证提供者的结果基于你在 CountryInputModel 模型类上设置的标注。

2．装饰输入模型类

　　以下代码展示了一个示例类（也就是前面提到的 CountryInputModel 类），它为了验证大量使用数据标注。

```
public class CountryInputModel : ViewModelBase
{
    public CountryInputModel()
    {
        Code = "??";
        Continent = Continent.Unknown;
        RegistrationNumber = String.Empty;
    }

    [Required(ErrorMessage = "Country name is required.")]
    [StringLength(50)]
    public String Name { get; set; }

    [Required(ErrorMessage = "Country code (ISO2) is required.")]
    [StringLength(2, MinimumLength = 2)]
    [RegularExpression(@"\b[A-Z]+", ErrorMessage = "ISO2 format")]
    public String Code { get; set; }
```

```
[Required]
public Continent Continent { get; set; }

public Int32 Population { get; set; }
public String RegistrationNumber { get; set; }
}
```

或许你已经猜到了，这个类只是你在第 11 章的大多数例子中看到的 Country 类的远房亲戚。你可以认为 Country 类是领域类，而为输入装饰的这个类只是一个辅助类，它的唯一存在目的是按照界面上反映用户偏好的方式来收集数据。

下一个目标是找到一种有效的方式来编辑这个数据类型实例的内容。ASP.NET MVC 自带大量 HTML 辅助方法。假设有一个 AdminController 类，它有一个 New 方法，通过这个方法可以向系统添加新的国家/地区。

```
[HttpGet]
public ActionResult New()
{
    // Set default values to show in the form
    var model = new CountryInputModel();
    return View(model);
}
```

下面来看看 Razor 编辑视图。

3. 展示输入表单

HTML 表单有以下布局。为了简单起见，大多数 Bootstrap 样式和填充元素（通常是 DIV 元素）已经从代码移除了。

```
<form method="POST" action="@Url.Action("new")">
    <fieldset>
        <legend>New Country</legend>

        @{ Html.RenderPartial("_Alert"); }

        <!-- Registration number -->
        <label for="name">Registration</label>
        <span type="text" id="registration"> @Model.RegistrationNumber </span>

        <!-- Name -->
        <label for="name">Name</label>
        @Html.TextBoxFor(m => m.Name, new { placeholder = "Name" })
        <span class="text-danger">@Html.ValidationMessageFor(m => m.Name)</span>

        <!-- Code -->
        <label for="name">Code</label>
        @Html.TextBoxFor(m => m.Code, new { placeholder = "Code" })
        <span class="text-danger">@Html.ValidationMessageFor(m => m.Code)</span>
        ...
```

```
        <!-- Continent -->
        <label for="name">Code</label>
        @Html.DropDownListFor(m => m.Continent,
                           new Continent().ToSelectList(@Model.Continent. As<int>()))
        <span class="text-danger">@Html.ValidationMessageFor(m => m.Continent)</span>

        <!-- Validation summary -->
        <span class="text-danger">@Html.ValidationSummary(true)</span>

        <!-- Submit button -->
        <button type="submit" class="btn btn-primary"> Save </button>
    </fieldset>
</form>
```

前面代码中最重要的是使用 HTML 辅助方法而不是普通 HTML5 元素。Html.TextBoxFor 与以下 HTML 和 Razor 代码的混合版本之间的真正区别是什么？

```
<input type="text"
       name="code" id="code"
       class="form-control" placeholder="ISO2"
       value="@Model.Code">
```

如果查看生成的普通标记，则会发现根本没有区别（见图 12-3）。

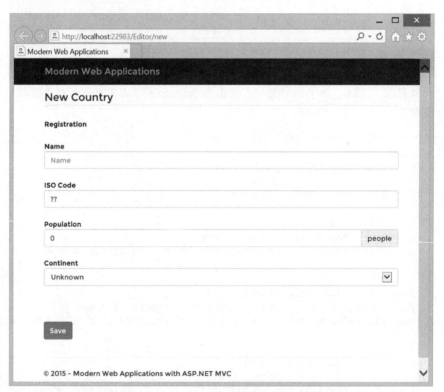

图 12-3　用来向系统添加新的国家的表单

如果你了解背后发生的事情，会发现区别很大。HTML 辅助方法是一块代码而不是普通标记。因此，它做了很多看不见的工作，这些工作与在表单 INPUT 元素的 value 属性中保存用户最后输入的值有关。

要了解为什么这个很重要，我需要在这个例子上进一步讲述当用户单击"Save"按钮并提交输入表单时会发生什么。

4．处理提交的数据

想象以下非常经典的场景。用户输入一些数据并单击"提交"按钮。控制器方法收到提交的数据并复制匹配数据到输入模型类型的属性。但输入模型类型使用数据标注装饰，于是提交的数据会根据这些标注验证。任何无效属性都会被记录下来并保存到 ModelState 字典。

通过 ModelState 字典的编程接口，控制器方法检查输入模型是否处于有效状态。如果是，它会继续执行任何必要的业务操作，如持久化；如果输入模型不是处于有效状态，控制器方法有以下两个选项可以选择。

- 使用一些错误消息渲染视图
- 重定向到将会渲染下一个视图的不同控制器动作（PRG 模式）

前一个选项会让 POST 成为浏览器缓存中的最后一个动作，它可能会让用户暴露在 F5 效应中。后一个选项从设计的角度（命令和查询看作不同动作）来看更干净，但它会丢失无效状态和提交数据的信息。

支持 PRG 的控制器会把模型状态保存在 TempData 字典中，然后重定向。被重定向的方法会从同一个 TempData 字典加载模型状态，然后把视图渲染回去。ModelState 字典包含所有关于错误和提交值的信息，但纯 HTML5 视图对此一无所知。ASP.NET MVC 的 xxxFor 辅助方法施展了读取 ModelState 字典的魔法，然后把输入字段的 value 属性设为最后已知状态。

```
[HttpPost]
public ActionResult New(CountryInputModel data)
{
    if (ModelState.IsValid)
    {
        // Perform the command
        var model = _service.Save(data);
        if (model.LastActionResponse.Success)
          return RedirectToAction("...");
    }

    // Errors detected
    return RedirectToAction("new");
}
```

结果，如果实现 PRG，想把错误输入留在表单中让用户修复，你必须在 Razor 视图中使用 xxxFor 辅助方法而不是普通 HTML5 元素。

5．显示验证消息

在 xxxFor HTML 辅助方法中，你可以找到 Html.ValidationMessageFor 和 Html.ValidationSummary。

前者显示模型状态中与特定属性相关的错误消息。

```
<span class="text-danger">@Html.ValidationMessageFor(m => m.Continent)</span>
```

后者展示模型状态中保存的错误消息的摘要。就 HTML 而言，两个辅助方法都会渲染普通 SPAN 标记，可以放在表单中你想要的位置上。一般来说，把验证消息放在特定输入字段旁边，把摘要放在表单顶部或底部。

好处是，在用数据标注装饰输入模型并告诉控制器方法处理模型状态之后，你在图 12-4 中看到的一切几乎没有代价。

数据标注之美在于为模型类型定义特性之后你基本上就不用理会了。由于 ASP.NET MVC 基础设施对数据标注的深入理解，之后发生的大多数事情都是自动的。但是，在这个不完美的世界中，没有什么真正需要的是完全没有代价的，对于数据标注来说也是这样。它可以很好地应对很多相对简单的情况，但在很多真实应用程序中会留下一些额外的工作需要你来做。下面我们来探讨一个更高级的场景。

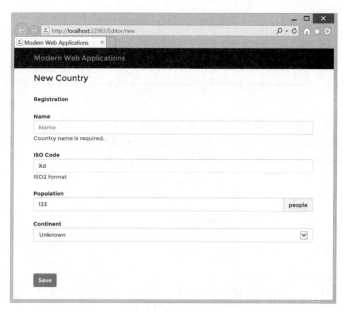

图 12-4　在输入表单中处理错误消息

6．执行跨属性验证

到目前为止我讲述的数据标注都是用来验证单个字段内容的特性。这很有用，但对于按照另一个属性保存的值来验证一个属性内容的真实场景来说就没多大帮助了。跨属性验证需要一些上下文特定的代码。

要同时验证两个或多个属性，一个基于另一个的值，你需要一个类级别的全局特性——CustomValidation。

```
[CustomValidation(typeof(CountryInputModel), "Validate")]
public class CountryInputModel : ViewModelBase
```

```
{
    ...
}
```

很简单，这个特性指定一个方法，它会在验证的过程中需要进行跨属性检查时调用。

```
public static ValidationResult Validate(CountryInputModel data, ValidationContext
context)
{
    if (data.Continent == Continent.Unknown && !data.Name.IsNullOrWhitespace())
        return new ValidationResult("Must indicate a continent.");
    return ValidationResult.Success;
}
```

应该定义全局特性并忽略个别属性吗？对于个别属性，很容易显示点到点错误消息，如图 12-4 所示。要显示和跨属性验证相关的错误消息，则要用验证摘要辅助方法。

```
span class="text-danger">@Html.ValidationSummary(true)</span>
```

Html.ValidationSummary 的一个有趣的特性是，如果用来调用它的 Boolean 值是 true（就像本例那样），显示的错误列表只包含和特定属性无关的那些。这可以在显示跨属性验证消息时避免重复消息（见图 12-5）。

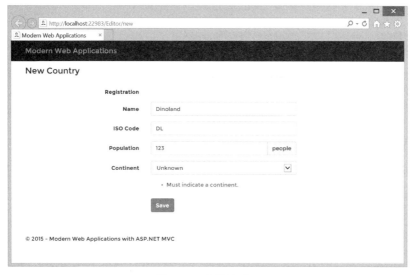

图 12-5　跨属性验证

7. 下一个视图

到目前为止，我已经讲解了输入表单的验证阶段。当提交的数据满足所有需求时，ModelState 字典会处于有效状态，控制器会继续执行用户请求的实际操作。这个操作可能成功完成，也可能失败。在两种情况下，反馈都必须报告给用户。

做到这一点的一个简单方式是向视图模型基类添加一些属性，使它们总是在任何视图上。更好的做法是创建一个新的 CommandResponse 类。

```
public class CommandResponse
{
    public bool Success { get; set; }
    public string UserMessage {get; set;
}
public class ViewModelBase
{
    ...
    public CommandResponse LastCommandResponse { get; set; }
}
```

控制器调用的服务方法或者控制器本身编写的命令响应最终会显示在视图中，而且总是以相同的方式显示。出来的效果是现在可以轻易创建 HTML 小部件来显示成功或错误消息。

```
<!-- _Alert -->
@if (Model.HasMessage())
{
    var style = Model.LastActionResponse.Success ? "alert-success" : "alert-danger";
    var rnd = new Random().Next(1000000, 1000000000);
    <div id="__alert__@rnd" class="alert alert-dismissable @style">
        <button type="button" class="close" data-dismiss="alert" aria-label="Close">
            <span aria-hidden="true">&times;</span>
        </button>
        @Model.LastActionResponse.UserMessage
    </div>

    <script type="text/javascript">
        $("#__alert__@rnd").delay(4000).slideUp();
    </script>
}
```

在任何视图中，只需添加以下这行代码就可以获得图 12-6 所示的效果。

```
@{ Html.RenderPartial("_Alert"); }
```

这个响应渲染在屏幕顶部的 Bootstrap 警告框中，它会在几秒之后自动消失。

PRG 控制器的自定义特性

如果研究本书附带的源代码，你会看到一些例子在处理输入表单时明显没有使用 TempData 字典，但代码产生的效果和使用字典的完全一样。诀窍在哪？

要实现 PRG 模式和表单验证，只要使用 TempData 字典执行一些基本操作。每个控制器的每个提交方法总是相同的操作，重复又重复。

ASP.NET MVC 提供了一个工具——动作过滤器，可以把额外的功能集成到控制器方法中。一旦编译完毕，动作过滤器就会以你使用的特性的形式装饰控制器方法或类。在内部，动作过滤器可以最多重写两个方法：OnActionExecuting 和 OnActionExecuted。顾名思义，前一个重写表示在控制器方法执行之前要执行的代码。后一个方法定义了在控制器方法完成时要执行的代码。

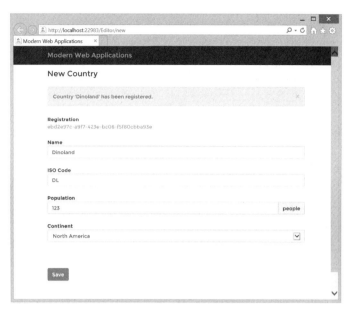

图 12-6 可重用的警告小部件

动作过滤器可以访问整个控制器通道，可以读取和修改视图模型和模型状态。注意，OnActionExecuted 在控制器方法完成之后、在视图处理和生成之前执行。因此，任何对模型状态或视图模型的更新都会完全反映在实际的视图中。

Prg 特性是一个原本属于 MvcContrib 项目的类似组件的轻微变种。你可以访问 mvccontrib 官网深入了解这个项目。使用这个特性非常容易。

```
[Authorize]
[Prg]
public class EditorController : Controller
{
    [HttpPost]
    public ActionResult New(CountryInputModel input)
    {
        if (ModelState.IsValid) {
            DoYourTask(input);
            return RedirectToAction("next-view");
        }
        return RedirectToAction("current-view-with-errors");
    }
}
```

以上代码展示了 POST 控制器方法的结果模式。

12.2.3 模态输入表单

在第 11 章中，我讲解了向下追溯的例子，其中，数据实体的详细信息会在用户从列表中选择一个项时显示在侧栏中。同一个模式有时候在编辑数据时也是很有用的。当这个视图的主要目的是让用户检查和审核信息，授权用户偶尔编辑时，它是非常适合的。

在很长一段时间内，编辑数据都要跳转到一个不同的页面或者 URL，然后在那里输入数据。在这种视图中，输入表单是围绕 FORM 标记和浏览器主导的内容提交来构建的。这是我们到目前为止应对的场景。有没有一种方式向用户展示一个输入表单但不用整页刷新？那么欢迎来到模态输入表单。

1. 配置模态表单

本质上，模态表单只是在其他内容之上显示一个 DIV，而且让下面的内容不能响应。换句话说，这里的模态意味着用户的注意力集中在弹出的用户界面上。构建和显示模态表单需要内容 DIV 以及用来显示和隐藏它的一些 JavaScript，注意 z-index 和 focus 两个 HTML 属性。有个框架可以让一切变得容易。Bootstrap 为模态提供了很好支持。

在 Bootstrap 中，模态由两个元素组成：触发器和内容。内容是使用专门属性装饰的零散 DIV。这个 DIV 放在托管视图中，通常在底部，注入方式可以是内联标记，更好的方式是不同的分部视图。

```
<div>
    <!-- This is the template of the host view -->
</div>
@{ Html.RenderPartial("your_modal_view") }
```

每个模态表单都有一个或多个触发器。触发器是用户通过操作打开模态表单的用户界面元素。一般来说，触发器是可点击元素，如锚定或按钮。但是，因为 Bootstrap 中的模态组件有自己的编程界面和事件模型，你可以通过编程在响应某个事件或一组指令时打开模态表单。以下是模态表单的常见 Bootstrap 配置。

```
<!-- Trigger -->
<button class="btn btn-xs btn-danger"
        data-toggle="modal"
        data-target="#modalEditor"
        data-id="@country.CountryCode">
    <span class="glyphicon glyphicon-pencil"></span>
    EDIT
</button>
<!-- Modal content -->
<div class="modal" id="modalEditor">
    <div class="modal-dialog">
        <div class="modal-content">
            <div class="modal-header">
                ...
            </div>
            <div class="modal-body">
                ...
            </div>
            <div class="modal-footer">
                ...
            </div>
        </div>
    </div>
```

```
</div>
```

在触发器元素中，核心属性是 data-toggle 和 data-target。前者告诉 Bootstrap 点击的预期行为。data-target 属性包含了要打开的 DIV 的 jQuery 选择器。

模态内容是一块特殊的 HTML 标记。它是一个使用 model 样式的容器 DIV，而且包含一个使用 model-dialog 样式的内嵌 DIV，这个内嵌 DIV 又包含了另一个使用 model-content 样式的 DIV。在模态内容元素中，你可以在用户面前显示任何想看到的内容。一般会有 3 个子元素：顶部（header）、主体（body）和底部（footer）。但这不是强制的。使用这种容器主要是为了填充（padding）和定位（positioning），但不会改变对话框的任何核心功能。

2. 组成模态表单的常见元素

比较好的做法是给模态表单添加一些公共元素，如顶部的关闭按钮，顶部的一组用来执行操作的活动按钮。也建议在某个地方设置一个标题并为反馈保留一些空间，如果有的话。

以下是常见的顶部标记。元素的 ID 是随便给的。

```
<button type="button" class="close" data-dismiss="modal">
    <span aria-hidden="true">&times;</span>
</button>
<h4 class="modal-title" id="titleOfTheForm"></h4>
```

这里的代码向顶部添加一个关闭按钮，和你在 Microsoft Windows 中看到的一样。另外，通常也会在底部添加一个类似的按钮。data-dismiss 属性告诉 Bootstrap，如果点击这个按钮就关闭这个对话框。

```
<button type="button" class="btn btn-default" data-dismiss="modal">Close</button>
```

模态表单可以只用来展示信息，或者实现模态输入表单。模态表单的内容可以在视图创建时静态定义，也可以在显式模态表单时更新。

```
<div class="modal-content">
   <div class="modal-header">
        ...
   </div>
   <div class="modal-body">
        @Html.Partial("_ModalEditorForm")
   </div>
     <div class="modal-footer">
        ...
     </div>
</div>
```

这个代码段总引用的 _ModalEditorForm 表示正在用来编辑选中元素的 HTML 表单。HTML 表单的输入元素通过 JavaScript 设置，它会截获模态表单的 show 事件。

3. 初始化模态表单

当包含模态表单的视图加载时，有一些一次性的初始化必须执行。具体来说，初始化会把事件

241

处理器附加到 show 事件，对于输入表单，它还会为客户端 jQuery 验证设立规则。

```
$(document).ready(function() {

    // ==> Register event handler for "show" event
    $("#modalEditor").on("show.bs.modal", function (e) {
        // Get code of clicked country
        var code = $(e.relatedTarget).attr("data-id");

        // Set title
        $("#titleOfTheForm").html(code);

        // Download details
        $.ajax({
            url: "/country/find/" + code,
            cache: false
        }).done(function (info) {
            $("#legend").html(info.CountryName);
            $("#code").val(info.CountryCode);
            $("#Population").val(info.Population);
            $("#AreaInKmSq").val(info.AreaInSqKm);
        });
    });

    // ==> Register jQuery validation rules (if any)
    ...
});
```

这里从服务器下载 JSON 数据，它包含要编辑记录的细节，并用那些信息来填充弹出 HTML 表单的输入字段。每次用户触发这个模态表单，就会执行下载并配置相同的 HTML 标记来显示动态数据。

■ **重要**：这里使用 jQuery 缓存是有争议的，如果大量使用，可能会带来极差的体验，让用户觉得系统忽略他们的命令。用户保存数据，系统提示一切正常，但下次编辑同一条记录时，表单却显示旧的数据，即使系统保存了更新的信息，这种情况并不少见。我试过，真的很讨厌很懊恼。你可以像本例那样通过禁用 jQuery 缓存来解决这个问题，但这样做的代价是每次都要下载。

图 12-7 所示为第 11 章的向下追溯例子的改良版本，其中，有个按钮添加到菜单，用来打开模态输入表单编辑一些信息。

4. 从模态表单提交

一旦模态表单投入运作，用户就可以自由编辑任何内容。假设某一刻用户输入的一切都是可接受的输入。你怎么从模态表单提交数据呢？这里有以下两种基本方案。

- 常规的浏览器主导表单提交，打开不同的页面显示任何反馈（成功或错误消息）。
- JavaScript 控制的表单不用离开表单就能提交，任何反馈（成功或失败消息）都报告回同一个表单。

在这两种情况下，你都可以使用 jQuery 验证在表单上应用一些不错的验证效果。

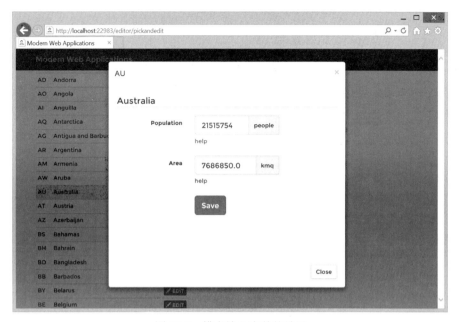

图 12-7 模态输入表单的效果

第一种提交选项编码很轻松，很多时候是默认选项。本质上，这个弹框是一个包含标准 HTML FORM 元素的 DIV。因此，FORM 元素只想服务器动作，包含经典的提交按钮。当用户点击这个提交按钮时，就会收集表单的内容并通过 POST 请求发送。这和经典的表单实现没有什么不同。对于用户来说，他们会在提交之后到不同页面，需要导航回来才能继续编辑。这本身不是缺点，只是一个常见的行为，它不一定适合任何情况。

要通过 JavaScript 提交，你需要把一个 click 处理器附加到一个提交按钮，然后把表单的内容序列化成 JSON。以下是示例代码。

```
function __saveChanges(form) {
// form here is assumed to be jQuery object, NOT a DOM reference to a FORM element!

var url = "/editor/save";
    var postData = form.serialize();
    $.post(url, postData, function (data) {
        $("#feedback").removeClass("alert-danger")
                      .removeClass("alert-success");
        if (data.toLowerCase() == "ok") {
            $("#feedback").addClass("alert-success")
                          .html("Data saved!");
            return;
        }
        $("#feedback").addClass("alert-danger")
                      .html("Something went wrong. Please retry!");
    });
}
```

jQuery 方法 serialize 生成文本的字符串，完全匹配 HTML 表单的内容和 POST 请求的主体中使

243

用的浏览器格式，之后就建立特定 URL 的 POST 请求，并等待响应来刷新模态表单的用户界面。以下是负责接收这些提交数据的控制器方法的片段。

```
public ActionResult Save(string code, string population, string area)
{
    // Perform action and get response/feedback
    var model = _service.PerformTask(...);

    if (Request.IsAjaxRequest())
    {
        var success = model.LastResponse.Success;
        return success ? Content("ok") : Content("fail");
    }

    //
    return RedirectToAction("pickandedit");
}
```

注意，同一个控制器方法可以用来接收等待 HTML 的经典 POST 请求以及等待纯数据的 Ajax POST 请求。区别请求类型的诀窍在于 IsAjaxRequest 方法。图 12-8 所示为从模态表单成功提交的效果。如果想让用户长时间留在表单中并在同一个工作会话中多次保存数据，从模态表单通过 JavaScript 提交是一个很好的策略。

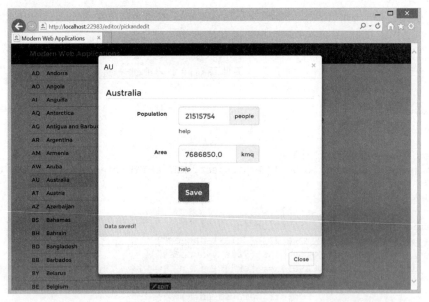

图 12-8　从模态表单中提交

■ **注意：** 示例应用程序并不真的保存数据，甚至没有在用户提交数据时执行任何工作。作为演示，它只是随机决定操作是否成功。当你单击图 12-8 所示的表单中的 Save 按钮时，失败的概率高于成功的概率。重复单击来体验两种情况的用户界面：核心项目和后端数据不会有什么坏事发生。

5. 客户端验证

不管是在模态弹框中显示输入表单，还是把它嵌入经典视图中，也不管选择哪种提交模型，你都可以通过 jQuery 启用客户端验证。一般来说，表单验证出现在客户端和服务器端上，真正重要的是服务器端。但是，在客户端上执行一些快速检查是一种优化，因为它可能减少服务器的往返。此外，它也让用户觉得系统更具响应性和人性化。

> **注意：** 说到客户端验证，在整体用户界面中（而不是特定的输入表单），另一个要考虑的方面是禁用可能触发不适合特定场景的操作的用户界面元素。

客户端验证很有效，因为它在用户输入时提供及时的反馈。你可以自己通过一些 JavaScript 和一堆事件处理器来编码这个特性。但是，正如之前看到的使用数据标注做服务器端验证，使用现成框架可以让东西编写起来更快，可重用性也更高。事实上客户端验证的标准框架是 jQuery Validation。你可以通过 NuGet 包安装它，然后引用 jquery.validate.min.js 文件就行了。

要设立客户端验证，你需要把验证规则附加到每个想使用的表单。你可以在托管页面或视图的 ready 处理器中执行这个操作。以下是示例代码。

```
$("#CountryForm").validate({
    rules: {
        Population: { required: true, min: 0 },
        AreaInKmSq: { required: true, min: 0 }
    },
    messages: {
        Population: "Set population to 0 if not available.",
        AreaInKmSq: "Set area to 0 if not available."
    },
    errorContainer: "#validationSummary",
    errorLabelContainer: "#validationSummary ul",
    wrapper: "li",
    submitHandler: function (form) {
        var $form = $(form);    // Normalize to jQuery
        __saveChanges($form);
    }
});
```

在这段代码中，CountryForm 是要验证的 HTML FORM 元素的 ID，rules 和 message 集合中的属性名字必须匹配表单中输入元素的 ID。关于实际用法和支持的验证表单，你可以到框架的网站详细了解。

这个验证框架也要求你指出错误消息应该在哪显示，errorContainer、errorLabelContainer 和 wrapper 等属性的组合指出每条消息将会在哪显示以及如何显示。在本例中，错误消息将会在一个 LI 元素中显示并追加到 validationSummary 元素中的 UL 子元素。

最后，submitHandler 属性可以用来自动为验证表单的提交按钮注册处理器。换句话说，如果你为一个表单使用和配置 jQuery Validation，也会给自己节省将 click 处理器附加到提交按钮的工作量。图 12-9 显示了客户端验证的效果。

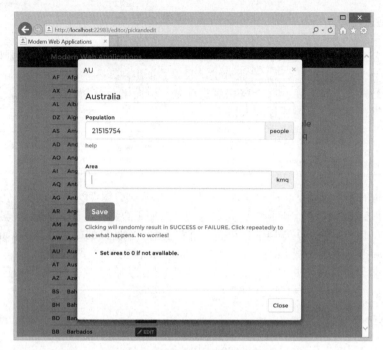

图 12-9 使用 jQuery 的客户端验证

6. 研究模态表单的优劣

不管权威人士和专家们怎么说可用性，最终要紧的还是用户在使用 HTML 视图时经历的体验。而体验来自知觉。在编辑或向下追溯某些信息时，模态表单显然是一个可以考虑的选项，它们在某些场景中的体验要比其他的好。模态表单通常建议在以下场景中使用。

- 一次性编辑多个输入字段（这正是前例的场景。）
- 执行单步动作，如预定资源、提交评论或者注册信息（这是前例的小改版本。）
- 为图像、视频或者一组数据创建快速预览。

与此同时，模态在以下几种情况中没那么有效，甚至有点烦人。

- 通知操作输出（成功或失败），如前所示，可关闭的警告文本如果能在几秒后消失会更友好。
- 验证消息（如果内联显示或者在单个摘要中显示会更好。）
- 快速编辑特定少量数据，如单个字段。
- 多步向导式操作。

我认为模态表单很有用，不过即使合理使用，它们也不能把一个可用性很差的用户界面变得很好。换句话说，它们有用，但它们不是让用户界面变好的决定性因素。另外，如果模态弹框被误用了，它们真的可以降低好的用户界面的效率。

此外，把模态窗口看作只用于桌面视图的资源。我不会把模态屏幕用在移动设备上，不管是平板还是智能手机。原因很明显：这么小的屏幕，这么粗的指针（手指），弹框通常会截断或者占用太多屏幕空间，关闭也很麻烦，更不用说屏幕键盘会进一步减少用户阅读和输入的可用空间。再者，模态的有效性很大程度上源于一切都在触手可及的位置中显示。如果你要滚动模态表单，那最好不要使用了。

不在移动设备上使用模态窗口触及一个更大的问题——检测设备并对每种屏幕规格提供智能标记（我会在第 15 章讨论这个问题。）但现在，我给大家分享一些我见过的别的 UX 专家在用的改善效率的诀窍。如果核心设计已经使用模态窗口（假设移动支持在后面加入），你要么强迫用户在移动设备上使用模态窗口，要么把模态窗口换成别的东西。替换模态窗口涉及一些和多设备设计有关的话题。应用程序流程没变，要把用户的负担降到最低。（顺便一提，Cordova 应用程序和 jQuery Mobile 网站的效果没有多大区别。）

12.3　改善用户体验的小窍门

改善网站的用户体验是一个很大的话题，足够单独写一本书。我不打算在这里说太多，因为觉得自己在软件可用性方面只是一个业余爱好者。我不打算讨论认知分析或者 UX 模式，但想分享一些每天都用的具体窍门，它们可以让网站的用户体验变得更好，至少对于我的大多数用户来说是这样。

> **注意**：如果你在寻找 UX 的启发和学习构建更好用户体验的资源，有个建议，看看 http://www.givegoodux.com/think-first 吧。

12.3.1　使用日期选择器是挺好的，但……

日期选择器在软件世界中不是什么新东西，也不需要进一步解释或者讨论使用它们的对错。但就 Web 而言，日期选择器有一个问题——缺乏统一支持。

1. 浏览器和 Modernizr

我很高兴 HTML5 引入了特定的 date 输入类型字段。很长一段时间，我希望所有浏览器都能为它使用几乎一致的用户界面。事实上不是这样。Internet Explorer 甚至没有把 date 输入字段和纯文本字段区分开来，Firefox 和 Safari 的情况也没有不同。另外，支持这个特性的浏览器（Chrome、Opera、Microsoft Edge 以及少数移动浏览器）所提供的用户界面也稍稍不同。

Modernizr（参见 http://modernizr.com）充当一个特性检查器，告知当前浏览器是否支持指定特性，接着，你可以根据这个实现自己的应变方法。以下这个小例子演示了如何检查浏览器是否支持 date 类型的输入字段。如果不支持，会使用某个外部日期选择器插件。

```
$(function(){
    if(!Modernizr.inputtypes.date) {
        $("#givenInputDateField").someDatePickerPlugin();
    }
});
```

老实说，在这个特定的例子中，我没有看到使用 Modernizr 的必要性。这里的结果是，在所有不原生支持 date 输入字段的浏览器上使用同一个插件，而支持它的浏览器上的用户界面稍微不同。我希望给我的用户提供相同的体验，目前跨浏览器的差异仍然远远超过文本输入框的图形样式。

另一个要考虑的关键点是日期输入字段所支持的定制级别。根据具体的输入，你可能想限制日期范围并通过月份或年份导航。输入生日和输入发票日期或预定日期是不同的。虽然 HTML5 标准定义了一些额外的属性，但我发现插件更好用，更重要的是，绕开 Modernizr 使用插件能使所有浏览器都有相同的体验。

2．Bootstrap Datepicker

应该使用哪个插件？多年来，jQuery UI 是大多数开发者的最爱。今天，Bootstrap 作为创建更好布局和最佳外观的选择正被越来越多网站使用。Bootstrap 没有原生日期选择器组件，但有一些项目提供支持。一个是 http://github.com/eternicode/bootstrap-datepicker，它可以通过 Bootstrap Datepicker NuGet 包获取。以下代码段展示了需要使用的标记和脚本。

```
<input type="text" id="dateofbirth" name="dateofbirth" contenteditable="false" value="@birthDate">
<script type="text/javascript">
    $(function () {
        $('#dateofbirth').datepicker({
            language: 'en',
            startDate: '@startBirthDate',
            endDate: '@endBirthDate',
            pickerPosition: "bottom-left",
            autoClose: true
        });
    });
</script>
```

在 INPUT 标记中，留意到 contenteditable 属性设为 false，它使得这个字段的内容不能在用户界面之外编辑。同样重要的，INPUT 元素的 type 属性设为 text。

这个插件很好地支持本地化，日期格式反映了这一点。NuGet 包自带一堆依赖，但这是今天为了极致的定制化而付出的代价。以下代码把日期范围限制到业务应用程序中适合用作生日的那些。

```
var startBirthDate = new DateTime(1915, 1, 1).ToString("d",
culture);
    var endBirthDate = DateTime.Today.AddYears(-5).ToString("d",
culture);
```

图 12-10 所示为这个插件的（本地化）例子。

图 12-10　基于 Bootstrap 的日期选择器组件

3．以纯文本的方式表现日期

我在一个关于 Web 移动开发的模式与实践会议上从一个知名移动专家那里第一次听到以下观点。

"用户在移动表单中输入日期的最快方式就是输入数字序列。至于是 DDMMYY 还是其他只是一个细节。"

嗯，基本上，我认为这很对。

换句话说，如果想构建为移动优化的视图，你可以关闭任何插件，只把日期字段声明为数字输入字段。这种方案也告诉操作系统打开数字键盘。更进一步，你可能想验证输入的文字并猜测一个可能的日期。

日期选择器很好，在移动设备上它们完全支持日期。但是，以文字的形式输入日期仍然是一个选项，而且比选择一个日期更快，尤其是当这个日期距离默认显示的日期很远时。

12.3.2 使用自动完成而不是冗长的下拉列表

你写过多少次表单来选择国家名字？又有多少次最终得到一个无尽的下拉列表？上百万个网站就是这样做，但这真的是最友好的方式吗？仔细观察用户（包括你自己）从一个很长的列表中选择一个国家时实际上做了什么：他们把焦点移到下拉列表，然后快速输入国家名字开头几个字母。如果输入几个字母之后，下拉列表还没选中想要的国家，也只相距一两次按键而已。

输入很无聊，但一旦决定把手放在键盘上，对于某些人来说可能比其他选项更快。

为什么我们不用普通文本框来输入国家/地区名字呢？主要原因是我们需要消除国家/区域名字中的歧义：对人来说，USA 和 United States 是一样的，有时候 United Kingdom 可能和 Great Britain 一样可以接受。语言也是一个问题：Italia 和 Italy 是不一样的，等等。最后，使用自由的文本框，用户可能输错名字。相反，使用下拉列表，页面提供固定的名字列表，更重要的是，每个条目都绑定一个唯一的 ID，它标识着没有歧义的选中国家/地区。

选择国家/地区名称的更好方法是什么？应该是能自动完成的智能文本框之类的东西。

1. 介绍 Bootstrap Typeahead

如果打算在网页中使用自动完成特性，你最好在做其他事情之前关闭浏览器的原生自动完成。

```
<input type="text" autocomplete="off" />
```

接着，挑选你最喜欢的框架。我最喜欢的是 Typeahead，可以通过 NuGet 包获取。这个 JavaScript 库自带简化的 JavaScript 文件和 CSS。建议你查看包含在示例代码中的简单修改版的 CSS 文件并在那里添加自己的修改。

一旦把 Typeahead 投入运作，你就可以在输入表单中使用以下代码了。

```
$('#country').typeahead(
    null,
    {
        displayKey: 'value',
        source: hints.ttAdapter()
    }
);
```

Typeahead 接受不同方式的提示，从本地源到远程源。这里讨论的例子假设使用远程数据源，在配置调用中看到的 null 表示调用的设置。通过传递 null，你可以接受所有默认值。第二个参数定义了组件的行为并指定了显示值字段和下拉数据源。

以下是初始化的完整例子。

```
<script type="text/javascript">
```

```
var hints = new Bloodhound({
        datumTokenizer: Bloodhound.tokenizers.obj.whitespace('value'),
        queryTokenizer: Bloodhound.tokenizers.whitespace,
        remote: yourRemoteUrl + "?query=%QUERY"
    });
    hints.initialize();

    $('#country').typeahead(
        null,
        {
            displayKey: 'value',
            source: hints.ttAdapter()
        }
    );
</script>
```

Bloodhound 是为 Typeahead 提供的提示的包装器。它是 Typeahead 包的一部分。你要做的就是获取 Bloodhound 引擎的实例，并把它设成选择的远程 URL。这通常是你的 URL 或者启用跨域资源共享（CORS）的外部 URL。在任何情况中，都必须使用表达式%QUERY 引用文本框中目前输入的文字。只要远程 URL 返回的 JSON 集合有一个属性的名字与提供给分词器（tokenizer）和 displayKey 属性的一样（在本例中是 value），你的准备工作就完成了。

2. 把文本框用作下拉列表

要把文本框用作只接受选中字符串的下拉列表，还有一些事件处理器必须注册到 Typeahead。这里的思路是使用一个关联的隐藏字段来保存选中元素的唯一 ID，同时在文本框中显示元素的完整名字。接着，对输入的文字做任何编辑都会强制清理这个缓存，直到从列表中选出新的。

在刚才展示的同一个 SCRIPT 代码块中添加一下脚本。

```
$('#country').on('typeahead:selected', function (e, datum) {
    $("#country").attr("data-itemselected", 1);
    $("#countrycode").val(datum.id);
});

$('#country').on('blur', function() {
    var typeaheadItemSelected = $("#country").attr("data-itemselected");
    if (typeaheadItemSelected != 1) {
        $("#countrycode").val("");
        $('#country').val("");
    }
});

$('#country').on('input', function () {
    var typeaheadItemSelected = $("#country").attr("data-itemselected");
    if (typeaheadItemSelected == 1) {
        $("#country").attr("data-itemselected", 0);
        $("#countrycode").val('');
        $('#queryString').val('');
    }
});
```

在本例中，关联的隐藏字段叫 countrycode。当 Typeahead 触发 selected 事件时（从列表选中一个提示），关联的隐藏字段会用这个提示的 id 属性设置。这里的名字 id 是随意的；你可以使用任何唯一的属性来标识这个提示。如果是一个国家/地区列表，它将是国家代号或者其他你可能有的主键。与此同时，向这个文本框添加一个动态属性（data-itemselected），它表示持有从提示列表选中的值。blur 和 input DOM 事件的处理器会重设文本框和隐藏字段的内容，只要用户在没有做出选择的情况下按 Tab 键离开这个字段，或者只是尝试在字段中随意输入文字（见图 12-11）。

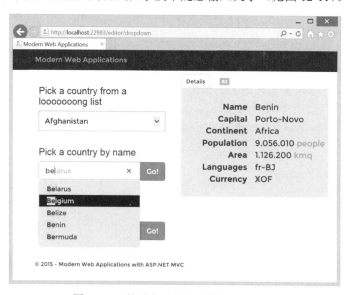

图 12-11　使用自动完成来模拟下拉列表

12.3.3　大型输入表单的其他建议

你有多少次受困于输入表单太大或太烦而不好处理的情况？作为一名开发者，有时候需要从用户那里收集大量数据，然后问题就来了。但相信我，这对用户来说也是个问题！我曾经听一名 UX 人员说过，让一个特性高度可用的最佳方式就是让它变得不必要。我十分同意。

下面有几条建议可以让大的输入表单稍微可用。

- 使用标签，每次只展示相关的输入字段。有一个全包 HTML FORM 元素包装所有标签，每当你保存，不管在哪个标签中，一切都会保存。
- 让用户更快更易找到保存按钮。对于滚动表单，一个解决方案是让按钮在顶部或底部。更好的解决方案是让带有保存按钮的工具栏跟随表单内容一起滚动。
- 给特殊类型数据自己的保存按钮，如图像（如个人图像）或密码（如重设或修改密码）。通常，它们是特殊的操作，执行独立于整条记录的普通更新。
- 不要害怕使用 JavaScript 按钮来保存编辑字段中的通用值。一个例子是日期输入字段旁边的"没有日期"按钮，或者密码编辑字段旁边的"建议随机密码"按钮。
- 如果可能，实现自动保存特性。
- 如果可能，考虑内联编辑小块数据。

这里只是简单罗列了一些，我可能已经忘记了多年来学到的其他建议，但相信你可以把自己的建议整合到这个列表！

12.4　小结

在 Web 应用程序中编辑数据通常都是用 HTML 输入表单来处理。在本章中，数据编辑的方案主要使用现今应用程序的核心元素和模式。我假定你有 HTML 和 ASP.NET 的基础知识。本章开始讨论了验证和授权（一个相对不那么常见的做法）。但是，如果不先验证用户并检查用户的权限，你不会在 Web 应用程序中做任何编辑。

我讨论了 PRG 模式以及通过数据注解来做验证，也花了一点时间讲述和演示模态输入表单的优缺点以及使用智能 JavaScript 框架来改善表单的质量和可用性。在本章中，只模拟了数据更改，因为我通常只关注前端和后端之间的交互模型。

在第 13 章中，我将会花一点时间来讨论 Entity Framework 以及在 Web 应用程序的环境中的整个持久化主题。

第 13 章

持久化和建模

> 先弄到事实，然后你就可以随心所欲地扭曲它们。
>
> ——马克·吐温

当前，一般都有一个关系型数据库管理系统（RDBMS）作为软件架构的基础。当 RDBMS 充当基础时，软件系统的设计和构建就成了设计和构建数据访问层（DAL）。在 Microsoft .NET Framework 栈中，DAL 由一堆使用 ADO.NET API 或 Entity Framework 来读写物理数据库的类组成。

数据模型是什么，它在整个架构中扮演什么角色？

数据模型（通常是关系型数据模型）是开展软件架构师计划的第一步，也是最重要的一步。数据模型（通常是关系新数据模型）是数据库架构的抽象。

这种架构模式仍然有效、可行，但正在日益变得低效。或者说，为了部分缓和上一句的冲击，它对于越来越多类型的应用程序正在变得日益低效。这里要说的不是（关系型）数据模型不再是架构的心脏，而是（关系型）数据模型只是建模数据的一种方式，置于分层架构的底部——基础设施层（见第 5 章）。

在本章中，我会先讲述在 ASP.NET 架构的各层中找到的各种模型。接着集中讲述实现持久化的常见方式以及处理命令和查询操作的数据模型的常见方式。

13.1 研究不同类型的模型

我很惊讶持久化模型和领域模型之间的区别在今天仍被轻视——至少被很多软件专家低估了。缺乏明晰的一个原因是太多号称演示架构和设计实践的教程仍然使用过于简单而不能有效区分这些模型的例子。比如，使用 Northwind 数据库来构建领域驱动设计的好例子纯粹笑谈。你无法真的拿一个物理数据库然后受到启发设计一个有着自己业务规则的领域模型。同理，你也不能只用经典的 Music 或 Movie 应用程序来有效展示分层架构的重要性。

在这两种情况中，虽然原因不同，但你最终都会得到和物理数据库一一对应的单个数据模型。为整个栈所用的数据使用单个模型不是一件坏事，只要你能有效实现需要的特性，而且知晓存在各种类型的数据模型就行了。

13.1.1 持久化模型

我通常建议不要使用数据模型这个说法。它太广泛以至于它的真实含义通常严格依赖于业务场景。如果要表达在某种持久化存储上读取和保存数据的数据模型，我更喜欢使用持久化模型这个说法。

要记住持久化模型的例子，可以想想 Entity Framework。Entity Framework 为你从数据库推断出来的类，或者通过代码先行模型的方式指定的类，都是持久化模型的一部分。这些类会向下到数据库，需要和选择的数据库架构一一对应，但通常也需要和现有的不可修改的数据库架构一一对应。

如果被迫使用现有数据库，又怎能说你对业务场景的领域逻辑建模呢？

到目前为止，假设数据库是关系型数据库，如 Microsoft SQL Server。关系型数据库在模型上实施一些其他类型的数据库（如 NoSQL 数据存储）不太可能实施的约束。关系型数据库受限于关系模型的规则，因而倾向于规范化数据、避免冗余以及提倡索引和类型约束。NoSQL 数据存储只是直接保存对象。在这种情况下，如果使用 NoSQL 后端，持久化模型可能是你要使用的唯一模型。但只要在关系型环境中，你就应该把用来读写数据库的类看作持久化模型。

持久化模型应该有多少对系统的基础设施之外可见？

答案很简单：想要多少就有多少，只要能工作。如果所面临的需求允许同一组类在比基础设施层更高的层中使用，不管怎样，用就行了。如果需求不允许，不要害怕在上面的层中创建额外的模型。

13.1.2　领域模型

一个经常引用但不经常践行的领域驱动设计（DDD）口号是领域模型中的类必须和数据库结构无关。大多数时候，这意味着领域层和基础设施层（持久化执行的地方）必须使用不同的类。

但是，这样做的必要性取决于正在设计的应用程序。如果同一组类可以同时在领域层（业务逻辑）和基础设施层（持久化）中工作，为什么要人为创造更多的复杂性？只为了有两个不同的模型？这个理论表明每个层都可能需要自己特定的数据模型，使用合适的适配器进行转换。（在没有牺牲太多可维护性的情况下）最终处理的代码行数越小越好！

1．业务规则

总的来说，使用领域模型的核心想法是让里面的类包含和暴露业务规则。领域模型的唯一目的是实现业务规则并通过表达业务概念、业务数据和行为的类来贯彻。

强调行为作为领域模型的关键部分是由于领域模型中的类都表达了业务概念和任务。因为这是唯一的问题，所以很显然领域模型在设计上应该是和数据库完全无关的。

让领域类和持久化类通过某种适配重叠只是一种便利。合法且正当，不过也只是一种便利。

2．简单领域建模练习

假设有人请你为某个体育比赛创建一个评分系统，只是一个很小的应用程序，裁判员和记分员用来跟踪比赛的进度：分数、犯规、超时、赛节等所有东西。举个例子，考虑英式足球。你怎么看以下这个类？

```
public class Match
{
    public string Team1 { get; set; }
    public string Team2 { get; set; }
```

```
    public int Goals1 { get; set; }
    public int Goals2 { get; set; }
    public int Period { get; set; }
    public MatchState State { get; set; } /* Scheduled, InProgress, Finished */
}
```

它似乎包含了你可能需要的一切，而且持久化也不费力。你可能会想，这里选择的领域对于设计练习来说太简单。

当你设计领域模型时，实际上是在设计一个 API 给其他开发者使用，包括你自己。根据特定的业务规则和领域的特征，你应该只允许合法且正当的操作。

以下列出几条对刚才展示的代码的反对意见。

- 进球数可以随意设置，使-3~4 000 000 成了有效分数。
- 赛节可以随意设置，任何人都可以设置任何非法值。
- 使用 MatchState 枚举是好的，但它需要某种状态机制。比如，只有计划的比赛可以使用 InProgress 值，而且这个值不可撤销。
- Goal 属性只有在比赛进行中才能设置。

你可能会反驳说会在单独的组件处理和这些问题相关的业务规则。完全没问题，这是我们至少 15 年以来设计系统的方式。但在这种情况下，你不需要领域模型，需要的是带着数据进出业务逻辑组件的数据传输对象（DTO）。

3. 重写练习的解决方案

替代方案是创建 Match 这种领域模型类来集成业务规则。这种设计方案的第一个影响是，你不必有可设置的属性，只要有匹配业务动作的方法并在内部验证状态以及确保总与业务保持一致就行了。

以下是 Match 类的另一个版本。

```
public class Match
{
    // Read the state
    public string Team1 { get; private set; }
    public string Team2 { get; private set; }
    public int Goals1 { get; private set; }
    public int Goals2 { get; private set; }
    public int Period { get; private set; }
    public MatchState State { get; private set; } /* Scheduled, InProgress, Finished */

    // Behavior (with business rules)
    public Match(string team1, string team2) { ... }
    public Match Start() { ... }
    public Match Finish() { ... }
    public Match StartPeriod() { ... }
    public Match EndPeriod() { ... }
    public Match Goal1() { ... }
    public Match Goal2() { ... }
    ...
}
```

这里列出的方法并非只是简单的设置只读公共属性。它们完全遵循业务规则。举个例子来看看

Goal1 方法。

```
public Match Goal1()
{
    if (!IsInProgress())
        throw new ArgumentException("Can't score a goal if match is not in progress");
    Goals1 ++;
}
```

如果这个方法看起来仍然像个设置器，考虑一下你可能需要访问多个属性来验证规则，而根据第 1 章中讲述的通用语言模式，方法的命名也是关键。

13.1.3　输入模型

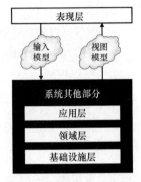

图 13-1　描述进出表示层的数据

输入模型和视图模型似乎是同一个东西，大多数时候它们就是实现成同一个东西。一图胜千言，图 13-1 是你曾经在第 5 章中看到的。

视图模型和输入模型共同描述了进出表示层的数据流。在 ASP.NET MVC 中，输入模型和围绕控制器的绑定层有关。输入模型包含的类可以用来获取 HTML 表单或 Ajax 调用提交的数据。而视图模型包含的类包含了要在 Razor 视图中使用的数据。

输入模型位于架构顶部，实际上与领域模型或持久化模型的类不相关。注意，没有关联不意味着使用相同的类来持久化和收集数据是错的。这不是错，只是不符合实际。如果你真的碰到了，嗯，干得漂亮！

13.1.4　视图模型

说到实际编码，输入模型和视图模型通常都是同一组类。它们一起表示和表达用户对应用程序的感知及其要执行的任务。

在 ASP.NET MVC 中，视图模型和输入模型通常重叠也是因为拥有强大服务器后端的 Web 应用程序的特殊性。当执行控制器动作之后生成 HTML 响应，你要把用户将会在下一个视图看到的所有数据打包到视图模型对象中。但这个时候，这个视图会在浏览器中渲染并展示给用户，视图中的一些 HTML 元素会变成输入元素。结果，同一个类恰好同时是输入模型和视图模型的一部分。这对于用来渲染 HTML 表单的视图模型来说尤其如此。以下是一个示例。

```
[HttpPost]
[ActionName("login")]
public ActionResult LoginPost(LoginInputModel input, string returnUrl)
{
    // Validate credentials
    ...

    // Redirect (PRG pattern)
    return RedirectToAction("login");
}

[HttpGet]
```

```
[ActionName("login")]
public ActionResult LoginGet(string returnUrl)
{
    var model = new LoginViewModel() {ReturnUrl = returnUrl};
    return View(model);
}
```

LoginViewModel 类用来准备和初始化登录 HTML 表单。当登录表单提交时，相同的内容会以 ASP.NET MVC 绑定层创建的 LoginViewModel 类实例的形式返回给系统。

这里没有合理的理由不用相同的物理类。但输入模型和视图模型在概念上是不同的模型。

图 13-2 总结了分层架构中每种数据模型的角色，我在第 5 章中已经完整叙述过了。这幅图上添加的回收箭头表示把一个模型转换成另一个的适配器。

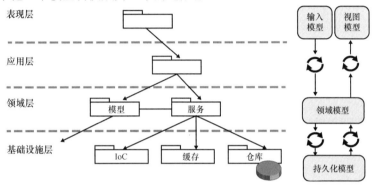

图 13-2　分层架构中的各种数据模型

13.2　设计持久层

在第 10 章中，我展示过图 13-3。

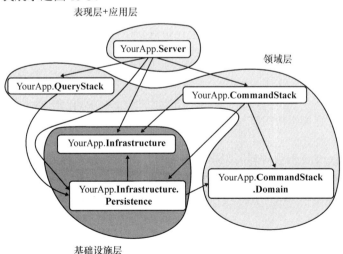

图 13-3　在分层架构中找出持久层

持久化是基础设施层的其中一个责任，通常实现成引用实际存储 API（如 ADO.NET，或者今天来说更可能是 Entity Framework 或某些 NoSQL 数据存储）的独立程序集。基础设施层实际上是应用程序中你会着手处理 TCP 端口、配置文件、URL 以及连接字符串等具体东西的地方。持久层是基础设施层中负责连接字符串和数据访问 API 的部分。

持久层中的持久化方式主要取决于你要用的 API 附带的约束（如存储过程、现有数据库架构、特定 RDBMS 产品、技能、预算、营销策略）；其次，也取决于你作为一名架构师为上面的应用程序层和领域逻辑层的实现制定的愿景。

13.2.1　使用隐式的遗留数据模型

我将会展示的第一个场景是一个比较古老的设计持久层的方案。在这里没有显式的由数据特定类组成的数据模型；相反，使用通用数据容器把数据移入和移出存储。

我用"古老"来形容这个方案的主要原因是，它是 ASP.NET 2.0 辉煌时期的一个副产品。今天的产品系统很多都是在 21 世纪早期创建或大范围重构的。人们通常不会因为一个产品发布新版就去推翻一个产品系统，只会应用更改来解决新的业务需求。有时候这需要深入的更改，但大多数更改都会被现有架构吸收。但 10 年之后，你可能觉得需要重新设计。

这就是现在发生的事情。

注意，听起来可能很奇怪，大多数参加我的课程和向我寻求帮助的人都属于这一类情况：在很老但还有效地系统上运作业务的公司。其中一些系统 15 年前就投入使用了，有些部分还是用 Microsoft Visual Basic 6 和 ASP.NET Web Forms 来写的。

1. 遗留数据模型的动机

在尝试迭代这种遗留系统时，你不能在几个月内把旧的系统换成新的系统。没有公司负担得起这种做法，并接受停止或极大地限制业务运作来安装新的产品软件的风险。你通常会开始一段很长很曲折的路程，目的地是明确的，一路上需要经过多个里程碑。

在这种遗留场景中，允许改变的最后一个东西是数据库。你或许可以扩展它或者同时引入多个存储技术（这种方案又叫作多样式持久化），但还是需要在持久层中有一个隐式的数据模型。

2. ADO.NET 持久化

10 年前，ADO.NET（.NET Framework 中的首个数据访问 API）引入了通用数据容器对象，如 DataSet 和 DataTable。它们仍在 .NET Framework 中，即使现在从头构建的应用程序都没有业务上的理由用它们。

诞生于 ADO Recordset 对象辉煌的废墟，DataSet 对象并未推动任何显式的数据模型。它们只是弹性适应背后的数据库架构。DataSet 以及相关的对象，如数据读取器，是持久层和存储发生交换的媒介。纯 ADO.NET API 或者更好用的 Enterprise Library Data Access Application Block 都是用来读写数据的。

坦白说，当你要做的就是持久化数据时，使用通用的内存容器，如 DataSet 对象，对于命令来说不是什么大事。从上层获取要存储的数据，必须先把它适配到存储格式。在这种情况下，DataSet 模型和其他对象模型一样好。这个选择的唯一好处就是性能。

3. LINQ-to-DataSet

读取栈稍微有点微妙。以 DataSet 对象的形式获取的数据对于表现来说可能不是最理想的。DataSet 模型反映了存储模型；表现通常不然。要解决这个问题，可以考虑特殊且很少使用的 LINQ 组件，叫作 LINQ-to-DataSet。

你可以在 DataSet 和 DataTable 对象的内容上使用强大的 LINQ 查询语法，很方便地把数据提取到更具可塑性的 C#对象。下面是一个例子。

```
// ds is a DataSet object you obtained in some way. For example, via ADO.NET
var customers = ds.Tables[0].AsEnumerable();
var orders = ds.Tables[1].AsEnumerable();

var data = from o in orders
           join c in customers
           on o.Field<string>("CustomerID")
              equals c.Field<string>("CustomerID")
           where o.Field<DateTime>("OrderDate").Year == 1998 &&
                 o.Field<DateTime>("OrderDate").Month == 1 &&
                 o.Field<DateTime>("OrderDate").Day < 10
           select new QuickOrderListItem {
              OrderID=o.Field<int>("OrderID"),
              Company=c.Field<string>("CompanyName")
           };
```

一个新的数据传输对象（QuickOrderListItem 类）从通过某种方式获取的 DataSet 构建，一般通过以前的 ADO.NET 查询或者存储过程调用。

当你更新遗留系统时，这种方案的好处是明显的，维护现有的数据访问核心（不管是基于存储过程还是直接数据库访问），同时可以让架构的其他部分向命令/查询职责分离（CORS）以及更现代的设计模式进化。

13.2.2   使用 Entity Framework

听起来可能有点苛刻，我认为 Entity Framework 没有与生俱来的鲜明特质，后天也没有发展出来。它是一个纯对象/关系映射（ORM）工具吗？就像.NET 世界中流行的 NHibernate？当你尝试表示业务领域时，它是更适合创建持久化对象模型的工具吗？名字中的 Framework 这个词让我倾向于第二种说法，从与 Microsoft 的开发者以及产品布道者的很多对话来看也是这种感觉。

事实上，直到版本 6，Entity Framework 还是一个暗地里以领域建模工具为目标的 O/RM。这个工具本身不坏，它在持久化方面的工作做得很好，很好地融入大多数业务场景。

我认为真正的问题在于 Entity Framework 的市场定位上，它模糊了领域模型和持久化模型之间的区别。作为一名架构师，你实际上可能认为单个模型在你面对的系统中可以工作，但如果你没有看到二者之间在概念上的区别，那就是罪过了。

1. 对业务领域建模师架构师的任务

正如 13.1.2 节讨论的，对业务领域建模是一项和数据库完全无关的工作，是一项致力于在类中

259

编码业务规则的工作。这些类最终表示业务领域中的实体和任务。它们将会表达业务的逻辑和机制。在这种情况下，持久化完全是一个横切关注点。

这些领域类之间的交互决定了状态在某一刻需要持久化。因此，这个状态必须从领域模型类读出来并保存到某个数据存储。这就是持久化成的工作。你可以通过以下流程把状态从领域类读出并保存。

- 构建一个存储过程或 ADO.NET 调用，然后保存到关系型数据库。
- 把状态以纯对象的形式保存到 NoSQL 或者事件数据存储。
- 通过 O/RM 工具的服务把状态保存到关系型数据库，如 Entity Framework。

为了更加完整，我还应该提及第 4 个选项：把状态保存到某个通过 Web 服务提供的不可见的远程后端。

那么，在使用 O/RM 工具时到底发生了什么事呢？

2. 从数据库推断的数据模型

刚才列出的保存选项可以图形化地表示成图 13-4。

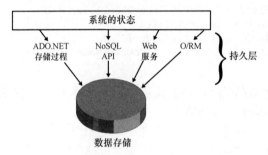

图 13-4　持久层的种类

当选择使用 O/RM 时，另一个辅助对象模型就会发挥作用，它会严格配合 O/RM 的工作。要读取和保存数据，O/RM 需要一个对象模型。O/RM 最终所做的就是把这个对象模型中的类的属性映射到目标数据库中表的列。

O/RM 辅助对象模型可能（也可能不）和你用来表示系统状态的模型一样。用来指示 O/RM 持久化数据的模型是持久化模型。另一个是表达领域逻辑并且和数据库类型以及结构问题无关的模型。

你要做的基本决策是需要不同的领域模型和持久化模型，还是单个全包模型，它体现了在特定场景中的良好折中。

■ **重要**：如果认为使用单个模型更好，你必须做好准备接受领域模型的结构和公共接口方面的妥协。换句话说，在使用单个模型时，数据库架构和底层技术形成了约束。结果，表达领域逻辑的对象模型可能会遭到破坏，失去应有的一致性。

---

3. 持久化和数据库分段

O/RM 框架的工作方式是打开底层数据存储的逻辑连接，然后在这个上下文中执行各种事务。在

Entity Framework 中，这种逻辑连接叫作 DbContext。它在 NHibernate 中（另一个流行的.NET O/RM 框架）有一个不同的名字，叫作 Session。本质上，逻辑连接是物理连接的包装。

> **注意**: 解释 Entity Framework 的 DbContext 对象的角色的另一种好方式是，它用起来像一个工作单元模式的实现。工作单元模式是指引用牵涉在一个业务事务中的所有对象的编程上下文。从概念上来讲，工作单元表达了数据库事务背后相同的想法，除了它会在更高的抽象层次上执行。

O/RM 的诞生是为了保护开发者免受 SQL 编程的复杂性的困扰，避开类和记录之间的不匹配问题。DbContext 的公共接口由数据容器组成，它们是物理数据容器（如数据库表）在内存中的代理。通过在这种接口的成员上操作，你可以随意限制上下文的使用者能做的事。考虑以下两个类。

```
public class ApplicationDbContext : DbContext
{
    public ApplicationDbContext()
        : base("name=SomeConnectionStringEntry")
    {
    }
    public virtual DbSet<Order> Orders { get; set; }
    public virtual DbSet<Product> Products { get; set; }
}

public class Database : IDisposable
{
    private readonly ApplicationDbContext _context = new ApplicationDbContext();
    public IQueryable<Order> Orders
    {
        get { return _context.Orders; }
    }

    public void Dispose()
    {
        _context.Dispose();
    }
}
```

第一个类是标准的 DbContext 类，它表示在特定数据库连接字符串之上的操作上下文以及跟这个数据库架构相关的类。任何可以访问 ApplicationDbContext 实例的应用程序都能完全访问引用的表。

第二个类是一个只读的包装器，它完全封装了标准的 DbContext 类（ApplicationDbContext 类），只暴露这些表的一部分，而且只通过 LINQ 的 IQueryable 接口来实现。

```
using (var db = new Database())
{
    // There's no SaveChanges method available on the db instance.
    // Database is a read-only context for the same underlying database.
}
```

通过在 DbContext 对象之上创建包装器，可以把数据库的分段暴露给代码的不同部分。

> **重要**: 通过多个 DbContext 对象暴露的特定数据库的分段有时候又叫作 DDD 限界上下文。我认

为这太过分了。在 DDD 中，限界上下文是一个和领域分析有关的业务概念。因此，它和数据库设计以及结构完全无关。在这里看到同样的想法用来表达分段访问数据库也感到欣慰。但我确信使用限界上下文这个输入只会产生混淆。更糟糕的是，在软件体系结构如此微妙的部分产生混淆代价确实是很昂贵的。

4. 代码先行

Entity Framework 代码先行是一个特性，使得可以采用以代码为中心的方案来创建处理数据库的代码。本质上，它使用一组（可配置的）约定来确定理想的数据库，让你把模型中的类保存到里面。代码先行主要针对新的数据库，但它支持在模型发生更改时通过迁移包更新物理数据库。

代码先行背后的方案会成为 Entity Framework 7 以及微软继 ASP.NET Core 1.0 革命之后的新一轮框架的主流方案。

代码先行的真正目的是什么？

行业的一致共识是代码先行在 DDD 中很有用。其论点是专注于更好地表达业务领域的类，而不是先创建数据库并让类匹配它。我在本书第一部分尤其是第 1 章讲过，DDD 主要是发现领域的行为。因此，DDD 方案可能会引导你使用本章前面提到的第二个 Match 类来描述比赛的过程。

这个类没有可写属性，不支持这种属性是因为业务限制。这对于 O/RM 自动填充这个类的新实例来说可能是有问题的。代码先行可能是创建持久化模型的最佳方式；领域模型（和 DDD）则是非常不同的东西。

> ■ **注意**：我想指出的是，代码先行是编程创建数据库的极佳工具，它可以轻松编写在启动时创建自己数据库的应用程序。利用这个有趣的特性来平滑任何软件的安装，通过自定义步骤安装到某个客户的环境中。其中一种看待代码先行的方式是把它看作数据定义语言（DDL）的现代版本。

13.2.3 仓库模式

今天，持久层是按照传统使用仓库模式实现的。仓库是一个类，里面的每个方法都表示围绕数据源的动作——不管这个数据源是什么。

有大量文献讲述仓库模式及其优缺点，也有很多文献讲述可能的实施方式。总的来说，我认为编写一层仓库类没有显然的错误方式。最坏的情况是，最终得到一些没用的穿透代码层，它们只是以某种本该有的更清晰和优雅的代码的名义来消耗 CPU 计算资源罢了。

1. 模式推广

根据 Martin Fowler，仓库是一个协调领域层和下面负责持久化的层并使用类似集合的界面来访问领域对象的组件。这个定义似乎非常符合大多数 O/RM 框架暴露的根上下文对象的公共接口，比如，Entity Framework 的 DbContext 对象。

简单来说，仓库类提供了基本的原子工具，用于读写数据存储。它使用一个特定的数据访问技术或者多个技术来执行数据访问，如 Entity Framework、NHibernate、ADO.NET 以及类似的产品（见图 13-5）。

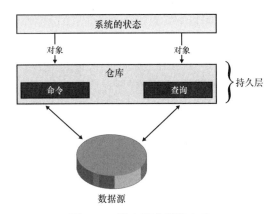

图 13-5 持久层实现的仓库

2．仓库类的使用者

仓库类可以通过很多方式使用，这取决于架构的其他部分。在应用程序层中调用仓库是可以的。如果在领域成实现了领域逻辑，仓库可能是领域服务的主要类型。如图 13-5 所示，仓库是业务逻辑（不管是应用程序逻辑还是领域逻辑）和存储之间的接口层。

如果使用 CQRS 架构，通常你只在命令栈中需要仓库，而且每组相关的对象（套用 DDD 的术语来说就是聚合）都有一个仓库类。命令栈仓库会限制成写入数据的方法和一些通用的查询方法：其中一个通过 ID 获取一个对象，另一个可能从特定数据库表查询所有对象。CQRS 架构的读取栈非常薄，你甚至可以直接从应用程序层调用 DbContext 对象。

> **重要**：不管模式的名字是什么，这里最重要的结果是把数据访问逻辑隔离到一个闭合的易于替换的黑箱中，不管是出于什么原因要替换：改变数据存储或者只是不同持久化的算法。你可以随意引用这一层。这个名字不重要，只要你的项目中有个地方可以处理连接字符串就行了。

3．我最喜欢的实现仓库的方式

前面说过，我不认为在业务逻辑和存储之间编写这种数据访问代码存在理所当然的错误方式。不管怎样，你可能对我自己怎么做感到好奇。

以下几点是我的核心规则。

- 在仓库类中封装数据访问 API 的细节（连接字符串、DbContext 和配置），以便上层知道只有哪个读/写操作可以执行。
- 业务领域中每个重要的实体（或者一组实体）都有一个仓库类。在 DDD 的行话中，重要的实体又叫作聚合。
- 最好给每个仓库类一个面向任务的编程接口。这意味着读写方法会直接执行从业务的角度来看具有原子性的操作。但通常，我会把仓库中的原子行为表述为数据库层次的 Save、Delete 和 Get 等操作。
- 如果你有长时间运行的任务和（分布式）事务，它们超出了数据存储的边界，可以考虑适配仓库类的接口，以便多个数据库操作可以在同一个 DbContext 之下执行。

要进一步理解最后一点，可以看看以下代码段。

```
public class OrderRepository : IOrderRepository
{
    protected ApplicationDbContext _database;
    public OrderRepository()
    {
        _database = new ApplicationDbContext();
    }

    public void Save(Order order)
    {
        _database.Orders.Add(order);
    }

    public void Commit()
    {
        _database.SaveChanges();
    }
    ...
}
```

当这样编码时，这个仓库对于面向业务的数据库操作就具有原子性了。你可以在同一个事务中运行多个操作，但不会在同一个事务中同时执行订单和产品操作。如果这样做对你来说很重要，只需把一个在外部创建的 DbContext 注入这个仓库就行了。

13.3　多样化持久化

在今天，说庄严的关系型范式不如人们预期的那样好不应该被看作大不敬。这种情况可能比很多人想象的少，影响的应用程序也比声称的少很多。但它是存在的。当你专注于关系型范式时，唯一的替代方案似乎就是使用其中一个 NoSQL 数据库。

在我看来，这里的关键不是找出原因来宣告关系型存储的死亡并用你选择的 NoSQL 产品来替代它们，而是理解系统的机制和正在使用的数据的特征，然后根据这些找到最合适的架构和数据存储解决方案。

多样化持久化是指为系统的每个栈甚至每个操作选用最合适的存储技术。

13.3.1　多样化持久化的例子

随着社交网络的出现，多样化持久化也跃上了舞台。你能想象，当某人为你朋友发的帖子评论点赞时，更新索引来保证数十亿行 Facebook 用户数据库的一致性和持久性意味着什么吗？鉴于处理社交网络时涉及的数字，这都不算问题；事实上，不同的方案已经找到，带领我们的是今天称之为多样化持久化的东西。

1. 处理五花八门的信息

我们来了解一下用来演示多样化持久化的标准例子：电子商务系统。在这样一个系统中，可能需要保存以下信息。

- 客户、订单、付款、配送、产品以及所有和商业交易相关的信息。
- 在用户浏览产品目录时发现的，或者在他们的交易之上运行商业智能得到的偏好信息。
- 表示发票的文档，用来帮助用户找到最近实体店的地图、指南、图片、交货收据等。
- 用户活动的详细记录；用户查看、购买、评论、评价或点赞的产品。
- 购买相同和相似产品的用户图、类似产品、用户可能有兴趣买的其他产品以及同一地理区域中的用户。

把任何一条信息保存到单个关系型数据库肯定是可能的，而且可能是首先想到的选择。此外，如果根据策略应该选择单个数据库技术，我要说关系型数据库仍然是最受推崇的选择。但我们来看看持久化中的多样化可能意味着什么。

2．一个多样化持久化的标准例子

多样化持久化是指混合各种存储并为每种信息选择合适的存储。

- 你可以把客户和订单保存到 SQL Server 数据存储并通过 Entity Framework 或其他 O/RM 框架访问这些信息。此外，Entity Framework 也可以用来公开地访问云中的 Microsoft Azure SQL Database 实例。
- 用户偏好可以保存到 Azure 表存储并通过使用 Azure JSON 端点的专用层来访问。
- 文档可以保存到文档数据库，如 RavenDB 或 MongoDB，同时通过专门的.NET API 使用。
- 用户历史可以保存到列存储，如 Cassandra。Cassandra 的独特之处在于它让一个键关联到数量可变的键/值对。好处是保存到 Cassandra 的任何行都可以有和其他记录完全不同的结构，其效果类似于一个键/值字典的值是一个键/值对集合。
- 层次信息可以保存到图数据库。今天，一个很好的选择是 Neo4j，可以通过.NET 客户端访问和编码。层次数据库的问题不是如何访问它，而是如何组织、创建和维护这种数据库。

多样化持久化的整体成本有时可能不是微不足道的。大多数时候，你最终使用的.NET 客户端还是相对容易使用的。但是，当涉及大量数据并引发性能问题时，就需要各种各样的技能了，而文档的缺乏是常态而不是特例。

13.3.2　多样化持久化的代价

多样化持久化的主要好处是使用各种存储架构来最大化特定服务的性能。但是，这也是主要弱点，你需要不同的技能来安排不同的操作系统，学习使用新的工具、新的语言以及新的工作方式。

1．对客户支持的影响

对于有着深厚 SQL Server 技能积累的组织来说，重组管理员和 DBA 的技能可能是个问题，至少也是很耗时的。即使雇佣新人，他们必须是相关领域的专家，而且需要时间来了解系统及其可能的复杂性。此外，越是多样化，可能需要雇佣的人就越多，至少，你可能需要获得的技能就越多。

最后，你永远不会知道这个系统在生产环境中使用真实数据（而不是测试数据）时会如何反应。很可能大多数现有的知识储备和案例分析都会失效。你的客户支持的效用预期会下降。

2．要考虑的东西

要评估成本，做出有根有据的权衡，以下列出一些需要考虑的点。这里是从 SQL Server 的角度来考虑 NoSQL 解决方案的。

- 用来完成常见任务的工具
- 维护已安装的数据库
- 定制已安装的数据库

表 13-1、表 13-2 和表 13-3 使用 RavenDB 作为 NoSQL 系列的代表。我建议把以下的点当作示例问题，但需要进一步研究来理解它们如何融入特定场景。另外，这些表中讨论的点和特性所指的产品在你阅读的时候可能已经进化和改善了。

表 13-1　工具比较

你在 SQL Server 中使用的工具类型	NoSQL 对应工具（RavenDB）
SQL Server Management Studio	RavenDB Studio 允许你创建、加密和复制存储。它也提供日志和统计信息
SQL Server Profiler	RavenDB 有一个通过 API 提供的内部分析器。你可以在自定义应用程序中截获这个 API，也可以在 Windows Management Instrumentation（WMI）中截获性能计数器
sqlcmd	有一些命令行工具（如 backup/recovery），但没有像 sqlcmd 的。RavenDB 的确提供一个 HTTP API，你可以从命令行使用 curl 执行它

表 13-2　维护操作比较

SQL Server 中的操作	NoSQL 对应操作（RavenDB）
备份	你可以在 RavenDB Studio 中执行备份/还原。这些操作也通过命令行工具提供
压缩事务日志	不存在
压缩数据库	当你删除记录时，RavenDB 不会压缩文件。压缩应该使用系统工具来执行，如 Esent 工具，但这是一个离线操作
索引碎片整理	索引操作可以通过 RavenDB Studio 进行

表 13-3　定制选项比较

SQL Server 中的选项	NoSQL 对应选项（RavenDB）
自动增长	数据文件会自动增长
恢复模式：简单，完全	完全备份在 RavenDB 中很常见。可以通过 Windows 管理备份，对它进行微调以满足你的需要。使用 Windows 计划任务来排安活动，备份可以在数据库工作期间以及响应请求（包括写入）时进行。最终，它的工作方式或多或少像 SQL Server

---

CQRS 中的多样化持久化

CQRS 的最基本形态使用由命令栈和查询栈共享的单个数据库。但 CQRS 之美在于可以单独为每个栈优化。在这方面，你可以只用最合适的数据库技术优化每个栈。

因此，CQRS 更成熟的形态可以实现多样化持久化。命令栈专注于只保存已发生的事，在这种情况下，它可以使用 NoSQL 保存数据，甚至使用事件存储，以事件序列的方式保存状态。

与此同时，查询栈可以基于 RDBMS，它的表与命令栈同步，提供易于查询和展示的现成数据。如果命令栈以事件的方式保存数据，同步就是重播事件并构建数据的自定义投影来保存在关系模式中。

3．CQRS 架构和多样化持久化的结合

CQRS 架构和多样化持久性的结合对于必须保证高性能来准备（甚至突然）应对规模扩大的系统来说是一个强大的解决方案。

13.4 小结

没有应用程序不需要读取和/或写入数据的。这些任务由持久层执行，理想情况下，这是应用程序中存放和管理连接字符串和 URL 的唯一位置。持久层是架构中一个比较小而简单的部分，但它和系统其他部分关联的方式是重要的。

我在这个例子中尝试指出的关键是澄清持久化模型（通过 O/RM 工具的服务来读取和写入数据库的那组类）和领域模型（顾名思义，定义的模仿系统逻辑和业务核心任务的那组类）之间的区别。

理解这些区别对于架构师很重要，不管你在设计分层系统时做出的实际选择是什么。

第三部分

■■■

分析用户体验

第 14 章

创建更具交互性的视图

> 回到一个未曾改变的地方，发现自己已经改变，没有什么比这更美妙的了。
> ——纳尔逊·罗利赫拉·曼德拉

从 HTML 作为标记语言开始，Web 内容就一直是交互式的。今天的痛处不是将不同来源的相关内容连接起来，而是为用户提供尽可能流畅和快速的最终体验。我最喜欢的用户体验定义表达了这个概念——用户在与你的视图交互时所经历的体验。

在过去的 10 年中，Web 视图变得相当臃肿和烦琐，其中充斥了大量的图形、图像、视频和广告。此外，手机继承了"只通过滚动获取更多内容"的观念，这导致创建越来越长的在单个视图中包含内容的网页，这个视图本来可以在几年前就拆成多个页面。

在 21 世纪的前 10 年中期，Ajax 作为一个必备技术出现了，它可以刷新视图的某些部分而不必完全刷新这个视图，也不必重新加载和这个视图相关的大量内容。

原来的设计是为了处理 XML，最终 Ajax 处理 JSON（JavaScript 对象表示法）效率更高。JSON 是一种语言独立的文本格式，但它使用一些编程规范来包装任何类型的数据。通过 JSON，不管客户端和托管平台是什么，你都可以通过网络传输任何基于文本的内容。

对于 Web 开发者，尤其是 ASP.NET 开发者，挑战就变成找到最有效的方式来提供 JSON 数据并在客户端视图中使用。谈到这个，需要考虑如下几个问题。

- 暴露内容所需的基础设施。
- 从远程数据源拉取内容。
- 在当前视图中插入任何下载的内容的数据绑定技术。
- 让远程数据源向客户端推送数据。

本章将会讨论这些问题。

14.1 暴露 JSON 内容

我在第 8 章中展示了一小段通过控制器动作暴露 JSON 内容的代码。那是在 ASP.NET MVC 应用程序中暴露 JSON 内容的最简单方式。一般来说，你可以使用 HTTP 处理器甚至 Web Forms ASPX 页面来返回 JSON 数据。任何可以通过 HTTP 请求触及的代码都能配置成返回包含 JSON 的响应。

JSON 是纯文本，但不是任意文本。典型的 JSON 内容来自某个按照一些基本语法规则创建的服务器端对象的序列化。JSON 的好处是所有类型的浏览器都可以把序列化的文本变成可运行的 JavaScript 对象。要把一个 HTTP 响应标记成 JSON 内容，需要使用 application/json MIME 类型。

在 Microsoft .NET Framework 中，有两个流行的库可以处理 JSON 数据，一个是 JavaScriptSerializer 类，可以在 System.Web.Extensions.dll 程序集中找到，另一个是 JSON.NET，可以在 newtonsoft 官方网站中找到，或者通过 NuGet 安装。

14.1.1　创建 JSON 端点

任何控制器方法都能返回 JSON。它需要做的是获取 JSON 内容并把它传给系统的动作调用器来结束请求。图 14-1 从较高层次展示了处理 ASP.NET 请求的各个部分如何一起工作。这幅图还解释了系统在接受调用返回 HTML 或 JSON 时的不同运作方式。

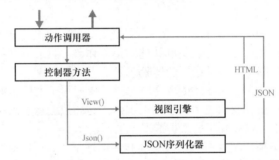

图 14-1　返回 HTML 或 JSON 的控制器方法的不同行为

1．Json 辅助方法

所有控制器方法都要返回一个继承自 ActionResult 的类型。特别是，控制器方法可以写成返回 JsonResult，这只是一个继承和扩展 ActionResult 的更具体的类。JsonResult 的实例可以通过 Json 辅助方法创建。

下面这个示例控制器类有一个方法返回 JSON 数据。一个应用程序服务用于接收数据，接着，收到的数据会序列化成 JSON。

```
public class JsonController : Controller
{
    private readonly CountryService _countryService = new CountryService();

    public JsonResult Countries([Bind(Prefix="q")] string initial="")
    {
        var model = _countryService.GetCountryListViewModel(initial);
        return Json(model, JsonRequestBehavior.AllowGet);
    }
}
```

有了这个代码，你现在可以把浏览器指向/json/countries?q=H，来获取世界上英文名以 H 开头的国家/地区列表。所接收的数据的内容类型是 JSON，如图 14-2 所示（Fiddler 截图）。

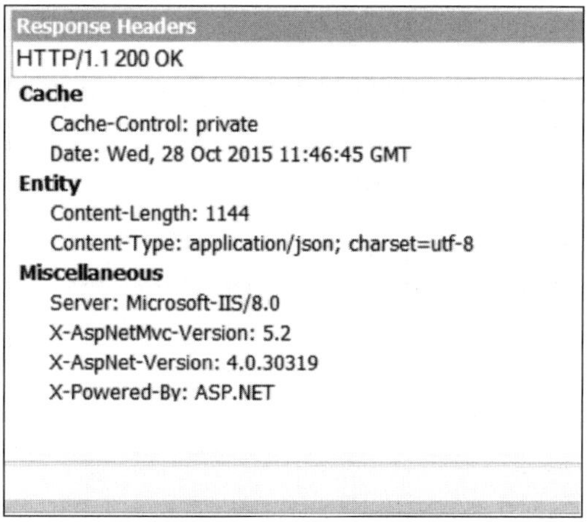

图 14-2　示例 JSON URL 的响应头

2. JSON 劫持的可能

Json 方法接受任何.NET 对象并尝试把它序列化成字符串。第二个参数（JsonRequestBehavior 枚举类型的一个值）表示 ASP.NET MVC 是否应该在 HTTP GET 方法之上返回 JSON 数据。注意，默认情况下，ASP.NET MVC 不会在 HTTP GET 请求之上返回 JSON 数据。这是一个安全考量，来降低受到某种 JSON 劫持攻击迫害的可能性。

问题是，JsonRequestBehavior 类型的额外参数无法真的保护你免受可能的钓鱼攻击，如 JSON 劫持。它的目的是让你注意到正在通过普通 GET 提供 JSON 数据。如果你的数据很敏感，想让它更难访问，可以把请求限制成 HTTP POST 或者非 HTTP GET 动词。

另外需要注意的是，JSON 劫持只有在原对象的部分或全部使用数据序列化成 JSON 时才有可能影响你。

3. JsonResult 类的内部机制

Json 方法只是一个包在 JsonResult 类的构造器外面的语法糖。这个方法在内部创建一个全新的 JsonResult 类的实例并把它传给动作调用器作为响应的实际输出。

JsonResult 类在 ActionResult 的基础上扩展了两个属性：MaxJsonLength 和 RecursionLimit。前一个属性表示控制器将会返回的 JSON 数据的最大数据量；后一个属性表示正在序列化的对象结构中嵌套层次的允许最大值。二者都是 JsonResult 类的可空整数属性。

JsonResult 类的内部实现使用 JavaScriptSerializer 的实例来执行把.NET 对象转成 JSON 字符串的实际工作。当 Json 方法用于创建 JsonResult 类的实例时，没有特定的值赋给 MaxJsonLength 和 RecursionLimit。结果，两个属性都采用默认值：2MB 是最大长度，100 是嵌套层次。

虽然嵌套 100 层实际上远远足够了，但小于 2MB 的限制有时候可能会影响你，导致控制器级别的异常。我们来看如何微调控制器的代码来确保在序列化 JSON 数据时不会抛出长度异常。

直接调用 JsonResult 构造器可以更好地控制可用的属性。通过这种方式，你可以轻松地将设置传递给内部 JavaScriptSerializer 实例。

273

```
public JsonResult Countries([Bind(Prefix="q")] string initial="")
{
    var model = _countryService.GetCountryListViewModel(initial);
    return new JsonResult
    {
        MaxJsonLength = Int32.MaxValue,
        Data = model,
        ContentEncoding = Encoding.UTF8,
        JsonRequestBehavior = JsonRequestBehavior.AllowGet
    };
}
```

另一种做法是使用你喜欢的序列化器自行执行序列化，可以是 JavaScriptSerializer 类或者 JSON.NET。

```
var serializer = new JavaScriptSerializer {MaxJsonLength = Int32.MaxValue};
var result = new ContentResult
{
    Content = serializer.Serialize(model),
    ContentType = "application/json"
};
```

这种做法可能是最强大的，因为它让你完全控制整个流程，不但控制要处理的数据的最大长度，还可以定制 JSON 处理器来为日期和空值注册类型转换器和处理器。

14.1.2 协商内容

即使本章的重点基本上是 JSON，可能还有一些 XML 客户端需要考虑。在本章稍后可以看到，与调用方协商内容的能力是 ASP.NET Web API 的强项。但是，即使在普通的 ASP.NET MVC 控制器类中，提供 JSON 或 XML 并不是什么问题。下面是一些实例代码。

```
public ActionResult Countries(
    [Bind(Prefix="q")] string initial = "",
    [Bind(Prefix="x")] bool formatXml = false)
{
    var model = _countryService.GetCountryListViewModel(initial);

    // Decide about content
    if (formatXml)
        return Content(new CountriesXmlFormatter().Serialize(model), "text/xml");
    return new JsonResult()
    {
        MaxJsonLength = Int32.MaxValue,
        Data = model,
        ContentEncoding = Encoding.UTF8,
        JsonRequestBehavior = JsonRequestBehavior.AllowGet
    };
}
```

XML 格式化器是一个自定义类，用于按照你喜欢的方式把特定内容序列化成 XML。下面举个例子。

```
public string Serialize(object data)
{
    var list = data as IList<Country>;
    if (list == null)
        return String.Empty;

    var builder = new StringBuilder();
    builder.AppendLine("<?xml version=\"1.0\" encoding=\"utf-8\"?>");
    builder.AppendLine("<countries>");
    foreach (var c in list)
    {
        builder.AppendFormat("<country>");
        builder.AppendFormat("<name>{0}</name>", c.CountryName);
        builder.AppendFormat("<capital>{0}</capital>", c.Capital);
        builder.AppendFormat("<continent>{0}</continent>", c.Continent);
        builder.AppendFormat("</country>");
    }
    builder.AppendLine("</countries>");
    return builder.ToString();
}
```

这里的 XML 序列化器并不通用，但在我看来已经可以说明问题了。今天，大多数时候都在用 JSON，当需要 XML 时，通用 XML 序列化器是无法产生的，因为你只需要某个专门的 XML 架构。

14.1.3 解决跨源问题

你可能知道，浏览器对它们直接处理的 JavaScript 调用应用了同源策略。这个规则相对较新，它的加入是为了将恶意用户的表面攻击区域减少到接近零。这种限制的结果是防止对托管在与请求页面不同域名的网站发起 Ajax 调用。

JSONP 和跨域资源共享（CORS）是应对这个问题的两种方式。它们有不同的实现和作用范围。

> ■ **注意**：除了 JSONP 和 CORS，你可以使用其中一个控制器作为你触及的远程服务器的代理服务器从而绕过同源策略的限制。代理服务器方案很好，但它需要在外部跨域端点和同域服务器端点之间进行一一映射。如果只有一两个端点，那么问题不大；如果有很多，那就会产生显著的开发开销。

1. 使用 JSONP

奇怪的是，浏览器控制 Ajax 调用和 JSON 数据，却让你完全自由地处理图像元素和脚本元素。不管你在 IMG 或 SCRIPT 元素中使用什么 URL，只要可以触及，就会愉快地下载。JSONP 协议背后就是 SCRIPT 元素的这种奇怪技巧，它可以用来从明确允许的网站通过 Ajax 安全地下载 JSON 数据。我们来看应该在网站中做什么来让调用方从任何网站调用你公开的 JSON 端点。

这个技巧把返回的 JSON 内容包装在一个脚本函数调用中。换句话说，当你使用这个技巧时，这个网站不是单纯返回普通 JSON 数据，而是返回以下字符串。

```
yourFunction("{plain JSON data}");
```

在客户端上，如果满足以下两点就可以调用 JSONP 端点。

- 知道服务器用来包装 JSON 数据的脚本函数名，而且在客户端页面中定义了这样一个函数。
- 从 SCRIPT 元素中发起调用。

在 SCRIPT 标签中调用这个网站 URL 之后，浏览器获得的东西看起来像一个普通的有固定输入字符串的函数调用。因为任何下载的脚本都会马上执行，你本地的 JavaScript 函数就有机会处理 JSON 数据了。

JSONP 端点是有文档的，而文档写清楚了用来包装任何返回的 JSON 数据的函数名是什么。下面重写前面的端点来支持 JSONP。

```
public JsonpResult CountriesP([Bind(Prefix = "q")] string initial = "")
{
    var model = _countryService.GetCountryListViewModel(initial);
    return new JsonpResult()
    {
        MaxJsonLength = Int32.MaxValue,
        Data = model,
        ContentEncoding = Encoding.UTF8,
        JsonRequestBehavior = JsonRequestBehavior.AllowGet
    };
}
```

如你所见，唯一的区别是使用 JsonpResult 而不是 JsonResult。JsonpResult 类是一个自定义类，它扩展了原生 JsonResult 并包装了调用特定 JavaScript 函数返回的 JSON 字符串。

```
pu blic class JsonpResult : JsonResult
{
    private const String JsonpFunctionName = "callback";

    public override void ExecuteResult(ControllerContext context)
    {
        if (context == null)
            throw new ArgumentNullException("context");

        if ((JsonRequestBehavior == JsonRequestBehavior.DenyGet) &&
            String.Equals(context.HttpContext.Request.HttpMethod, "GET"))
            throw new InvalidOperationException();

        var response = context.HttpContext.Response;
        if (!String.IsNullOrEmpty(ContentType))
            response.ContentType = ContentType;
        else
            response.ContentType = "application/json";
        if (ContentEncoding != null)
            response.ContentEncoding = this.ContentEncoding;

        if (Data != null)
        {
            var serializer = new JavaScriptSerializer();
            var buffer = String.Format("{0}({1})", JsonpCallbackName, serializer.
Serialize(Data));
            response.Write(buffer);
```

```
        }
    }
}
```

要使用 JSONP 数据，你只需在页面的某处放一个专门的 SCRIPT 元素。

```
<script type="text/javascript" src="/json/countriesp?q=be"></script>
```

这个脚本的结果是它调用一个客户端 JavaScript 函数，这个函数和服务器端的端点用来包装 JSON 数据的函数同名。在使用的例子中，这个名字是 callback。

```
function callback(json) {
    var buffer = buildOutput(json);
    $("#jsonpResponse").html(buffer);
}
function buildOutput(json) {
    var buffer = "<ul>";
    for (var index in json.Countries) {
        var item = json.Countries[index];
        buffer += "<li>" + item.CountryName + "</li>";
    }
    buffer += "</ul>";
    return buffer;
}
```

另外，你可以通过具体的$.getJSON 方法或者更通用的$.ajax 方法来使用 jQuery 库的服务。以下是发起 JSONP 调用的细节。

```
$.getJSON("/json/countriesp?q=" + initial + "&xxx=?");
```

注意，在 getJSON 调用中，写"xxx=?"这种内容只是为了强迫 jQuery 按照 JSONP 的方式发起调用。xxx 字符串是随意的，除非远程端点允许你传递想回调的 JavaScript 函数名。在这种情况下，xxx 就变成远程端点定义的参数名。"?"占位符会由 jQuery 使用动态生成的用于回调的函数名来填入。

```
$.ajax({
    url: "/json/countriesp?q=" + initial,
    cache: false,
    jsonpCallback: 'callback',
    contentType: "application/json",
    dataType: 'jsonp'
});
```

如果使用$.ajax，你可以通过 jsonpCallback 参数传递客户端回调函数名。

■ **注意**：稍后我将会回到 jQuery Ajax 方法并提供更多细节。首先来完成访问跨域资源的讨论。

2. 启用 CORS

JSONP 显然是一种解决从跨域端点下载数据问题的方法，但这只是一种技巧，实际上不能覆盖所有可能场景。尤其是有某个 JavaScript 框架需要一个 URL 来获取，而你希望这个 URL 在当前网站之外，JSONP 就不是一个选择了。在这种情况下，使用代理服务器虽然有点麻烦，却是唯一安全的方式。总的来说，JSONP 已经很好地解决问题了，它通过一个巧妙的 API 来抓取和处理远程数据，这个 API 使用了一个临时或者虚构的 SCRIPT 元素。

有一个更新的方案正在快速成为标准，那就是 CORS。CORS 不像 JSONP 那样受所有可能浏览器的支持。换句话说，它可以在过去至少 5 年中的所有常用浏览器上运行，可能足够安全在任何网站上用了。

JavaScript 链接外部 URL 在要求通过支持 CORS 的浏览器时实现了以下流程。浏览器中添加了一个叫作 Orgin 的请求头，把它设为当前网站，然后执行请求。在收到数据时，浏览器会仔细检查一个特定的叫作 Access-Control-Allow-Origin 的响应头。如果这个头的值是*，JavaScript 调用会如常继续，下载的响应可以在页面中使用。任何不同于*的值都会拿来匹配当前源 URL。如果匹配到，请求成功；否则，产生错误。

注意，所有这些逻辑都在浏览器的 XMLHttpRequest 对象中实现。浏览器不一定可以处理多个源，因此处理这种情况的任何后续逻辑都必须在服务器端实现。客户端方面已经差不多了，我们来看服务器需要做什么来启用 CORS。

CORS 需要添加一个响应头。在 ASP.NET MVC JSON 端点中，你可以通过动作过滤器或者下面展示的这行普通代码来完成这个任务。

```
Response.AddHeader("Access-Control-Allow-Origin", "*");
```

更好的做法是，把*替换成请求源的 URL。这个代码可以放在每个控制器方法中，这可能会把代码搞得稍微有点复杂。

```
var origin = Request.Headers["Origin"];
if (String.IsNullOrWhiteSpace(origin)
    return;
if (Request.IsLocal || IsKnownOrigin(origin))
{
    Response.AddHeader("Access-Control-Allow-Origin", origin);
}
```

IsKnownOrigin 这个占位符只是检查指定 URL 是否属于某些已知和允许的网站。

从 Internet Information Services 7（IIS 7）开始，你甚至可以使用配置文件节点来实现相同的目标（但会受限于选择所有网站或一个特定网站）。

```
<system.webServer>
  <httpProtocol>
    <customHeaders>
      <add name="Access-Control-Allow-Origin" value="*" />
    </customHeaders>
  </httpProtocol>
</system.webServer>
```

最后值得注意的是，你也可以控制请求可以接受的 HTTP 动词。这个额外的头是 Access-Control-Allow-Methods。多个 HTTP 动词可以通过使用逗号分隔来指定。关于 CORS 的更多信息，可以参见 https://developer.mozilla.org/en-US/docs/Web/HTTP/Access_control_CORS。

14.2 设计 Web API

ASP NET Web API 是一个特意设计出来支持和简化 HTTP 服务构建的框架，这些服务可以被各种客户端使用，特别是 HTML 页面和移动应用程序。你可以使用 Web API 来构建 REST 风格和 RPC 风格的 HTTP 服务。它和 ASP.NET MVC 在很多方面重叠，如路由、安全、控制器和扩展性。同时，它也有纯 ASP.NET MVC 不直接支持的特定领域。

■ **重要**：在 ASP.NET Core 1.0 之前，Web API 和 ASP.NET MVC 使用不同的运行时，尽管它们有相似的类名和相似的整体架构。在 ASP.NET Core 1.0 中，运行时环境将会一样，事实上，ASP.NET MVC 和 Web API 的使用变成同一个东西。在 ASP.NET Core 1.0 中，只有一种控制器类，其行为兼有 ASP.NET MVC 控制器和 Web API 控制器的各个方面。

14.2.1 ASP.NET Web API 的目的

当这个世界意识到 Web 服务的力量时，标准协议被迅速制定出来并成为 Web 服务与调用方交换的媒介。这个协议是 SOAP，简单对象访问协议的缩写。在此之上，一些更深入的规范开始摆上议程，它们统称 WS-*协议。

WCF 最初的构思是在各种传输层（包括 TCP、MSMQ、命名管道，最后但不是最不重要的，HTTP）之上支持 SOAP 和 WS-*。

没过多久，尽管使用 WCF 有明确的动机和理由，开发者通常会用它来创建 HTTP 端点。这就需要 WCF 基础设施更有效地支持非 SOAP 服务并且能在 HTTP 之上提供纯 XML、文本和 JSON。这些年来，我们先从 WCF 团队得到 webHttpBinding 绑定机制，接着是一些外加的框架，如 REST 入门套件。

最终基本上就是提供一些语法糖，以便更容易吞下只用 HTTP 作为传输层的药丸。在 WCF 之上的 HTTP 工具并未消除开发者面临的真正障碍，比如，臭名昭著的 WCF 配置、过度使用特性以及没有针对可测试性设计的结构。

关键的改变是分离多种传输的服务和纯 HTTP 服务，移除所有 WCF 的繁重机制，为 HTTP 服务创建一个专注于 HTTP 的瘦框架。这就是 Web API。

■ **重要**：服务的关注点从 WCF 转移出去，是否意味着 WCF 是个已死技术，而没有真实应用程序留下？当然不是。当确实需要提供一个可以在非 HTTP 协议之上调用的服务时，WCF 是唯一重要的选择；当你真的需要安全和事务等高级特性时，WCF 仍然是一个关键解决方案。

14.2.2 在 ASP.NET MVC 环境中的 Web API

如你所见，在 ASP.NET MVC 中创建 HTTP 服务的唯一代价是添加新的控制器类或向现有控制器类添加特定方法。这个做法自 ASP.NET MVC 诞生以来就一直在用。你为什么要考虑其他东西？

Web API 框架依赖于和 ASP.NET MVC 完全隔离的不同运行时环境。这样做主要是为了让非

ASP.NET MVC 应用程序（如 Web Forms）可以使用 Web API。这个运行时环境显然受到了 ASP.NET MVC 的极大启发。但总的来说，它看起来更简单更切中要害，因为它预计只提供 JSON，而不是标记。

从 ASP.NET 开发者的角度来看，以下 3 点总结了 Web API 相对于 ASP.NET MVC 显示出的优势。

- 从结果的序列化解耦代码：这是指 Web API 控制器要求你从每个方法仅仅返回数据，而不必在方法中处理结果的序列化。
- 内容协商：有一类新的组件叫作格式化器，它们负责序列化正在返回给请求设备的数据。更有趣的是，格式化器是根据传入请求的 Accept 头的内容自动选择的，默认提供了内置的 XML 和 JSON 格式化器；替换它们只需配置一下。这个特性简化了按照各种格式（通常是 XML 和 JSON）返回同一原始数据的方法的开发。
- 在 IIS 之外托管：在某种程度上，内容协商也可以在纯 ASP.NET MVC 中完成。但是，如果你选择在 ASP.NET MVC 应用程序中实现你的 HTTP 服务，就和作为 Web 服务器的 IIS 绑定起来了。换句话说，你的 API 不能在其他地方托管。这是因为 ASP.NET MVC 与生俱来就和 IIS 绑定起来，它主要是设计成 Web 应用程序框架。而 Web API 不需要 IIS，你可以在自己的托管进程中自我托管，如 Windows 服务或控制台程序（这就是为什么 Web API 很像 WCF 服务。）

ASP.NET MVC 应用程序内部有 Web API 并不会增强太多编程力量。因此，我相信 Web API 会在两种情况下真的成为要考虑的选项。

- 需要在非 ASP.NET MVC 应用程序（如 Web Forms 或桌面应用程序）中有一层 Web 服务。
- 需要一个在面向服务架构中只提供内容的独立服务，这个服务可以托管在 IIS 中，不提供用户界面，或者托管在 Windows 服务或控制台程序中。

如果真的需要一个 API（如果有多个客户端并在 B2C 和 B2B 场景中运作，你通常会需要一个 API），你可能会面临其他问题，比如版本和授权。如果真的需要一个 API，ASP.NET Web API 是一个很棒的选择。如果你只需要从同一个用户界面或移动应用程序使用某些 JSON，你可能会乐意避免将 Web API 放在中间带来的额外成本。

在 ASP.NET Core 1.0 中，ASP.NET MVC 和 Web API 之间没有区别。

14.2.3 保护独立的 Web API

保护一个 Web 应用程序比保护一个 Web API 模块简单，原因只有一个：需要考虑的场景更少。ASP.NET MVC 应用程序是针对最终用户的；因此，安全通常意味着验证用户和确保每个验证用户只能接触到这个用户授权执行的操作。

到了 Web API 就有其他场景要考虑了。Web API 模块就是一个为了让第三方开发者使用而写的 API。怎么判断客户端是已知的和授权的？我们来看几个场景和方案。

1. 托管环境负责安全问题

Web API 模块最简单但不一定最常见的场景是 API 和托管环境由同一个团队管理。在这种情况下，托管环境负责验证用户和避免显示任何可能调用这个 API 的用户界面。

因此，Web API 假定任何验证都发生在托管环境中，比如，在 IIS 中通过 HTTP 模块验证，不管它们是内置模块还是自定义模块。要应对这个场景，在 API 控制器类或个别方法上使用 Authorize 特性，这几乎是在普通 ASP.NET MVC 应用程序中面临的同一场景。

2．使用基本验证

在托管环境提供验证和授权规则的场景之外，就要把安全层集成到 Web API 模块了。最简单的做法是利用 Web 服务器内置的基本验证。基本验证的基本理念是用户凭证是包含在每个请求中的。

基本验证有优点也有缺点。它受主要浏览器支持，是 Internet 标准，配置起来很简单。缺点是每个请求都要发送凭证，更糟糕的是以明文的形式发送。

基本验证期望凭证发送到服务器验证。仅当凭证有效才会接受请求。如果凭证不在请求中，就会显示一个交互式对话框。实际上，基本验证还需要自定义 HTTP 模块来根据某个自定义数据库中保存的账号来检查凭证。

> **注意**：如果和一个执行自定义验证凭证的层结合使用，基本验证简单有效。要克服凭证以明文发送的局限，应该一直在 HTTPS 之上实现基本验证解决方案。

3．使用访问令牌

想法是这样的：Web API 接收一个访问令牌（通常是一个 GUID 或者含有字母和数字的字符串），验证它，如果这个令牌没有过期并且对应用程序有效就处理请求。有很多方式分发令牌，因而有不同的安全解决方案。

最简单的令牌场景是在客户联系你要用你的 API 时离线分发令牌。你创建令牌，把它关联到特定客户。从此以后，客户需要对 API 的滥用或误用负责。

Web API 后端需要有一层来检查令牌。这个层可以作为普通代码添加到任何方法，更好的做法是配置成消息处理器。在 Web API 中，消息处理器是一个检查 HTTP 请求并在请求上设置委托人（principal）以便 ApiController 上 User 属性可以恰当设置的组件。

4．使用 OAuth

一个更复杂的场景是使用 OAuth 验证来限制对 Web API 模块的访问。第 6 章中在讨论如何使用 Facebook 或 Twitter 来验证一个网站的用户时讲过 OAuth。这里的关键是把 Web API 模块变成类似于 Twitter 或 Facebook 所做的 OAuth 服务器。

本质上，OAuth 是前面讨论的令牌场景的变体。区别在于你要有一个单独的组件在检查用户的凭证之后在线分发令牌。验证服务器会在受保护的资源（Web API）和潜在客户之间协调。图 14-3 展示了一个典型的 OAuth 对话流程。

如何在实际中编码？

这通常取决于你，但可能要有一个 Web 后端充当授权服务器。它会负责根据认证用户（如 Facebook）提供的凭证分发访问令牌。接着，要在 Web API 层中有一个消息处理器，它通过处理令牌并设置委托人来实际授权这个调用。在消息处理器中，出于任何认为值得考虑的原因（过期、滥用或者因为调用方超出允许的调用配额），你都可以引入任何机制来作废这个令牌。

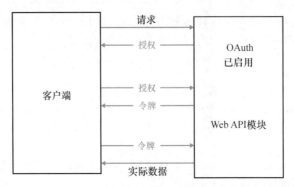

图 14-3 客户端和 Web API 服务器之间典型的 OAuth 握手

5. 使用 CORS 层

还有一个可以考虑的解决方案是 CORS。如前所述，CORS 是一个 W3C 标准，它定义了要向不同域名发起 Ajax 请求的网页行为。CORS 放宽了所有浏览器都实现的同源策略，即把调用限制在发起调用页面的唯一域名中。

在 Web API 中，可以通过一个新的 EnableCors 特性启用 CORS。你可以在控制器以及方法上设置这个特性。要让这个特性生效，还需要在 global.asax 中的 HttpConfiguration 对象上调用 EnableCors 方法。

```
using System.Web.Http.Cors;
public static class WebApiConfig
{
    public static void Register(HttpConfiguration config)
    {
        config.EnableCors();
    }
}
```

如果在控制器级别上启用 CORS 并在特定方法上禁用，你只需使用 DisableCors 特性。

■ **注意**：Web API 的 EnableCors 特性非常接近我在前面讲的在 ASP.NET MVC 控制器方法级别启用 CORS 的代码。

14.3 拉取内容

要让 Web 视图更具交互性，就要能从你知道的任何可访问端点编程拉取内容。这需要绕过浏览器窗口的机制向外发送 HTTP 请求。浏览器还为 JavaScript 开发人员提供了一个程序化 API，用来安排对 HTTP 端点的自主调用，这些端点不会以任何方式改变当前文档的内容。这是 Ajax 的本质。

14.3.1 Ajax 核心

Ajax 功能的核心是围绕着所有浏览器都实现的 XMLHttpRequest 对象构建的。确切地说，上述对象由所有最新浏览器提供。下面这个代码保证全面向后兼容，也兼容非常老的 Internet Explorer。

```
var xhr;
if (window.XMLHttpRequest) {
    xhr = new XMLHttpRequest();
} else { // backward compatibility for browsers older than IE7
    xhttp = new ActiveXObject("Microsoft.XMLHTTP");
}
```

很奇怪的是，虽然微软“发明”了 Ajax 的底层机制，但它在 Internet Explorer 中仍然编码成 ActiveX 对象，直到推出 Internet Explorer 7。而此时所有其他浏览器都提供了相同的功能却无需启用 ActiveX 支持。

1. 发起 HTTP 请求

XMLHttpRequest 对象是一个代理，你的 JavaScript 代码可以通过它在显示的 Web 视图中建立连接并与 HTTP 监听器交换数据。准备和发起请求是不同的操作，使用 open 方法准备请求，使用 send 方法发起请求。

```
xhr.open("GET", url);
xhr.send();
```

open 的第 1 个参数是 HTTP 动词；第 2 个参数是目标 URL。你还可以指定第 3 个参数来表示这个请求的处理方式是同步还是异步。考虑到页面剩下的代码，如果想它异步执行，可以把这个参数设为 true。

```
xhr.open("GET", url, true);
```

要发送表单数据，通常使用 POST 并且需要设置额外的报头，如下所示。

```
xhr.open("POST", url);
xhr.setRequestHeader("Content-type", "application/x-www-form-urlencoded");
xhr.send("firstname=Dino&lastname=Esposito");
```

对于 POST 请求，send 方法还接受一个表示正在提交的数据的字符串。

2. 处理 HTTP 响应

当请求同步执行时，你可以在调用 send 方法之后写代码处理响应。responseText 属性给你响应的整个主体。

```
xhr.open("GET", url, false);
xhr.send();
console.log(xhr.responseText);
```

注意，默认情况下，XMLHttpRequest 调用是同步的。一般来说，只有在这样做可以得到真正的好处，你才应该发起同步请求，否则很难得到。

但对于异步请求，脚本代码需要等到响应完全接收为止。

```
xhr.onreadystatechange = fun ction() {
    if (xhr.readyState == 4 && xhr.status == 200) {
    // Safely access xhr.responseText;
    }
}
xhttp.open("GET", url, true); // Can omit true
xhttp.send();
```

为 onreadystatechange 事件注册一个处理器，代码将在响应就绪时调用。你的处理器还有机会监控调用的中间状态。当 readyState 属性等于 4 时，这个调用就成功完成了。status 属性反映了 HTTP 状态码。成功的话会设为 200。

3. 正确解释"成功"状态码

注意，从服务器收到 HTTP 200 状态码并不意味着你尝试的操作成功了。如果服务器端操作导致未处理异常，将会得到 HTTP 500 状态；类似的，如果 URL 找不到，可能得到 HTTP 404；如果请求未授权，那就是 HTTP 401。

有两种场景需要仔细考虑。一是服务器检测到请求有问题并在成功的网络操作上下文中返回错误消息。事实上，分离网络层次和应用程序层次很重要。通过 XMLHttpRequest 获得的状态码总是表示网络操作的成功或者失败。

另一个有趣的场景时 CORS。当你对一个外部网站发起一个 JavaScript 调用时，大多数时候网络操作都是成功的，但这个框架会把它作为错误返回（见图 14-4）。

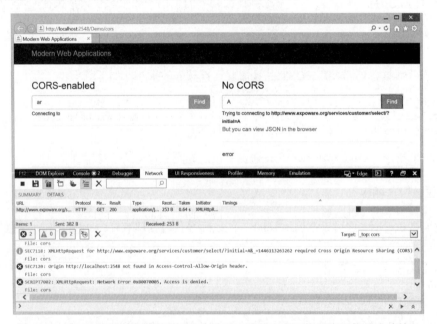

图 14-4　CORS 请求在应用程序层次失败了（即使它在网络层次可能是成功的）

14.3.2　jQuery 工具

大多数时候，开发者使用 jQuery 工具而不是 XMLHttpRequest 对象来发起 Ajax 调用。jQuery 库包装了浏览器的基础设施并提供友好的编程体验。

1. $.ajax 函数

jQuery 中的 Ajax 核心元素是$.ajax 函数，它执行对特定端点的调用。这个函数接受两个参数（URL 和设置）并返回一个对象，这个对象包装了用于实际调用的底层 XMLHttpRequest 对象。这个对象是 jqXHR。

```
$.ajax( url [, settings ] )
```

这个设置列表很长，主要包括 type、data 和 dataType 等属性。这些属性让你设置 HTTP 动词、要发给服务器的数据以及这个调用期望从服务器取回的数据类型。更多信息参见 http://api.jquery.com/jquery.ajax。

要捕获 Ajax 调用的响应，你可以使用在 jqXHR 对象上定义的 done、fail 和 always 等函数。done 函数会在成功的情况下调用；fail 会在出错的情况下调用，而 always 会在操作完成时调用（不管结果如何）。注意，类似的 success、error 和 complete 等函数还在文档中，还能工作，但它们已经废弃了。

```
$.ajax({
    url: ...
}).done(function(response, textStatus, xhr) {
    // Success
}).fail(function(xhr, textStatus, errorThrown) {
    // An error occurred
});
```

在成功的情况下，响应变量表示响应的主体，不管是 JSON、HTML 或者其他东西。以下是处理一个返回 JSON 数据的调用的完整例子。

```
$(function() {
    $("#button").on("click", function() {
        var query = $("#query").val();
        var url = "http://www.expoware.org/geo/country/all?q=" + query;
        $.ajax({
            url: url
        }).done(function(json) {
            var buffer = "<table class='table table-condensed'>";
            buffer += "<thead><th>Name</th><th>Capital</th><th>Continent</th>
</thead>";
            for (var index in json.Countries) {
                var country = json.Countries[index];
                buffer += "<tr>";
                buffer += "<td>" + country.CountryName + "</td>";
                buffer += "<td>" + country.Capital + "</td>";
                buffer += "<td>" + country.Continent + "</td>";
                buffer += "</tr>";
```

```
                }
                buffer += "</table>";
                $("#output").html(buffer);
            });
        });
    });
```

这个代码为一个 HTML 按钮元素定义了一个点击处理器。当单击按钮时，这个代码会读取文本框的当前值并准备要调用的 URL。在本例中，这个 URL 是要启用 CORS 的。done 处理器获取返回的 JSON 并动态构建一个 HTML 表格来展示结果。最后，这个结果会插入页面的主体。返回的 JSON 和我在本章前面讲的一个例子中讲述的一样（见图 14-5）。

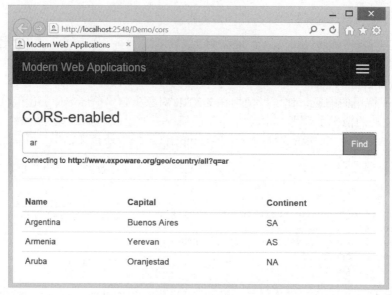

图 14-5　发起 Ajax 调用并动态更新页面

2. Ajax 简记函数

jQuery 库还提供了更具体的 Ajax 函数，它们只是在内部使用$.ajax，但为这个场景提供了更简单更具体的专门编程接口。表 14-1 列出了这些 Ajax 简记函数。所有这些函数都返回 jqXHR 对象并依赖 done、fail 和 always 函数来处理结果。

表 14-1　jQuery 中的 Ajax 简记函数

函　　数	描　　述	文　　档
$.get	发送 HTTP GET 请求	http://api.jquery.com/jQuery.get
$.getJSON	发送 HTTP GET 请求来收集 JSON 或 JSONP 数据	http://api.jquery.com/jQuery.getjson
$.post	发送 HTTP POST 请求	http://api.jquery.com/jQuery.post

简记函数的另一个有趣的例子是 load（参见 http://api.jquery.com/load）。这个函数从服务器加载 HTML 数据并把它插入匹配选择器的 DOM 元素。下面举个例子。

```
$("#content").load(url);
```

这个请求通常以 GET 方式进行，但如果你把数据作为函数的第二个参数传递，它会变成 POST。

3．Ajax 和缓存

总是优先选择核心的$.ajax 函数而不是各种简记方法的其中一个原因是，通过$.ajax 函数总可以控制缓存。你可以指定的其中一个设置是 cache，它接受一个 Boolean 值。

```
$.ajax({
    url: "http://...",
    type: "GET",
    cache: false
}).done(function(response) {
    // Update the current page
    ...
});
```

cache 设置默认是 true，意味着缓存是启用的，如果这个特定 URL 的响应还在浏览器的缓存中，就不会尝试获取更新的内容。影响所有不指定特定设置的请求的默认缓存状态可以通过$.ajaxSetup 方法设置。缓存默认会为所有 Ajax 调用启用。

注意，实际上 jQuery 本身不做任何缓存。当你在一个 Ajax 请求上禁用缓存时，jQuery 所做的就是使用报头和额外查询字符串值来防止浏览器或者任何中间代理服务器返回它们可能有的任何不过期响应。

缓存不是什么大问题，对于相对静态的数据的普通 GET 请求来说，这其实是一个很棒的特性。如果把它用于某些会改变的资源或者某个只是用来编辑数据记录的后台应用程序，就可能会让你头疼。

■ **注意**：我曾经使用一个应用程序提供的模态窗口来编辑一条记录，那天我就明白了缓存在 jQuery 环境中是多么重要。这个模态窗口通过 jQuery 获取数据来初始化输入字段。第一次一切正常，我编辑这条记录并保存，甚至看到成功消息。但稍后尝试再次更新同一条记录时，我再次打开模态窗口看到所有输入字段时以为第一次更新不成功。底层数据库没问题；这是客户端太多缓存的副作用。

14.3.3　把数据绑到当前 DOM

向有效的设计良好的端点发起成功的 Ajax 调用只是构建更具交互性的 Web 应用程序之路的第一步。很重要的一点是，你如何刷新在浏览器中渲染的现有内容来反映新下载的数据。

1．直接绑定

浏览器为当前渲染的内容提供一个文档对象模型（DOM）。这让 JavaScript 代码可以即时编辑这些内容，因而让用户体验明显变得更好。但是，更新 DOM 可能不是那么容易，这取决于下载的数据的结构。 一种是更新字符串或数字。另外一种很不同的是更新网格或者某个数据的表示方式，它在浏览器中也混合了大量标记。

如果收到的数据可以简单地附加到某个由 ID 标识的特定位置，你在$.ajax 调用的 done 处理器中要做的就是如下这样。

```
$("#position").html(freshData);
```

在整个文档中重复类似的调用你想要的次数，你可以使用各种 jQuery 和 DOM 方法并把新值设为 HTML 或纯文本。

但通常你发起一个远程调用来获得一组数据，而且必须以网格方式或者在层次布局中展示数据。jQuery 或者其他框架没有魔法替你做这件事。最终，你下载的数据必须合并到所需的布局，而最终的结果会插入 DOM。

```
// Preparing the markup
var buffer = "<table class='table table-condensed'>";
buffer += "<thead><th>Name</th><th>Capital</th><th>Continent</th></thead>";
for (var index in json.Countries) {
    var country = json.Countries[index];
    buffer += "<tr>";
    buffer += "<td>" + country.CountryName + "</td>";
    buffer += "<td>" + country.Capital + "</td>";
    buffer += "<td>" + country.Continent + "</td>";
    buffer += "</tr>";
}
buffer += "</table>";

// Displaying
$("#output").html(buffer);
```

合并下载的数据和布局就是以编程方式创建 HTML 字符串。你可以和这里展示的一样手动编写代码。或者从某些 JavaScript 模板库得到支持。

2．JavaScript 模板库

客户端数据绑定是单页应用程序以及（一般来说）任何操作 JSON 数据的 JavaScript 密集型前端的常见但易碎的方面。当 ASP.NET MVC 服务器准备视图时，数据绑定在服务器端合适的 Razor 模板中执行。当纯数据下载到客户端时，同一个构件必须在客户端上操作。通过连接方式构件 HTML 字符串是可能的，但不是一个可靠可维护的方式。

作为结果，各种基于 JavaScript 模板的数据绑定库在过去几年中产生了，提供不同级别的编程能力和简化。Knockout 是最流行最强大的。详情可以参见 http://knockoutjs.com。另一个可行的选择是 mustache.js，虽然它的特性没有 Knockout 丰富。但是 mustache.js 占用空间更小，简化和压缩之后下载只需要大约 10KB。

所有客户端数据绑定库都采用一个填满数据占位符的模板，并从提供的数据模型把数据插进去。mustache.js 和更流行但也更大的库（如 Knockout 和 AngularJS 的数据绑定模块）之间一个值得注意的区别是，mustache.js 要求把模板作为单独的元素提供，嵌在 SCRIPT 标签中。其他库会在页面的主

体中找到模板，这里是插入实际内容的地方。

mustache.js 模板采用以下形式。

```
<script id="country-template" type="text/template">
    <table class="table table-condensed">
        <thead>
            <th>Name</th>
            <th>Capital</th>
            <th>Continent</th>
        </thead>
        {{#Countries}}
        <tr>
            <td>{{CountryName}}</td>
            <td>{{Capital}}</td>
            <td>{{Continent}}</td>
        </tr>
        {{/Countries}}
    </table>
    {{^Countries}}
    No countries found
    {{/Countries}}
</script>
```

数据占位符采用{{ ... }}模式。包在双花括号中的名字引用作用域中最近对象上的一个属性。每个模板都会绑到一个表示根数据上下文的 JavaScript 对象。比如，Countries 预计是以编程方式绑定对象上的一个属性。一个像{{CountryName}}的占位符表示正在迭代的数据元素上的 CountryName 属性。

给一个属性加上#符号前缀可以告诉运行时迭代那个属性的内容，它预计是某种类型的集合。最后，^符号表示要显示的内容，如果这个属性（预计是一个集合）是空值。要在一个模板上激活 mustache.js，你需要以下代码。

```
$(function() {
    $("#btnFinder").on("click", function () {
        var initial = $("#initial").val();
        $.ajax({
            url: "/json/countries?q=" + initial,
            cache: false
        }).done(function(json) {
            var dataTemplate = $("#country-template").html();
            $("#output").html(Mustache.to_html(dataTemplate, json));
        });
    });
})
```

这个代码首先在一个按钮上注册一个点击处理器。当这个按钮被点击时，它会从输入字段收集首字母、准备 URL 并通过 Ajax 调用它来抓取 JSON 数据。最后，它以字符串形式获取 mustache.js 模板并在 JSON 数据上计算（见图 14-6）。

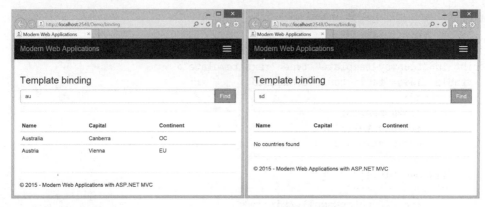

图 14-6　示例 mustache.js 模板的效果

14.4　把内容推到客户端

到目前为止，我们在用户从某个服务器环境拉取内容的角度来看交互式 Web 内容。交互性的另一面是通知从服务器推到客户端。

当我说"推送通知"时，你可能马上想到，当你感兴趣的东西在某处发生时你的移动设备中会异步显示这些信息。推送通知只是表达了一个抽象概念，它指的是某些信息在服务器上检测到并以某种方式通知客户端。它并没有提到这个特性的实际实现。

实际上，推送通知通常只是某个客户端周期性地检查和服务器约定的某个预定义位置中的新数据。但是，不管网络级别的实现细节如何，ASP.NET 相关框架已经开发出来简化从服务器到客户端的通知了。它的名字叫作 ASP.NET SingalR。

具体来说，ASP.NET SignalR 应对的场景有监视服务器端任务的进度，或者一旦服务器端操作成功完成了就刷新用户界面的多个部分。

14.4.1　ASP.NET SignalR 初探

使用 SignalR 的第一步是从 NuGet 安装它的包。ASP.NET SignalR 分成客户端部分和服务器部分。客户端部分由 jQuery 插件提供。服务器部分包含一堆程序集，其中一个二进制文件是 OWIN 库，用来启动和配置 SignalR。因此，先在这个项目中创建一个名为 startup.cs 的文件。

```
using Microsoft.Owin;
using Owin;
[ assembly: OwinStartup(typeof(YourProject.Startup))]
namespace YourProject
{
    public class Startup
    {
        public void Configuration(IAppBuilder app)
        {
            app.MapSignalR();
        }
    }
}
```

```
}
```

当你在打算使用通知的 Web 视图中链接了 JavaScript 核心文件时，SignalR 的配置就完成了。

```
<script type="text/javascript"
        src="~/content/scripts/jquery.signalR-2.2.0.min.js")"></script>
```

接着，添加以下脚本代码——它实际建立了这个库中同一个实例的客户端部分和服务器部分之间的连接。

```
<script>
    $(function() {
        // Save the reference to the SignalR hub
        var theHub = $.connection.yourAppHub;

        // Define here the functions which will be called back from
        // the server when notifications are available. These functions
        // are defined on the "theHub" object.
        ...

        // Start the SignalR client-side listener
        $.connection.hub.start().done(function () {
            // Here do any initialization work you may need
            ...
        });
    });
</script>
```

$.connection 对象是 SignalR jQuery 插件的入口点。它引用了服务器代码将要调用的服务器端 ASP.NET SignalR 控制台对应的客户端对象，在本例中是 yourAppHub。$.connection.hub 对象是通信基础设施的包装器。通过调用 start 方法，你启动了监听进程。当 start 方法返回时，这个连接就打开了并通过一个唯一 ID 标识。每个连接关联了服务器和一个特定的客户端浏览器。服务器上产生的任何客户端感兴趣的响应都会通过这个连接广播。

作为一个例子，我们来看看如何使用 ASP.NET SignalR 来监视远程长时间运行的任务的状态。

14.4.2 监视远程任务

假设你有一个 Web 视图，上面有一个按钮把一些数据发到服务器，以便执行某个操作。这个操作可能要一段时间才能完成，而你不想刷新整个页面，甚至不想向用户直接展示最终结果，只想展示一个进度条，实时反映已经完成多少工作。

1. 共享通讯信道

对于这种通知，你需要一个一对一的信道，把客户端连到负责这个工作流的服务器线程，因此，必须在启动远程任务之前获得 SignalR 连接 ID。

```
var connectionId;
$.connection.hub.start().done(function () {
    connectionId = $.connection.hub.id;
```

```
        $("#taskStarter").removeAttr("disabled");
});
```

在页面加载时，一旦连接建立好了，你把这个 ID 保存到一个全局变量并启用这个按钮，它就会开始这个想要监视的长时间执行的操作。

```
<button class="btn btn-primary" disabled="disabled" id="taskStarter"
onclick="startTask()">
```

此时，用户可以点击这个按钮并开始工作。

```
function startTask() {
    $.post("/task/lengthy/" + connectionId);
}
```

这段代码的最终结果是，接收这个调用并负责这个任务的 ASP.NET MVC 端点也知道任何临时反馈都应该通过这个连接 ID 共享出去。换句话说，ASP.NET MVC 服务器端环境现在知道如何回调在特定浏览器窗口上操作的 JavaScript 了。

2. 回调客户端

以下代码模拟了一些需要一段时间才能完成的工作并以步骤方式报告回客户端。这个模拟随机生成一组步骤，每个步骤等待两秒。

```
public void Lengthy([Bind(Prefix="id")] string connId)
{
    var steps = new Random().Next(3, 20);
    var increase = (int) 100/steps;

    var hub = new ProgressHub();
    hub.NotifyStart(connId);
    var total = 0;
    for (var i = 0; i < steps; i++)
    {
        Thread.Sleep(2000);
        total += increase;
        hub.NotifyProgress(connId, total);
    }
    hub.NotifyEnd(connId);
}
```

这个代码最有趣的部分是 ProgressHub 类，ASP.NET SignalR 框架的服务器端部分。

每个 SignalR 实例都是围绕着一个特定的总线（hub）类构建的，它编排客户端和服务器之间的数据交换。换句话说，这个总线是处于服务器代码和知道如何联系相关客户端的 ASP.NET SignalR 基础设施之间的代理。

3. Hub 的内部机制

SignalR 总线类没有包含任何业务逻辑。它所做的就是为服务器代码（业务代码）定义一个编程接口来回调原来的浏览器。

```
public class ProgressHub : Hub
{
    public void NotifyStart(string connId)
    {
        var hubContext = GlobalHost.ConnectionManager.GetHubContext<ProgressHub>();
        hubContext.Clients.Client(connId).initProgressBar();
    }

    public void NotifyProgress(string connId, int percentage)
    {
        var hubContext = GlobalHost.ConnectionManager.GetHubContext<ProgressHub>();
        hubContext.Clients.Client(connId).updateProgressBar(percentage, connId);
    }

    public void NotifyEnd(string connId)
    {
        var hubContext = GlobalHost.ConnectionManager.GetHubContext<ProgressHub>();
        hubContext.Clients.Client(connId).clearProgressBar();
    }
}
```

总线中的所有方法都是一样的结构。它们先获得 ASP.NET SignalR 内部控制台的引用，接着向所有连接的客户端或者只向监听特定连接的那个发起调用。

ASP.NET SignalR API 还允许你定义客户端分组并向它们全部进行广播。在本例中，通知只回到通过那个 ID 打开连接的客户端。

4. 实时更新用户界面

调用的方法（如 updateProgressBar）对于定义在客户端的 JavaScript 函数只是占位符。服务器端没有 updateProgressBar 或者类似方法的实现。你可以给这些方法任意名字，只要它们能与在客户端 SignalR 总线上定义的 JavaScript 函数匹配。

```
theHub.client.initProgressBar = function () {
    $("#notification").show();
    theHub.client.updateProgressBar(0);
};

theHub.client.updateProgressBar = function (percentage, connId) {
    $("#workDone").text(percentage);
    $("#taskId").text(connId);
    $('.progress-bar').css('width', percentage + '%').attr('aria-valuenow',
percentage);
};

theHub.client.clearProgressBar = function () {
    theHub.client.updateProgressBar(100);
    window.setTimeout(function() {
        $("#notification").hide();
    }, 2000);
```

```
};
```

一旦控制回传到这个 JavaScript 代码，更新用户界面就和更新 DOM 一样容易。图 14-7 所示为一个示例应用程序，它在更新使用 Bootstrap 创建的进度条。这个连接 ID 在进度条下面显示。

```
<div class="progress">
    <div class="progress-bar" role="progressbar"
            aria-valuenow="0"
            aria-valuemin="0"
            aria-valuemax="100">
      <span class="sr-only" id="workDone"></span>
    </div>
</div>
```

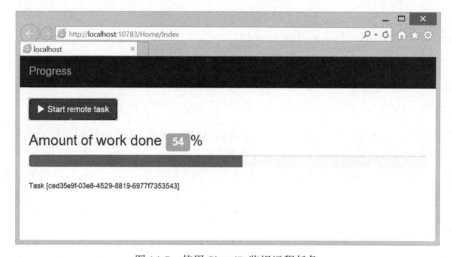

图 14-7　使用 SignalR 监视远程任务

14.4.3　ASP.NET SignalR 的其他场景

ASP NET SignalR 可以为客户端应用程序提供几乎任何需要的动态更改。以下是一些其他常见场景的细节。

1．在模态更新之后刷新视图

类似地，你可以使用 SignalR 在服务器出现某些更新时即时刷新网页的用户界面。当使用模态窗口编辑一条记录时，我通常会使用这个技术来刷新底下页面。

显然，对 DOM 所做的所有修改仅限于当前 DOM。但是，因为这个操作已经成功了，下次用户在浏览器中实际刷新页面时，它仍显示相同的数据！

2．向所有用户广播更改

有时候你的服务器运作在一对多场景中，它需要做的是把检测到的更改广播到当前显示特定页面的所有客户端。我在跟踪现场体育比赛得分的网页中使用了这种模式。

在这种情况下，你不需要处理关联特定客户端和服务器的连接 ID，在服务器端总线中，你只需从 Clients 属性调用 JavaScript 占位符。

```
// Broadcast to all listening clients
hubContext.Clients.All.update();
```

类似的，你可以广播到分组。注意，分组必须在总线启动时以编程方式定义。

3. 统计在线用户数

有趣的是，Clients.All 属性可以用来向所有连接的客户端广播，但它不能用来枚举和统计客户端数。ASP.NET SignalR 中有其他方式可以做到。用来把事件推回连接的客户端的总线类继承自一个系统提供的类——Hub 类。

这个 Hub 类有一些可以重写的方法和跟踪连接的用户有关。你可以使用以下这个示例总线类来跟踪在线用户。

```
public class SampleHub : Hub
{
    // Use this variable to track user count
    private static int _userCount = 0;

    // Public hub methods
    ...

    // Overridable hub methods
    public override Task OnConnected()
    {
        userCount ++;
    }

    public override Task OnReconnected()
    {
        userCount ++;
    }

    public override Task OnDisconnected(bool stopCalled)
    {
        userCount --;
    }
}
```

你可以重写的方法有三个：OnConnected、OnReconnected 和 OnDisconnected。顾名思义，这些方法会在浏览器会话连接、重新连接或者断开连接这个 SignalR 总线时调用。通过向这些重写方法添加某些代码，在用户数改变时，你可以回调客户端来更新某个用户界面。

14.5　小结

交互性在现代 Web 开发中是必需的，可以通过两个主要方式实现。一个是选择一个全面的框架，它提供一种新的编程方式并支持某种单页应用程序。AngularJS 是这种全面框架中最受欢迎的。

但是，很多交互性也可以使用 ASP.NET 平台中更传统的编程方式来实现。交互性基于拥有和暴露 JSON 端点并使用某个 Ajax 框架来连接和下载信息。在这一点上，其实就是用新的内容更新当前 DOM。在本章中，我们回顾了暴露和下载 JSON 数据的常见技术，也了解了 ASP.NET SignalR，一种比较新的用来刷新 DOM 和向网页推送通知的方式。

第 15 章

反应式设计的优缺点

一般来说，反应式网站会调整它显示的内容来适应正在使用的实际视口大小。这种特性对于销售人员来说是很容易推销的。他们找到客户，演示一个全新的网站如何自动地、神奇地适应最终用户今后可能使用的设备。

这是一个强大的卖点，几乎无人可以反驳。

有鉴于此，使显示内容适应请求设备的网站在今天是必需的。这不仅仅是想要好看和智能，还纯粹是业务上的事。但魔鬼往往不在策略中而在技术细节中。

你应该如何构建一个网站才能使任何内容适应查看设备的大小？加入反应式 Web 设计（RWD）吧。

15.1　反应式 Web 设计的基础

一般来说，自适应（adaptive）和反应式（responsive）可以当作同义词交换使用。实际上，某些词典（具体来说是韦氏词典）把任何具有适应能力的事物定义为"反应式"。但在 Web 开发中，反应式这个术语有时候是指概念层次之外的东西，更接近于实现细节。

说一个东西是反应式的，销售人员和客户指的是网站在用来浏览它的任何设备上都能很好地显示。但对于开发者和设计者来说，反应式网站是一个使用一组特定的挂在反应式 Web 设计大名之下的以技术和实践来构建的自适应网站。

在本章中，我将会探讨 RWD 的优缺点，提出如果盲目采用 RWD 来提供移动视图可能会碰到的问题。

15.1.1　RWD 简史

直到 10 年前，Web 开发世界都是分成两个阵营的：桌面浏览器是一个阵营，其他一切是另一个阵营。"其他一切"阵营包括手机和一些小型手持设备，如 Windows CE 设备。ASP.NET 的早期版本甚至发布过一组不同的控件，具备袖珍浏览器检测引擎和移动优化渲染。移动控件从未流行，因为移动设备很难用来浏览网页。

这一切都在 Apple 发布 iPhone 时改变了。当 iPad 发布时，改变甚至更大，致使移动阵营甚至分成两块：智能手机和平板。把不断增长的智能手机品牌和型号考虑进来，你就会看到大趋势。基于对用户代理字符串进行表达式分析的内置检测引擎变得非常不易管理。用户代理字符串（以及相应变体）有上千个，判断要向设备提供的理想内容很容易就变成地狱般的浏览器噩梦了。

因此需要一个完全不同的方案。

Ethan Marcotte 提议一个名为响应式 Web 设计的方案。从那以后，RWD 这个缩略词就变得越来越流行了，RWD 方法背后的实践也被看作实现可以适应托管设备的响应式网站的唯一途径。最终，RWD 是一个可行方案，也极大地受到 Bootstrap 等流行设计框架的支持（参见第 9 章）。但同时，RWD 只是一个可能的方案，在移动设备上甚至不是最有效的。

RWD 相对容易实现，不管你通过手动编码还是从设计师获得的现成自适应 HTML 模板。这是否为提供移动内容的最有效方式也是每个项目必须仔细调研的一个方面。

15.1.2　CSS 媒体查询

RWD 方法有三大支柱：流体网格（fluid grid）、灵活图像（flexible image）和 CSS 媒体查询。流体网格背后的理念是，随着最外层容器改变大小，里面的整个内容都会根据新的大小重新排列。RWD 就是把内容布局成很容易在一个新的、更小或者更大的容器中渲染。图像很容易通过 HTML 属性调整大小，但这样它们只会拉升，而不管美术方面的考虑和下载大小。

CSS 媒体查询是整合 HTML 元素的可见性和浮动样式甚至容器的大小所需的黏合剂。

1．媒体类型

CSS 媒体查询是一个众所周知的 W3C 标准，它已经存在数年了。媒体这个术语是指 HTML 定义的媒体类型，最流行最广泛使用的是 screen 和 print。HTML 标准定义了更多媒体类型，包括 handheld。一开始，handheld 类型似乎很适合限制 CSS 样式表只用于手持设备。不幸的是，没有智能手机供应商支持这个媒体类型。

■ **注意**：当 Apple 发布 iPhone 时，该公司在不支持 handheld 媒体类型方面做出了一个深思熟虑的选择，因为（它说）W3C 支持的手持设备分辨率比 iPhone 的小。其他供应商跟着 Apple 走，导致媒体类型受到限制，除了 screen 和 print 也没多少了，强迫在 screen 媒体类型之上引入查询语言来区分不同设备的输出。

或许永远都不会发生，但最好让智能手机的浏览器重新把自己定位成手持设备。这会完全改变这个定义背后的意义和数字。

---

media 属性在 LINK 元素中使用，表示正在下载的 CSS 文件将会在什么场景下使用。顾名思义，默认的 screen 值表示引用的 CSS 文件会在屏幕上显示页面时使用。而 print 值表示引用的 CSS 文件会在打印页面时使用。通常，由于背景图像、字体和图形样式的不同，print CSS 和 screen CSS 是不同的。

2．屏幕设备的简单查询语言

受限于只用一种核心媒体类型（screen）来应对设备爆炸式的增长，一个基本的查询语言应运而生，让每个场景使用不同的样式表。这正是 CSS 媒体查询标准真正意义所在。

支持 CSS 3 的浏览器会在 media 属性中接受一个 Boolean 表达式，仅当这个表达式的计算结果是 true 才会选择引用的 CSS 文件。要有一个合理的 Boolean 表达式，你的参数要结合 AND 和 OR 运算符来用。表 15-1 展示了启用 CSS 媒体查询的浏览器支持的最流行和用得最多的关键字。

表 15-1　CSS 3 媒体查询标准中定义的核心属性

属　性	描　述
width, height	表示渲染视口区域（通常是浏览器的窗口）的宽和高，单位是像素
orientation	当 height 大于或等于 width 时返回 portrait 字符串，否则返回 landscape
device-width, device-height	这些属性表示物理设备屏幕的宽和高。在大多数全屏运行应用程序的移动设备上，这些值与 width 和 height 属性一样
aspect-ratio	表示 width 和 height 之间的比例，通常是"16/9"这样的值
device-aspect-ratio	表示 device-width 和 device-height 之间的比例，通常是"16/9"这样的值

你能在 CSS 媒体查询表达式中使用的完整属性列表。

3．即将到来的 CSS 媒体查询四级标准

新版 CSS 媒体查询标准正在进行中，新的属性也添加进来，使根据特定设备规格来定制样式表更容易。表 15-2 中列出的属性将会添加到新的标准。

表 15-2　CSS 媒体查询四级标准中定义的新属性

属　性	描　述
scripting	表示当前文档是否支持脚本语言，如 JavaScript
pointer	表示指针设备（如鼠标）的准确度。可能的值有 none、coarse 和 fine。coarse 值表示触控设备，如平板；而 fine 值通常表示鼠标支持
hover	表示用户在页面的元素上悬停指针的功能。可能的值有 none、on-demand 和 hover。hover 值表示工具提示和桌面设备；而 on-demand 表示通过长按显示更多细节的场景
resolution	表示输出设备的分辨率（通常是像素密度）。它可以使用各种单位测量，包括 dppx、cm 和 dpi

新版的一个好处是检测非桌面设备变得更加容易，假设你判断 hover 和 pointer。比如，hover 属性等于"hover"就明确表示支持工具提示，因此是桌面浏览器。这个属性的值设为"on-demand"很可能表明这个设备是一个 Android 设备，因为在 Android 平台上，长按是默认特性。与此同时，pointer 属性的值设为"coarse"表明底层设备是一个触控设备，如平板。

4．使用媒体查询的条件样式表

我们来看看如何使用媒体查询属性来即时切换 CSS 文件。以下是媒体查询表达式的一个例子。

```
<link type="text/css" rel="stylesheet" href="view480.css"
      media="only screen and (max-width: 480px)">
```

浏览器只会在媒体表达式的计算结果为 true 时连接 view480.css 文件。在本例中，这会在实际屏

幕大小（浏览器的视口）不超过 480 像素宽时发生。理想情况下，网页会包含多个 LINK 元素，每个指向用于特定情况的不同样式表。计算流程不会在匹配到第一个时停止，它会处理整个 CSS 引用列表。页面的作者要确保只有一个 LINK 元素的媒体查询的计算结果为 true。每当窗口调整大小，不管是因为鼠标动作还是屏幕旋转，浏览器就会重新计算链接的 CSS 文件列表。

一旦浏览器检测到屏幕大小或朝向发生改变，就会选择最合适的 CSS 文件。页面的内容会根据当前样式表中的指令重新渲染。媒体查询属性（如 width、height 和 orientation）会动态改变。其他属性（尤其是 CSS 媒体查询四级标准中的那些）是静态的，因为它们依赖于设备的性质。

■ **重要**：CSS 媒体查询有两种方式发挥作用。一种方式是让显示的内容保持可用，不管浏览器窗口的大小如何，这会给用户带来更好的桌面体验。另一种方式是给使用特定的非桌面设备访问网站的用户良好的体验。这让开发者避免处理用户代理字符串的复杂性。

总之，RWD 对于大小调整为 480 像素的桌面浏览器和在智能手机上全屏显示的浏览器没有区别。真正重要的是屏幕大小，但智能手机和笔记本对于不同的连接性（Wi-Fi、3G）可能有不同效果，在 CPU 计算能力方面可能有很大区别。这点最能体现 RWD 的本质。它既是 RWD 的主要优势，也是它最重要的弱点。

5．使用媒体查询制作网格系统

今天大多数响应式网站都基于某个响应式框架（通常是 Bootstrap）。正如你在第 9 章中看到的，Bootstrap 有自己的媒体查询表达式并把屏幕分成四个主要部分。

你当然可以重写 Bootstrap 的设置，或者完全不用 Bootstrap。在这种情况下，你最终会得到一堆实现自制网格系统的 CSS 样式。如前所述，网格系统是响应式设计的核心。下面举个简单的例子。

```css
.mycontainer {
    clear: both;
    padding: 0;
    margin: 0;
}

/* General settings of a column in the container */
.col {
    display: block;
    float: left;
}

/* Column settings depending on the position: 4 elements */
.span4_index4 {
    width: 25%;
}

.span4_index3 {
    width: 25%;
    background: #ddd;
}
.span4_index2 {
    width: 25%;
}
```

```css
.span4_index1 {
    width: 25%;
    background: #ddd;
}

/* 2x2 under 800px */
@media only screen and (max-width: 800px) {
    .span4_index4 {
        width: 50%;
    }
    .span4_index3 {
        width: 50%;
    }
    .span4_index2 {
        width: 50%;
    }
    .span4_index1 {
        width: 50%;
    }
}

/* Vertical align below 400px */
@media only screen and (max-width: 400px) {
    .span4_index4 {
        width: 100%;
    }
    .span4_index3 {
        width: 100%;
    }
    .span4_index2 {
        width: 100%;
    }
    .span4_index1 {
        width: 100%;
    }
}
```

col CSS 类定义了逻辑屏幕列的基础，span4_ *类表示把屏幕的可视区域分成最多 4 列的网格，称作 span。span 类从 1~4 编号并等分可用空间。媒体查询的作用就是决定特定屏幕大小会有多少列。

在前面的例子中，有两个显式条件，加上默认的：

```css
@media only screen and (max-width: 800px) { ... }
@media only screen and (max-width: 400px) { ... }
```

默认情况下会有四列。但如果屏幕的最大宽度低于 800 像素，每行就会有两列；如果屏幕宽度低于 400 像素，每行就只有一列。以下是这个页面的 HTML（见图 15-1）。

```html
<div class="mycontainer">
    <div class="col span4_index1">
        Column #1
    </div>
    <div class="col span4_index2">
        Column #2
```

```
        </div>
        <div class="col span4_index3">
            Column #3
        </div>
        <div class="col span4_index4">
            Column #4
        </div>
    </div>
```

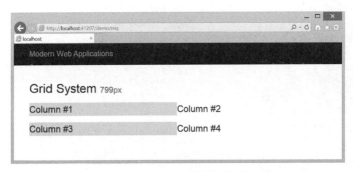

图 15-1 完全手工构建的简单网格系统

15.1.3 RWD 和设备独立性

很多开发者和技术经理都记得很清楚 10 年前为各种浏览器构建网站简直就是噩梦。曾经有一段时间，Internet Explorer 的特性和 Firefox、Safari，甚至与它自己的早期版本都有所不同。这使得给网页创建标记变得很混乱。如果 10 年前浏览器的碎片化吓怕了你，那么移动领域的碎片化会更糟糕。

检测设备很难吗？那就别做。学聪明点，改用响应式 Web 设计。这是 RWD 狂热分子的口号。RWD 当然可以让你在不知道目标设备不是桌面电脑的情况下向移动设备交付可用内容。问题是 RWD 是否总是有效。

你不能说它总是绝对有效；这取决于项目、环境和业务场景。

1．RWD 悖论：提供任何内容，忽略所有设备

当你连接到一个网站时，服务器会按照你的方式发送一堆标记内容。根据 RWD，你不需要分析用户代理字符串，可以愉快地忽略请求浏览器的特征。根据 RWD，服务器提供相同的内容，不管请求 URL、用户代理、托管服务器平台和设备的功能是什么。接着，一旦内容安全下载到客户端，魔法就会启动。

在客户端 Web 浏览器中发生的所有事情都是你可以使用 CSS 语法和属性来完成的。

- 重新调整一些 HTML 元素在它们的容器中的位置。
- 让一些元素流向容器的左边或右边。
- 使用固定数字或比例重新调整容器元素的大小。

除此之外，你还可以使用 CSS 来显示和隐藏元素。而显示/隐藏能力是最常用的。在真实网站中，当你重新调整浏览器页面的大小时，有时候一些容器会移到页面底部。但更常见的是它们会隐藏起来。

RWD 悖论是，通过忽略请求设备的类型和能力，强迫服务器尽可能提供大量内容，却要通过某些 CSS 类把它们隐藏起来。用户消耗带宽，浪费数秒钟或者数分钟生命，只是因为你的网站在下载他们永远看不到的内容（见图 15-2）。

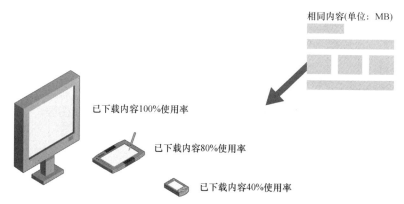

图 15-2　相同内容会下载到任何用户代理而不管是什么设备

2．移动为先设计的童话

在 RWD 的基础上，有一个公理是你应该以移动优先的方式来设计你的模板。移动优先的方法基本上决定了你先创建适合较小屏幕的视图模板，然后在转向较大屏幕时继续添加越来越多的内容。

如果你是一名设计师，这种方法可能会奏效，但作为一名 Web 开发人员，你最终总是有一小块内容要提供，而那些内容总是针对应用程序支持的最大屏幕。

总的来说，移动为先方案和移动为后方案，也就是渐进增强（progressive enhancement）和缓慢降级（graceful degradation），通常是设计师们的争论并且很大程度上是个人偏好的事。这取决于你想如何了解一个新的系统。

但从纯开发的角度来看，移动为先策略没有带来任何好处，因为它还是需要服务器提供所有内容（除非做了某种好的设备检测）。

15.2　使 RWD 适配非桌面设备

RWD 是一个很好的资源，也是一个奇妙的解决方案，只要你留在高端设备的领域，这就是按照计算能力、图形和屏幕实际可用面积来看的。在桌面电脑上，想下载页面的全部内容，这是一次性成本，甚至可能不是很大的成本，因为你可能连接到某个快速 Wi-Fi 网络。

在这种情况下，如果你还能从重新调整过大小的浏览器窗口获得相关信息，那就是网站的一大特色了。让你很好地调整浏览器窗口大小的同一个机制也能让你毫不费力地服务移动浏览器。

但是，调整过大小的浏览器窗口和全屏智能手机浏览器是完全不同的东西。

重要：数字不能说明什么，物理量也不能。一个 15in（约等于 38.1cm）的屏幕，就像你在笔记本或桌面电脑上看到的那样，和一些排成一行的 5in（约等于 12.7cm）智能手机屏幕一样大。这说明不了什么，甚至都不关分辨率的事。大屏或小屏对于设计甚至用例来说完全不同。有时候，如

果你从移动用户的角度来看，你对应用程序的感知会发生改变。如果你盲目跟随 RWD，你就没有设备特定的设计和分析了。

在使用 RWD 向非桌面设备提供内容时，你的开发工作中有几个地方必须优化。首先就是你如何处理图像。

15.2.1　处理图像

只要你能通过移动少量 HTML 容器来适应更小的屏幕，CSS 就是一个非常合适的工具。在 HTML 容器中（通常是区块层次的元素，如 DIV 元素），有纯文本、标记文本和图像。

由于不同的原因，文本和图像应仔细审查并在任何你打算考虑的屏幕尺寸上进行测试。特别地，在响应式网站中处理图像可能很成问题。

让我们找出原因和应对措施。

1．超越 IMG 元素

从 HTML5 开始，只有一种方法可以将图像添加到网页中——使用 IMG 元素。IMG 元素可以通过以下两种方式之一指向特定图像。

- 单个 URL（最常见的方式）
- 内嵌的 Base64 文本流

当 URL 直接指向图像文件时，文件将被下载、缓存，然后按照 CSS 样式指定的宽度和高度属性的组合来调整大小。乍看起来，这很完美。针对宽度和高度进行操作并以百分比形式表示，可以很好地将图像放入容器中，保持它在页面中的宽高比和伸缩比例。

虽然奏效，但由于以下原因，这种方法往往过于简单。

- 下载的图像可能远远大于某些设备上所需的。
- 大的图像可能包含特写或远景内容，这使得读者难以理解变小后的同一个图像。

如果它的一小部分完全可以接受，为什么要在小设备上下载 2 MB 的图像？你可以节省带宽，让设备更快地渲染页面。即使下载的大小并不是你最关心的问题，通常情况下，2 MB 的图像可能包含大量细节（如特写镜头）或很少细节（如远景拍摄）。

在缩放到缩略图时，图像可能成了一堆混乱的像素杂点或者几乎单一纯色的平坦沙漠。在为网站缩放图像时，你要确保图像包含它应有的含义。在这种情况下，设备及其屏幕宽度就很重要了。

2．通往响应式图像

理想情况下，可以为不同的设备和屏幕宽度使用不同的图像。理想情况下，浏览器负责根据媒体类型和媒体属性从一系列选择中选出并下载最合适的图像，有点像响应式图像。

事实上，在不久的将来，浏览器会为图像支持新的不限于单个原文件的 HTML 元素。根据 W3C 的响应式图像愿景，这是将会在下一代 Web 浏览器中看到的草案。

```
<picture alt="">
  <source media="(min-width: 800px)" srcset="large-1.jpg 1x, large-2.jpg 2x">
  <source media="(min-width: 600px)" srcset="med-1.jpg 1x, med-2.jpg 2x">
```

```
  <source srcset="small-1.jpg 1x, small-2.jpg 2x">
  <img src="small-1.jpg">
</picture>
```

PICTURE 元素在两个层次上工作，让你通过 srcset 属性优化带宽，通过 source 元素优化美术指导。美术指导（art direction）属于业务考量，它确保图像内容对于特定上下文是最好的。换句话说，美术指导是根据上下文和实际可用面积确立理想内容的人为因素。

srcset 的内容由浏览器管理，它使用自己的算法来挑选最合适的图像大小。而 source 元素的工作方式类似于媒体查询：页面作者在每个场景的基础上指定要挑选图像。

3．当美术指导很重要时

要用一张具体的图片来阐明美术指导在选择最合适图像中起到的作用，可以看看图 15-3。我从网球场的第一排看台上拍下了这张照片。

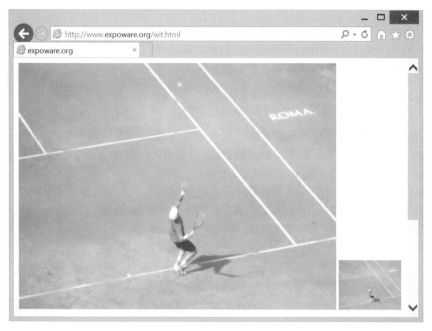

图 15-3　自动生成的缩略图并非手工创作

因为这个图像在相对平坦和静止的背景上呈现远景，所以简单的调整大小可能产生几乎没有可区分内容的纯色方块。原始图像仍然可以保持一致地调整到 100×100，但需要人去注意。

4．PICTURE 元素的隐藏成本

目前，PICTURE 元素是个实验性的 HTML 元素，只受很小范围的浏览器原生支持，包括 Chrome、Firefox 和 Opera 在 2014 年后期发布的版本。Internet Explorer 和 Safari 都不支持，但 Microsoft Edge 支持。

移动浏览器这边的情况也是类似的。Android 设备上以及 Opera 浏览器可以使用的地方都有 PICTURE 元素。但有一个 Modernizr polyfill 可以让你在更大范围的浏览器上使用这个元素。

最终，除非有大量老旧浏览器要支持，使用 PICTURE 元素肯定是个值得考虑的选项。但使用 PICTURE 元素也不是没有问题的，可能会有一些隐藏成本。

PICTURE 元素的优势在于它让浏览器智能地从一组选项中选择最合适的图像。维护逻辑上同一图片的多个版本需要设计师做一些额外的工作并在服务器上保存多个图像。这对于相对静态的图片（如背景图像或者只是偶尔更新的图像）来说不是什么问题。使用 PICTURE 元素来实现动态图库可能很昂贵。

■ **注意**：ImageEngine Lite 服务代表了 PICTURE 和 IMG 之间的一个有趣的解决方法。ImageEngine Lite 是一个服务器端工具，充当代理服务器并以适合设备的方式自动调整大小来提供源图像。我会在第 16 章详细讲述 ImageEngine Lite。

15.2.2　处理字体

RWD 就是在不同大小的容器中重排内容。那么里面包含的文本大小呢？我们先来看看 Boostrap（一个常用的响应式视图框架）内部如何工作。

1. 固定单位和相对单位

在 Bootstrap 中，字体大小和行高的设置放置在 BODY 级别，其他文本元素（如 P）略有变化。还有一些 CSS 类可以增加或减小字体大小，如 small 和 lead。直到 Bootstrap 3.x，所有字体大小才都以像素表示。这可能会随着 Bootstrap 4 而改变。

在 Bootstrap 中使用像素的决定是有争议的，但在做出这个决定的时候肯定是合理的。开发者主要考虑像素，而像素提供对文本的绝对控制并确保在所有浏览器中得到一致的渲染。另一种做法是通过相对度量（如 EM 或 REM 等单位）来表示字体大小。

EM 和 REM 之间的区别非常微妙。这两个单位都按照相对于其他东西的比例来表示字体大小：EM 是相对于最近父元素的字体大小的比例，而 REM 则总是相对于 HTML 级别的字体大小。使用 REM 字体大小，只关心一个地方（根元素）的实际数字，其他一切都会自动伸缩。

```
html { font-size: 14px; }
h1 { font-size: 3rem; }
h2 { font-size: 2.5rem; }
h3 { font-size: 2rem; }
```

值得注意的是，支持 REM 字体的主要论点是它们的可访问性。当有视力问题的人增大操作系统级别和浏览器级别的字体时，基于像素的字体大小不会自动伸缩。而使用 EM 度量的字体会随浏览器的字体大小按比例增大。这意味着 EM 单位不会减弱可访问性，但使用 EM 单位构建可访问解决方案需要更多工作，因为像素不应该在任何 HTML 级别出现。

在 Bootstrap 等通用框架中，全面使用 EM 字体可能会带来很多跨浏览器的问题。最终，EM 字体对于强调可访问性的网站来说还是一个很好的选项。但它只有在不自己处理可视化断点时才有意义。在这种情况下，在 HTML 级别设置基于像素的字体，然后忘掉那些数字。

2．视口单位

另一个表示字体大小的方式是使用视口单位。视口单位按照相对于视口大小的比例来度量字体大小。

```
h1 { font-size: 5.9vw; }
```

在本例中，H1 元素的大小设为浏览器的窗口宽度的 5.9%。不言而喻，当浏览器窗口调整大小时，字体大小也会改变。这一切都是自动的，你这边不需要任何 CSS 技术。

视口单位（VW）有一些变体。

你可以使用 VW 把字体大小设为视口宽度的某个比例，或者使用 VH 来指定视口高度，最后，可以使用 VMIN 或 VMAX 来指定视口宽度和高度之间的最小或最大差值。

注意：我一直很喜欢使用视口单位来表示字体，但是我经常发现使用它们非常棘手，特别是你把它们用在使用移动设备和桌面设备查看的页面中。

目前，我在一个应用程序的生产环境中使用它们，但场景限制非常大：将页面创建为以固定大小的框架或容器托管的屏幕。

3．Bootstrap 4 的更改

Bootstrap 的作者没有在一开始就选择 REM 主要和浏览器兼容性有关。比如，Internet Explorer 8 不支持 REM 度量。选择 REM 就会使 Internet Explorer 8 不兼容 Bootstrap。

Bootstrap 3 因此构建在像素之上，但它没有阻止你这边使用 REM 或 EM 字体。Bootstrap 4 将会放弃支持 Internet Explorer 8。之后，你可以不受限制地拥抱最好的字体大小逻辑。如果想支持 Internet Explorer 8，你最好继续使用 Bootstrap 3.x。

15.2.3　处理朝向

拥有响应式网站的主要原因之一是设备用户可以非常轻松地使用内容。在平板上查看时，网站必须支持朝向改变，从纵向到横向，反之亦然。

如何检测朝向改变，又如何处理？首先，也是最重要的，这不是可以在服务器端检测的编程问题。这是在客户端才能获知的状态。

1．使用媒体查询

从网站的角度来看，朝向改变就是普通的窗口大小调整，只不过设置了不同的高度和宽度。根据有的内容，一个不同的 CSS 就足以应对这个改变了。如果 CSS 足以应对所需改变，最好的做法就是添加几个媒体查询表达式，如下所示。

```
@media screen and (orientation: portrait) {
    /* portrait-specific styles */
}
@media screen and (orientation: landscape) {
    /* landscape-specific styles */
```

```
}
```

如果使用 Bootstrap，大多数时候你不必采取任何措施来显式支持纵向和横向，因为它会自动检测并当作普通大小调整来处理。在更复杂的情况下，只是切换 CSS 文件可能不够，还要一些客户端 JavaScript 才行。

2．检测浏览器的事件

你可以通过编程使用 orientationchange 事件检测朝向改变，对于没有提供更具体事件的浏览器，可以只用 resize 事件。当检测到大小改变时，你无法直接从中得知这个布局是纵向还是横向，但很容易通过一些简单的数学来搞清楚。

另一个选择是在浏览器的 window 对象上使用 matchMedia 对象。

```
var orientation = window.matchMedia("(orientation: portrait)");
orientation.addListener(function(portrait) {
    if(portrait.matches) {
        // Adapt content to Portrait
    }
    else {
        // Adapt content to Landscape
    }
});
```

最新的浏览器上支持 matchMedia。

15.3 小结

毫无疑问，反应式 Web 视图在今天绝对是必需的。反应式 Web 设计是一种编程实践，依照它你可以创建完全的反应式 Web 视图。因为这个方案背后有 Bootstrap 等流行框架的支持，所以创建反应式视图对于任何人来说几乎都能胜任。但注意，Bootstrap 没有施展魔法，它只是提供了专门的工具，开发者和设计者可以用来筹划反应式视图。

这就是说，反应式视图不是万能的，并非在所有可能的场景中都有一样的效果。流体网格是反应式 Web 设计的基础。流体网格本质上是可调整大小的容器，它可以重排任何写成可以重排的内容。流体网格这个相对简单的想法需要大量复杂的代码，基本上要能即时切换 CSS 样式表。

这正是 CSS 媒体查询派上用场的地方。媒体查询根据一个围绕一些浏览器属性写成的 Boolean 表达式来选择 CSS 样式表。这些属性中最重要一个的是屏幕宽度。只根据屏幕宽度区分内容并未考虑底层设备的实际功能。事实上，RWD 忽略了设备，它所做的就是根据屏幕宽度提供不同布局。

本章回顾了媒体查询的核心机制（第 9 章包含在真实应用程序中创建流体网格的更多细节。）在本章的后半部分中，探讨了在 RWD 解决方案中要改善的方面。

在第 16 章中，我将会探讨的解决方案包含设备检测和以移动为中心的策略。

第 16 章

□□□□

让网站对移动友好

> 未来属于现在就开始准备的人。
>
> —— 马尔科姆 · 艾克斯

在软件中，**移动**这个术语通常会关联到特定平台的原生应用程序，如 Apple iOS、Microsoft Windows Phone 或者 Android。一个常见的观点是，你应该致力于为某些平台创建应用，同时确保网站可以在智能手机和（迷你）平板上舒服地查看。最新的设备都能很好地显示几乎任何网站。这导致很多管理者只用一些原生应用来应对移动场景，因而完全忽略了移动 Web 的微妙问题。

我的观点与此不同。我的论点不在于拥有（或者没有）移动应用，因为这个方面和业务的关系太密切很难泛泛而谈。但我赞同提供对移动友好的网站，这点非常重要。更确切地说，我认为没有哪家公司应该满足于一个只在智能手机上显示和阅读的网站。通过专为移动优化的网站设计来提供的用户体验比起只为用户提供缩放功能来输入表单和阅读新闻要好得多。

在第 15 章中，我已经讲述了流体网格和 CSS 媒体查询在生成不同大小的网站屏幕中的作用。在本章中，我会谈及 HTML5 和特性检测，然后探讨为特定类别的设备（如智能手机）优化网站的技术和方案。

16.1 让视图适配实际设备

当移动用户在移动设备上浏览网站时，他们都会有着极高期望。他们期望网站提供类似原生 iPhone 或 Android 应用的体验。比如，他们期望有支持触控的控件和流行的小部件，如选择列表、侧边菜单和切换开关。这些小部件并非以原生 HTML 元素的方式存在。它们必须使用富组件控件来模拟，这些控件每次都会输出 JavaScript 和标记的混合。

原则上，好好利用 HTML、CSS 和 JavaScript 来创建一个普通的网站是一回事；创建一个有吸引力的移动网站，使之看起来像个原生应用程序（至少操作起来像）则是另一个回事。当考虑到移动网站相比完整网站只有一小部分特性，有时候还需要不同用例时，实现这个目标的挑战性就更大了。好消息是，通过好好利用 HTML5 可以减少一些开发问题。

16.1.1 最适合移动场景的 HTML5

移动浏览器通常都会对 HTML5 元素提供很好的支持。这意味着，至少在智能手机或平板这个类别的设备上，你可以默认使用 HTML5 元素，而不必担心应对方案和替代方案。HTML5 有两个方面和移动开发关系密切：输入类型和地理定位。

1．新的输入类型

目前，HTML（以及浏览器）只支持纯文本作为输入。日期、数字甚至电子邮件地址都有点不同，更不用说预定义的值。今天，开发者负责通过实现输入文本的客户端验证来防止用户输入不想要的字符。jQuery 库有几个插件可以简化这个任务，但这只会强调这点——输入是个微妙的问题。

HTML5 为 INPUT 元素的 type 属性提供超多新值。另外，INPUT 还有几个和这些新的输入类型密切相关的新属性。下面举几个例子。

```
<input type="date" />
<input type="time" />
<input type="range" />
<input type="number" />
<input type="search" />
<input type="color" />
<input type="email" />
<input type="url" />
<input type="tel" />
```

这些新的输入类型的真实效果是什么？预期的效果（虽然还没完全标准化）是浏览器提供专门的 UI，让用户方便地输入日期、时间或数字。

桌面浏览器并不总是遵循这些新的输入类型，它们提供的体验也不总是一致的。在移动领域情况要好多了。首先，也是最重要的，在移动设备上，用户通常使用默认浏览器来浏览 Web。因此，体验在这个特定的设备上总是一致的。

特别地，email、url 和 tel 等输入字段会促使智能手机上的移动浏览器自动调整键盘的输入范围。图 16-1 展示了 Android 设备上 tel 输入字段的输入效果：键盘默认为数字和手机相关符号。

图 16-1　Android 智能手机上的 tel 输入字段

今天，不是所有浏览器都提供同一体验。虽然它们大多对各种输入类型的相关用户界面意见一致，但某些关键差异仍然存在，可能需要开发人员添加自定义脚本来填补空缺。举个例子，考虑 date 类型。没有任何版本的 Internet Explorer 或者 Safari 为日期提供全部特别支持。同样是这个问题，移动设备的情况好多了，如图 16-2 所示。

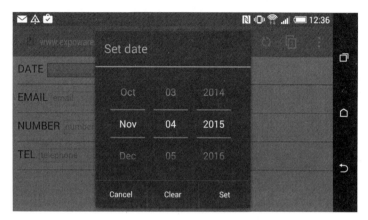

图 16-2　Android 智能手机上的 date 输入字段

一般来说，最新的智能手机上的移动浏览器都遵循 HTML5 元素；因此，开发者应该可以使用合适的输入类型。

2. 地理定位

地理定位是一个 HTML 标准，受到桌面和移动浏览器的广泛支持。如前所述，有时候一个网站的移动版本需要专门的用例，这在网站的完整版上是找不到的。在这种情况下，移动专属的用例通常都会牵涉到用户的地理定位。以下是一些示例代码。

```
<script type="text/javascript"
        src="http://maps.googleapis.com/maps/api/js?sensor=true"></script>
<script type="text/javascript">
    function initialize() {
    navigator.geolocation.getCurrentPosition(
            showMap,
            function(e) {alert(e.message);},
            {enableHighAccuracy:true, timeout:10000, maximumAge:0 });
    }

    function showMap(position) {
        var point = new google.maps.LatLng(position.coords.latitude, position.coords.
longitude);
        var myOptions = {
            zoom: 16,
            center: point,
            mapTypeId: google.maps.MapTypeId.ROADMAP
```

```
        };
        var map = new google.maps.Map(document.getElementById("map_canvas"),
myOptions);
        var marker = new google.maps.Marker({
                position: point,
            map: map,
          title: "You are here" });
    }
</script>
<body onload="initialize()">
    <div id="map_canvas" style="width:100%; height:100%"></div>
</body>
```

这个页面会请求用户允许使用地理定位，然后在地图上显示这个设备的确切地理位置。

16.1.2　特性检测

响应式网页设计（RWD）从下面这个横向思考的例子中得到了启发。检测设备很难吗？是的，那就别检测。在客户端上抓取一些可用的基本信息（如浏览器窗口的大小），建立专门的样式表，然后让浏览器相应地重排页面中的内容。这源于特征检测的想法并创建了一个流行的库——Modernizr和一个同样流行的网站，http://caniuse.com。

Modernizr 可以为你做什么

特性检测背后的想法很简单，在某种程度式甚至很智能。你甚至不必尝试检测请求设备的实际功能，我们知道这很麻烦也很困难。它甚至对解决方案的可维护性造成了严重的影响。

配备了特性检测库，你可以根据在设备上以编程方式检测的结果来决定要显示的内容。不是检测用户代理，然后盲目地假设这样的设备不支持特定特性，而是让一个专门的库（如 Modernizr）替你查明这个特性在当前浏览器上实际是否可用，不管托管设备是什么。

举个例子，你不是维护一个支持 date 输入字段的浏览器（以及相关用户代理字符串）列表，而是使用 Modernizr 检查 date 输入字段在当前浏览器上是否可用。以下是示例脚本代码。

```
<script type="text/javascript">
Modernizr.load({
    test: Modernizr.inputtypes.date,
    nope: ['jquery-ui.min.js', 'jquery-ui.css'],
    complete: function () {
        $('input[type=date]').datepicker({
            dateFormat: 'yy-mm-dd'
        });
    }
});
</script>
```

你要告诉 Modernizr 测试 date 输入类型，如果测试失败，就下载 jQuery UI 文件并运行 complete 回调函数为 date 类型的页面中所有 INPUT 元素设立 jQuery UI 日期选择器插件。这个方案允许你在自己的页面中愉快地使用 HTML5 标记，不管对最终用户的影响如何。

```
<input type="date" />
```

特性检测为你提供了重要的帮助，使你作为开发者只需设计和维护一个站点。响应式地适配内容的负担就被推到图形开发者或者专门的库（如 Modernizr）上了。

Modernizr 包含一个 JavaScript 库，其中有一些代码会在页面加载时运行并检查当前浏览器能否提供某些 HTML5 和 CSS3 功能。Modernizr 以编程方式提供它的发现，以便页面中的代码可以查询这个库并智能地适配输出。

Modernizr 做得很好，但是它并没有涵盖为移动用户优化网站时会面临的所有问题。Modernizr 受限于能以 JavaScript 函数的方式编程检测的东西，这些函数可能会、也可能不会从 navigator 或 window 浏览器对象中暴露出来。

换句话说，Modernizr 不能告诉你设备的规格（这个设备是智能手机还是平板或是智能电视）。有朝一日，浏览器会提供这个信息，然后 Modernizr 也将可以添加这个服务；但那天不是今天。通过对从 Modernizr 获得的结果应用一些逻辑，你可以比较肯定地猜出这个浏览器是用于移动设备还是桌面设备。但也仅此而已。

因此，如果你真的需要为智能手机、平板电脑或两者做一些特定的事情，Modernizr 不会提供太大帮助。

特性检测的最大优势可以总结为"一个网站通天下"，但这也可能是最大的弱点。一个网站就是真正想要的吗？真的想为智能手机、平板、笔记本电脑和智能电视提供"同一个"网站？这个问题的答案对于每个业务场景总是不同。一般情况下只能说，"具体问题具体分析"。

下面来看通过用户代理字符串进行客户端轻量级设备检测。

16.1.3 客户端设备检测

为移动设备优化网站通常并不意味着让用户拥有与它们最喜欢的平台上的原生应用相同的体验。移动网站很少特定于 iOS、Android 或者 Windows Phone 操作系统。相反，移动网站的规划和设计是为了让任何移动浏览器都可以为用户提供良好的体验。

目前，要可靠地指出这个设备是桌面电脑还是不那么强大的设备类型，除了嗅探用户代理字符串别无他法了。

1. 手工用户代理嗅探

一些在线资源提供了可靠的启发式方法来检测（它们宣称的）移动浏览器。它们使用两个核心技术：分析用户代理字符串以及交叉检查浏览器的 navigator 对象的某些属性。

特别是，你找到的脚本使用了棘手的正则表达式来检查一长串跟移动设备相关的已知关键字。这个脚本可以工作，可以在各种 Web 平台上使用，包括纯 JavaScript 和 ASP.NET。但它有两个重大缺点。

一个缺点是找到的最后更新日期。我查看最近的是一年前了，当你读到这里时可能更好，但观点没变，保持正则表达式更新的代价很昂贵，但又必须经常更新。

另一个缺点是脚本只会告诉你这个用户代理是否已知的可以标识移动设备而不是桌面设备。它缺乏逻辑、缺乏编程能力来标识更具体的请求设备类型及其已知能力。

如果你正在寻找一个免费的客户端解决方案来嗅探用户代理字符串，建议看看 WURFL.JS。除了其他好处，WURFL.JS 不基于任何你要负责更新的正则表达式。

2. 使用 WURFL.JS

尽管名字如此，WURFL.JS 不是一个可以托管在企业内部或者上传到云网站的静态 JavaScript 文件，而是一个可以通过常规 SCRIPT 元素链接到你的 Web 视图的 HTTP 端点。

因此，要获得 WURFL.JS 服务，你只需在任何需要知道实际设备的 HTML 视图上添加以下代码即可。

```html
<script type="text/javascript" src="//wurfl.io/wurfl.js"></script>
```

浏览器不知道 WURFL.JS 端点的性质，它只是尝试下载和执行它能从这个特定 URL 获得的任何脚本代码。接收请求的 WURFL 服务器会使用调用设备的用户代理来确定它的实际能力。WURFL 服务器依赖于 WURFL 框架的服务（一个强大的设备数据仓库）以及为 Facebook、Google 和 PayPal 所用的跨平台 API。

调用前述 HTTP 端点的最终结果是在浏览器的 DOM 中插入一个量身定制的 JavaScript 对象，得到的东西类似这样。

```javascript
var WURFL = {
    "complete_device_name":"iPhone 5",
    "is_mobile":false,
    "form_factor":"Smartphone"
};
```

服务器端的端点收到通过请求发送的用户代理字符串并对它进行全面分析，接着提取表 16-1 所示的 3 块信息，然后构建要返回的 JavaScript 字符串。

表 16-1　WURFL.JS 属性

属　　性	描　　述
complete_device_name	检测的设备的描述性名字。这个名字包含供应商信息和设备名（如 iPhone 6）
form_factor	表示检测的设备的类型。它是以下字符串中的任意一个：Desktop、App、Tablet、Smartphone、Feature Phone、Smart-TV、Robot、Other non-Mobile 和 Other Mobile
is_mobile	如果值是 true，就表示这个设备不是桌面设备

图 16-3 所示为 WURFL.JS 在一个公共测试页面上的效果。

在性能方面，WURFL.JS 相当有效。它做了很多的缓存，并不会真的检查它收到的任何用户代理。但在开发时，你可以通过添加 debug=true 到这个 URL 来关闭缓存。

■ **重要**：WURFL.JS 框架是免费使用的，只要网站公开可用。但如果用在产品中，它可能会在流量很大时成为瓶颈。在这种情况下，你可能要考虑商用选项，预留更多带宽，也让你访问更长的设备属性列表。

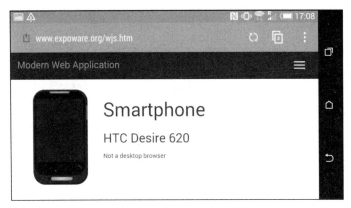

图 16-3　根据 WURFL.JS 做设备检测

3. 结合客户端检测和响应式页面

WURFL.JS 可以用在很多场景中，包括浏览器个性化、增强分析和优化广告。此外，如果你是一个前端开发者，在服务器端实现设备检测不是你的选择，那么 WURFL.JS 就是你的救星了。

我们来看一些使用客户端设备检测的场景。一个是当下载大小和内容都适合设备的图像时，你可以编写这样的代码。

```
<script>
    if (WURFL.form_factor == "smartphone") {
        $("#myImage").attr("src", "...");
    }
</script>
```

类似地，你可以使用 WURFL 对象来重定向到特定移动网站，如果请求设备看起来像个智能手机。

```
<script>
  if (WURFL.form_factor == "smartphone") {
      window.location.href = "...";
  }
</script>
```

WURFL.JS 给你实际设备的线索，但目前没法混合 CSS 媒体查询和外部信息，如设备特定细节。由实际用户代理而不是媒体查询参数驱动的响应式设计还是有可能的，但是你必须完全依靠自己来做。使用 WURFL.JS 的最常见方式是在 Bootstrap 或其他 RWD 解决方案中。你可以获得设备细节并通过 JavaScript 启用或禁用特定特性或下载专门内容。

> **注意**：在本书附带的代码中可以找到一个例子，使用 WURFL.JS 来确定向用户展示网站的哪个区域。这个例子是个简单的概念验证，但这个场景可以扩大到大多数经典 RWD 网站，除了里面包含一些基于设备规格的重复区域。

16.1.4　展望未来

客户端提示（Client Hint）是一份草案的口头名称，这是一个正在兴起的用于浏览器和服务器协商内容的统一标准方式。这个模型的灵感源自广泛使用的 Accept-* HTTP 标头背后的模型。对于每个请求，浏览器都会发送一些额外的标头；服务器读取那些标头并用它们来适配正在返回的内容。

在这份草案的当前阶段，可以有一个标头建议内容的期望宽度和客户端的最大下载速度。这两块信息足以让服务器知晓我们今天面对的大多数关键情况，如使用 3G 连接的小屏幕设备。事实上，在大多数情况下，知道它是不是智能手机或其他类型的设备甚至不是关键的。今天，甚至在将来，根据 RWD 原则创建的内容可能会适用于任何地方，除了非常慢的连接和分辨率非常低的设备，包括旧的 iPhone 设备。

客户端提示正朝着这个方向发展。关于客户端提示和正在为交换定义的预期标头的某些早期文档可以在 Github 官网上找到。

16.2　设备友好的图像

在 16.1 节中，我提到了向设备提供适合图像的问题。"适合"基本上意味着两个东西：适合的大小以及适当调整大小的内容，使这个图像在使用它的上下文中仍然切题。PICTURE 元素越来越受到重视，开发人员和站点管理员需要维护逻辑上相同的图像的多个副本并根据当前屏幕大小来使用。

和 PICTURE 元素不同，另一个选项不会造成任何兼容性问题，就是使用 ImageEngine 平台。

16.2.1　ImageEngine 平台

ImageEngine 是一个作为服务方式暴露的图像调整大小工具。它特别适合移动场景，可以显著地减少视图的图像载荷，从而减少加载时间。这个平台的运作方式是内容分发网络（CDN），因为它处于服务器应用程序和客户端浏览器之间，替服务器向客户端提供图像（见图 16-4）。

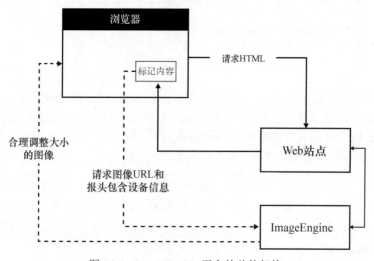

图 16-4　ImageEngine 平台的总体架构

ImageEngine 平台的主要目的是减少图像产生的流量。在这方面，它自身表现为移动网站的理想工具。但是，ImageEngine 并不限于此。首先，也是最重要的，可以向任何设备或桌面提供按需调整大小的图像；其次，可以把 ImageEngine 用作在线调整大小工具，它有一个基于 URL 的编程接口；最后，可以把 ImageEngine 用作智能图像 CDN，让你为了加快在各种屏幕大小上的加载时间而维护同一图像的多个版本的负担得以减轻。

16.2.2　自动调整图像大小

要使用 ImageEngine，你需要一个免费账号。这个账号通过一个名字标识你并帮助服务器区分你和其他用户的流量。但在创建账号之前，你可以把玩一下测试账号。在 Razor 视图中，可以像这样在网页上显示图像。

```
<img src="~/content/images/autumn.jpg">
```

使用 ImageEngine 时，把它替换成以下标记。

```
<img src="//try.imgeng.in/http://www.yoursite.com/content/images/autumn.jpg">
```

一旦有了账号，你只需把 try 替换成自己的账户名。假设账户名是 contoso，这个图像的 URL 就变成以下格式。

```
<img src="//contoso.imgeng.in/http://www.yoursite.com/content/images/autumn.jpg">
```

ImageEngine 支持一系列参数，包括根据特定尺寸裁切和调整大小。它不但可以把大小调整成它认为适合设备的那样，而且能接受特定建议，详见表 16-2。这些参数会插入最终 URL。

表 16-2　ImageEngine 工具的 URL 参数

URL 参数	描　述
w_NNN	以像素为单位设置图像的期望宽度
h_NNN	以像素为单位设置图像的期望高度
pc_NN	设置图像的期望缩小百分比
m_XXX	设置图像的调整大小模式。可接受的值是 box（默认）、cropbox、letterbox 和 stretch
f_XXX	设置图像的期望输出格式。可接受的值是 png、jpg、webp、gif 和 bmp。图像默认按原来的格式返回

注意，宽度、高度和百分比是互斥的。如果没有指定，这个图像会根据检测到的用户代理建议的尺寸来调整大小。多个参数可以作为 URL 的组成部分结合起来。比如，如果原始尺寸不返回正方形，以下 URL 会从图像的中心适当地裁切 300×300 的图像。参数的顺序不重要。

```
//contoso.imgeng.in/w_300/h_300/m_cropbox/IMAGE_URL
```

对比即将到来的 PICTURE 元素，ImageEngine 不需要你真的提供不同图像，因此，如果涉及美术指导，你真的需要托管和提供物理上不同的图像，它们可以通过 ImageEngine 进一步预处理。但如果没有美术指导的问题，ImageEngine 可以减轻你手动调整大小的负担并节省带宽。

16.3　提供设备友好的视图

如果 RWD 不能完全满足你的期望，即使加上使用 WURFL.JS 和 ImageEngine 的客户端调整，那么你除了尝试服务器端设备检测之外也没有其他选择了。设备检测（其实就是浏览器检测）的一个相对原始的形式已在 ASP.NET 的最早版本中通过一组.browser XML 文件实现了。

今天，由于大量设备、用户代理和边界情况，单单一组独立的文件已经不足以进行实际可靠的设备检测了。如果它是你应用程序的资产，你需要准备好购买专业服务。

16.3.1　提供移动内容的最佳方式是什么

在探讨 ASP.NET MVC 可以使用的服务器端方案之前，我先总结一下今天可以用来有效提供移动内容的方案。

1．方案 1——反应式 HTML 模板

如果今天开始一个全新的网站，我绝对建议使用 Bootstrap 在你的所有视图中使用反应式模板。使用响应式 HTML 模板不但确保视图在用户调整桌面浏览器窗口的大小时很好地显示，而且还能基本涵盖移动用户。事实上，移动用户至少在他们调整浏览器的大小时可以看到和桌面用户一样的视图。

从性能的角度来看这可能不是理想的做法，但如果设备够新够快，连接速度也不错，这个效果是可以接受的。对于移动交互性是业务核心的网站，我不会建议这条路，但在大多数情况下是可行的。

2．方案 2——增加客户端的强化

如果有时间和预算，你可能想改善响应式视图的质量，优化处理图像的方式以及添加一些移动特定的特性，如果检测到合适的设备的话。这一步是提供最佳用户体验的总体方向，包含了特性和设备检测。

这个阶段可能用到的大多数工具和框架都不一定需要订阅或者付费许可。但是，如果要用它们来实现性能目标，确保不与其他人共享带宽，或者计划在生产环境中运行 ImageEngine 或 WURFL.JS 等产品，我建议你监控实际性能并考虑商用服务级别协议。

3．方案 3——创建专门的移动网站

在移动技术的当前阶段，可以很好地显示应用 jQuery、Bootstrap 和 AngularJS 的页面的设备数已经很多，而且还在增长。这可能意味着完整的网站，如果是响应式的，可以有效地支持用户在平板上浏览。

注意，这些东西不是自动生效的，很大程度上取决于你可能做出的一些设计选择。比如，模态表单和弹框在平板上工作得没有那么好，并没有像满足桌面用户那样满足移动用户。另外，在触控设备（如平板）上使用手指的粗细程度和鼠标指针是不一样的。最低限度上，在平板上你要修改 CSS 样式表。而这只是其中一件媒体查询做不了的小事情。要实现这个简单的改变，你需要更多地了解

设备并使用 WURFL.JS 这种东西。

那么智能手机呢？

即使最现代最前沿的智能手机也有一个五六英寸宽的屏幕：比平板或电脑的小多了。你不能期望真正为智能手机用户提供同样的完整网站。浏览器甚至可以显示它并使之可用，但是体验将不太理想。

如果你真的在乎设备和移动用户，想至少有一个专门的网站用于智能手机，就要在这彻底重新考虑用例和实现。如果这看起来只是额外的工作，要么你的项目并不特别需要考虑移动场景，要么你忽略了一些重要的东西。

当你想在现有的不太支持响应式的遗留网站之上提供移动体验时，一个专门的移动网站也是一个很好的选择。

4．重定向到移动网站

假设现在有两个网站，完整网站，不管是否支持响应式以及移动网站，有时候在资料中说成 m-site。你会如何访问它们？现实世界有很多例子通过不同方式解决这个问题，同时还能实现较好的业务结果。

我相信我们都认为网站有一个公开 URL 会很好。用户只需要记住 www 那个东西，然后软件会像变魔术一样悄悄地切换到最合适的内容。公司不这样做的话（我们可能同意）可能会面临一些业务痛处。

Amazon 就这样做，但也是最近才做。

当你从桌面设备访问 amazon.com 时，不管如何调整窗口的大小，还是得到完整网站。这个模板不支持响应式，如果你调整它的大小，大多数内容就从视图切断了。如果访问这个网站并发送一个移动用户代理，你会看到差异。你可以通过把 Internet Explorer 的用户代理字符串改成 Windows Phone 的来重现这个体验。浏览器中的内容会马上变成用移动浏览器访问这个网站看到的样子。在 Amazon 网站后端，明显有某种设备检测用来导向不同的视图。

在更简单的场景中，你可以考虑使用某种设备检测来重定向到不同 URL 下物理分离的网站。这个解决方案是可以接受的，因为它让用户去到他们需要去的地方，代价是总是输入相同的通用 www URL。

从开发的角度来看，可以把专门的移动网站看作不同的项目。这是一个很大的进步：你可以使用专门的技术和框架来开发，把它外包给外部公司，让不同的人开发，在今后任何时候完成。

但在所有这些情况下，你需要使用一个库在服务器端上做设备检测，不管是 ASP.NET、Java、PHP 还是其他东西。

16.3.2　服务器端检测

向 ASP.NET MVC 应用程序添加服务器端检测的最简单方式是通过 WURFL 库，而在项目中获取这个库的最简单方式是通过 NuGet。

1．安装 WURFL 框架

图 16-5 列出了这个库的 NuGet 包。如你所见，有两个选择：云 API 和企业内部 API。

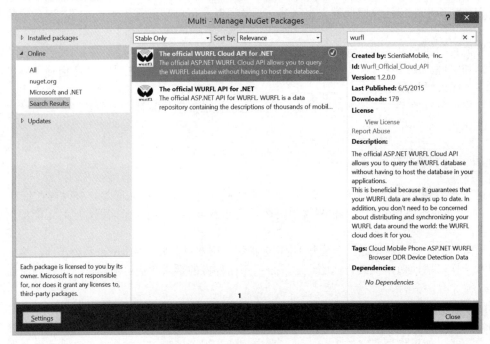

图 16-5　WURFL NuGet 包列表

如果选择企业内部 API，在移到生产环境之前你需要一个许可证。因为把这个 API 和应用程序并排托管，企业内部 API 确保最优性能，一旦缓存就绪，几乎就是实时访问。这个包和设备数据库一起下载，它可能不是最新的。你有责任在新版发布时更新它，也可以随时从 http://wurfl.sourceforge.net 获得最新公布的设备数据库。但是，一旦设置了许可证，你要每周在 http://www.scientiamobile.com 上的账号获得可用更新。

云 API 需要你设置一个免费账号，最多可以选用 5 个功能。在创建账号时，你会得到一个 API 密钥，在以编程方式调用 API 时使用。

2．测试 WURFL 云 API

在配置 WURFL 云账号时，你可以从 WURFL 提供的超过 500 个设备功能列表中选择最多 5 个功能（按照免费套餐的规定）。如果你只想将视图路由到最相关的设备规格（如智能手机、平板和大屏幕设备），表 16-3 中列出的功能就足够了。

你必须在账号中添加这些功能，才能获得请求设备的这些功能的值。可以添加的功能数取决于你的订阅级别。任何时候你都可以不限次地更改功能。注意，一旦你更改功能，签于内部缓存，请求可能需要一些时间才能刷新结果（见图 16-6）。

表 16-3 用于路由视图的基本 WURFL 功能

功　　能	描　　述
is_wireless_device	如果请求设备不是桌面浏览器，返回 true。注意，true 是以字符串方式返回的
is_tablet	如果请求设备确定是平板，返回 true。is_wireless_device 功能仍然返回 true。注意，true 是以字符串方式返回的
is_smartphone	如果请求设备确定是智能手机，返回 true。is_wireless_device 功能仍然返回 true。注意，true 是以字符串方式返回的
complete_device_name	返回请求设备的商用名称
advertised_device_os	返回操作系统的商用名称。版本号不包括在内。如果需要，你应该添加另一个特定功能：advertised_device_os_version

图 16-6 WURFL 云用户选择功能的界面

以下示例代码会在一个 Web 视图中显示选中功能的值。在调用这个示例网站的主页时，控制器会调用这个 API 并把结果打包到视图模型对象中。

```csharp
private WurflService _service = new WurflService();
public ActionResult Index()
{
    var model = _service.GetDataByRequest(HttpContext);
    return View(model);
}
```

WurflService 类是应用程序的应用程序层中一个辅助类（见第 5 章）。这个类只是把逻辑从控制器类转移出去。

```csharp
public class WurflService
{
    public DeviceInfoViewModel GetDataByRequest(HttpContextBase context)
    {
        var config = new DefaultCloudClientConfig
        {
            ApiKey = "your API key here"
        };
        var manager = new CloudClientManager(config);
        var info = manager.GetDeviceInfo(context, new[]
```

```
    {
        "is_smartphone",
        "is_wireless_device",
        "is_tablet",
        "complete_device_name",
        "advertised_device_os"
    });
    var model = new DeviceInfoViewModel
                {
                    DeviceId = info.Id,
                    DateOfRequest = info.WurflLastUpdate.ToString(),
                    Capabilities = info.Capabilities,
                    Errors = info.Errors,
                    Source = info.ResponseOrigin
                };
        return model;
    }
}
```

图 16-7 展示了当你通过模拟 Apple iPad 设备来测试示例视图时会得到的结果。

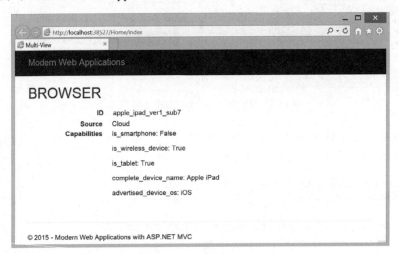

图 16-7   WURFL 云 API 检测到的设备信息

3. 根据检测到的设备路由视图

ASP.NET MVC 有一些有效机制让你可以根据一些运行时条件（显示模式）来切换视图。一般来说，显示模式不是可以用来切换网站的灰度或演示版本的设备特定的特性。通过显示模式，路由到特定视图的逻辑总是由编码者决定，因此，显示模式是根据检测的设备的功能来路由视图的强大工具。

如果打算为多个设备构建单个网站，你只要安排多组视图——每种支持的设备规格都有一组。接着，每种设备规格有自己的显示模式，WURFL 帮助确保请求设备映射到合适的显示模式。这意味着平板会有特定页面的平板视图，智能手机也会有自己的视图。

以下代码将会放在 global.asax 中，在应用程序启动时创建显示模式。前面说过，今天构建网站的最有效方式可能是为智能手机之外的所有设备规格提供响应式支持。这个代码构建了两种显示模式：桌面和智能手机。桌面模式是默认的，意味着除非设备证实是智能手机，否则就会用它。

```
public static void RegisterDisplayModes(IList<IDisplayMode> displayModes)
{
    var modeDesktop = new DefaultDisplayMode("")
    {
        ContextCondition = (c => c.Request.IsDesktop())
    };
    var modeSmartphone = new DefaultDisplayMode("smartphone")
    {
        ContextCondition = (c => c.Request.IsSmartphone())
    };

    displayModes.Clear();
    displayModes.Add(modeSmartphone);
    displayModes.Add(modeDesktop);
}
```

RegisterDisplayModes 方法会得到 ASP.NET MVC 原生的显示模式集合。

```
RegisterDisplayModes(DisplayModeProvider.Instance.Modes);
```

显示模式有一个后缀字符串和一个接受 HttpContext 作为参数并返回 Boolean 的 Lambda 函数。如果这个返回的 Boolean 是 true，ASP.NET MVC 将会把这个后缀添加到视图名字。作为结果，如果关联 modeSmartphone 显示模式的 Lambda 是 true，视图引擎将会寻找 index.smartphone.cshtml 而不是 index.cshtml。

4. ASP.NET MVC 显示模式

Request 对象也被一些模式特定的方法扩展，如 IsSmartphone 和 IsDesktop。它们是普通的扩展方法。IsDesktop 的实现微不足道。IsSmartphone 的实现则在内部使用了 WURFL 云 API。

```
public static Boolean IsDesktop(this HttpRequestBase request)
{
    return true;
}
public static Boolean IsSmartphone(this HttpRequestBase request)
{
    var info = MvcApplication.WurflContext.GetDeviceInfo(
                   request.UserAgent, new[] { "is_smartphone" });
    return info.Capabilities["is_smartphone"].ToBool();;
}
```

对比之前展示的 WURFL 云 API 的用法，这里只是把管理器对象（CloudClientManager 类的静态实例）保存到全局对象，再把 index.smartphone.cshtml 页面添加到这个项目。当使用智能手机打开时，你会得到类似图 16-8 所示的页面。

图 16-8　向智能手机提供的页面

注意，这个 URL 不会根据设备改变，也没有重定向。请求的处理是一样的：控制器获得请求，计算视图数据，找出根视图名字，把它传给视图引擎。但如果显示模式激活了，将会预处理视图名字，根据条件集添加后缀；如果设备检测为智能手机，但找不到智能手机特定的 Razor 视图，就会提供默认页面。

重要： 显示模式是 ASP.NET MVC 中的一个非常强大的特性，因为它们让你开发默认的网站，然后在需要的地方——更重要的是，在需要的时候——添加智能手机视图。如果移动网站完全不同，你可能只想有一个智能手机特定的主页，让那里的每个连接指向智能手机专属页面。因此，重复内容非常有限。

16.4　小结

服务器端解决方案本来就比纯客户端 RWD 方案更灵活。之所以这样是因为它允许在通过网络发送任何东西之前检查设备。这样，网站可以智能地决定最合适的内容。但实际上，提供设备特定的视图不是一件易事，核心问题不是用来检测底层设备的机制。问题在于成本。

设备检测并不意味着为每个浏览器或设备提供页面的不同版本。更实际地说，它意味着为最常见的设备规格维护最多三组或四组视图：桌面、智能手机、遗留手机以及很大的屏幕。多个页面的处理毫无疑问是有成本的。

今天最合理的方案是有一个默认的响应式解决方案和一个单独的智能手机网站，它只包含和移动用户有关的用例。要实现这个，你可以部署两个不同的网站并使用某个客户端检测来重定向。或者可以使用服务器端方案，它让你更好地控制这个行为，在决定支持更多设备规格时也会更容易更灵活地伸缩。

不管采用哪种方案，作为开发者，你不能疏忽移动设备上的用户体验，也不能随便地下结论说响应式模板就是你所要的。响应式设计只是一个答案；它甚至可能不是完全正确的。